本研究得到以下项目资助：

国家教育部人文规划基金项目"基于昆虫文化的科学人文化教育研究"（12JA88060）

福建省科技厅软科学研究项目"科学与人文互观视域中的昆虫生态休闲研究 —— 以武夷山为例"（2013R0013）

昆虫意象的哲学观照

李 芳 著

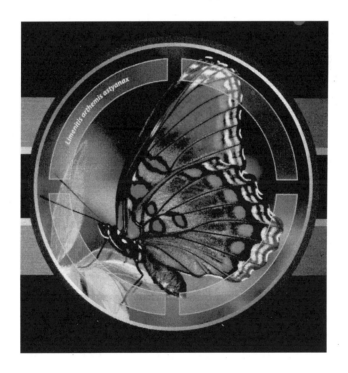

科学出版社

北 京

内 容 简 介

本书共分六章，第一章主要是纵向源流梳理，阐释经典昆虫意象的起源、发展、流变；第二章，横向展开，从历代经典诗歌中，凝练昆虫意象的内涵，阐释诗意背后的科学；第三章是昆虫价值论，主要从物质与文化，直接与间接两方面论述昆虫的多元价值；第四章阐释昆虫文化的哲学内涵；而第五章（昆虫意象的当代诠释）与第六章（昆虫意象的多维视角）应该是第三、第四章的纵向提升与横向绵延。如果说，这本小书有何中心思想，那就是：小小昆虫，大有乾坤；以虫为鉴，可察天地之道。

本书适合普通高等院校的本科生阅读，也可供对昆虫科学、科学人文化与昆虫文化的有兴趣的读者阅读使用。

图书在版编目（CIP）数据

昆虫意象的哲学观照 / 李芳著. —北京：科学出版社，2015

ISBN 978-7-03-046477-4

Ⅰ.①昆… Ⅱ.①李… Ⅲ.①昆虫学-自然哲学-研究 Ⅳ.①Q96-05

中国版本图书馆CIP数据核字（2015）第274481号

责任编辑：吴美丽 / 责任校对：胡小洁
责任印制：张 伟 / 整体设计：铭轩堂

科学出版社 出版

北京东黄城根北街 16 号
邮政编码：100717
http://www.sciencep.com

北京厚诚则铭印刷科技有限公司 印刷
科学出版社发行 各地新华书店经销

*

2016年3月第 一 版 开本：720×1000 1/16
2023年8月第四次印刷 印张：16 彩插：5
字数：310 000

定 价：69.80 元

（如有印装质量问题，我社负责调换）

前　言

10年前，我在做博士论文研究的时候，就试图以昆虫文化为题，结合自己的兴趣，在科学与人文交叉地带确立自己的研究课题。虽然没能如愿，但这个想法一直深藏心中，就像一颗种子，在接下来的日子中，慢慢发芽，不断生出点点新绿。随着研究积累的深入，我越来越体会到昆虫文化背后蕴含着物质与精神、现实与理想、科学与文化、古与今、中与西等诸多问题。每一个经典昆虫意象就像一个多棱镜，折射出自然的寓言、生态的故事、随处逢春的禅机与深邃的哲理。

"天地无穷极，阴阳转相因"①，每一朵花都具有智慧和灵性；无不以自身特有的生存方式，代代繁衍，生生不息；每一只虫儿都竭力传承着自身的生存密码与文化基因，体会着生命的乐趣与生存的挑战……"以铜为镜，可以正衣冠；以古为镜，可以知兴替；以人为镜，可以明得失"②。或许，以地球上资历最老、生命力最强、种群最为繁盛的昆虫为参照，我们才能真正"认识你自己"（古希腊格言）。

昆虫的世界不仅是物质的世界，也是有生命温度、有社会伦理的世界。昆虫的生命乐章隐藏着万物律动与宇宙大化的旋律。昆虫以曲为伸，以静制动，或变幻，或静息，或跳跃，或飞升；它们在阳与阴、静与动、地上与地下、水生与陆生之间尽显生命的张力。"道在蝼蚁"，用心灵去观察、体验、感应生命不仅是生物学的起点，也是人类成长与进步的阶梯。与物为春，厚德载物，体悟"生态"的意蕴，拥抱多姿多彩的生命，就是拥抱我们自己的未来。

岁月更迭，时间流逝，带着农耕文明印记的昆虫文化或湮灭在历史的风尘中，或在商品经济大潮与工业文明裹挟中崩溃解体，而其中所蕴含的民族记忆与情感认同也渐渐失去了生存的土壤与根基。然而，历经岁月积淀的传统文化正如泰勒所言："对于千百万人来说，这一切都好像是'新旧约全书'的一部分，都是研究

---

① 出自曹植《薤露行》。
② 出自《旧唐书·魏徵传》。

文明时的极为有趣的事实。"[①] 源远流长的昆虫文化（如昆虫诗歌、神话、故事、节日、民俗等）能告诉我们许多鲜活、生动的东西，而这些东西未必尽能从历史典籍中得到。

经过 30 多年的改革开放，我国社会已经迈入重大历史转折期，由以温饱为目的的生存型社会转变为以人的全面发展为目标的发展型社会，社会实践的主要对象也相应从物质世界转变到人的精神世界，体验性与满足性消费与日俱增。与此同时，我国社会也处在农耕文明—工业文明—生态文明的转变过程中。面对日益泛滥的工具理性与愈演愈烈的生态危机，时代呼唤我们以更宏观的视野、更开放的胸襟、更宽容的气度对中国博大精深的古老文明与传统文化进行再发现。传统既是历史的积淀，也是不断被激活的意义源泉。从传统中，我们可以触摸到祖先的心迹，获得永恒的滋养与抚慰，也可以反思过往，寻找到未来的方向。

昆虫与现代生物学、遗传学、材料学、法医学、仿生学、环境保护学等学科紧密相关，昆虫的自然世界有太多的奥秘等待人们去探索。譬如，蝴蝶，在生物学上，其翅膀上的鳞片可以作为分类的特征，翅膀脉序是研究生物结构与功能的绝好案例；从仿生学方面看，受蝴蝶身上的鳞片会随阳光的照射自动变换角度而调节体温的启发，科学家将人造卫星的控温系统制成随温度变化而调节的百叶窗样式，从而保持了人造卫星内部温度的稳定；从农业角度讲，蝴蝶幼虫若大量产生，它们因取食植物叶片被视为害虫，但蝴蝶成虫因其访花传粉特性，又成为益虫；在社会学意义上，蝴蝶效应可以比拟为：极细微的输入初始条件的差别，可以引起模拟结果的巨大变化……

同样，昆虫文化领域也有许多困惑等待我们去解析：带有农耕文明特征的昆虫文化是否失去生存的土壤？哪些昆虫民俗、节庆文化可以发掘出来作为科普与生态教育的载体？哪些部分可以与西方文化进行比较研究，作为中西方文化对话的载体？如何从哲学的高度解读经典意象，发掘昆虫文化的现代价值？如何从科学人文化角度解析昆虫意象的科学内涵？如何以虫性来反观人性，以昆虫世界为镜照见人类社会的另一面？如何借鉴昆虫的生态智慧，从科技仿生走向人文仿生？……

中国堪称诗的国度，昆虫诗歌构建的是一个气韵生动、丰富多彩的世界，在这里，有蝶憩香花、蜻蜓点水的春意盎然与恣意欢谑，也有蜜蜂采蜜、春蚕吐丝的深切喟叹；不仅有生态和谐的美丽画卷，还有蝗螟肆虐带给人间的苦难与悲凉。蝉有"禅"意，蚁有"义"举，昆虫的世界有哲学，也有道义；有朝生暮死、生命短暂的悲剧慨叹，更有蝉鸣柳梢、蟋蟀鸣秋的心灵呼号；有促织梦、蚂蚁梦的

---

① 爱德华·泰勒.人类学——人及其文化的研究.连树声译.桂林：广西师范大学出版社，2004.

跌宕起伏，也有蝴蝶梦的逍遥与超越……诗意莹润的经典昆虫意象历久弥新，至今依然滋养着我们的文化心灵与生命智慧。

　　在浩渺的文化长河中，昆虫诗歌就像散落的珠贝，如果把经典昆虫诗歌（昆虫意象）贯穿起来，古今就成为一条贯通的线，如果在文理互观、中西交融的立体坐标中，解读昆虫文化的当代价值与哲学内涵，那无疑就构成一个生发意义的平台。为此，我萌生了"小题大做"，给昆虫立个"诗传"的想法，虽然有些不自量力，但我以"蚕吐丝，蜂酿蜜"为榜样，以蚂蚁啃骨头的干劲，在探索中前行，在前行中反思，竭尽心力，凝结成一本小书。企望借此小书在群星璀璨的学术天空，发出自己的一点萤光，能给后来研究者做个铺路石，那就足以自慰了。

李　芳

2015 年 7 月于福州

（福建农林大学植物保护学院）

目 录

第一章 经典昆虫意象的起源、发展、流变

> 观乎人文，以化成天下。
>
> ——《周易》

我生活的故事理解到：凡物都有一个名称——符号的功能并不局限于特殊的状况，而是一个普遍适用的原理，这个原理包涵了人类思想的全部领域。一是符号，二是体验……符号化的思维和符号化的行为是人类生活最富代表性的特征，并且人类文化的全部发展都依赖于这些条件，这一点是无可争辩的。

人的突出特征，人与众不同的标志，既不是他的形而上学本性也不是他的物理本性，而是人的劳作（work），正是这种劳作，正是这种人类活动的体系，规定和划定了人性的圆周，"语言、神话、宗教、艺术、科学、历史"都是这个圆的组成部分和各个扇面。

> ——〔德〕哲学家 卡西尔《人论》

每一部经典，都是作者梦想之作的实现；每部经典，都可以召唤起读者内心的另个梦想。让经典尘封，其实是在封闭我们自己的世界和天地。

> —— 蒋勋《苍凉的独白书写——寒食帖》

第一节　何谓昆虫

"昆虫"一词在我国起源于汉代，当时是指代所有小型动物。直到近代，方旭在《虫荟》中将小动物分为羽虫、毛虫、鳞虫、昆虫与蚑虫，这时的"昆虫"才接近现代意义上的昆虫，但仍然包含节肢动物、环节动物等类群。现在科学界定的昆虫属于动物界中无脊椎类的节肢动物门，昆虫纲的动物，其基本特点是躯体分成头、胸、腹三部分。头部是感觉与取食中心，有复眼或单眼，触角与口器；胸部是运动中心，通常有两对翅膀，三对足；腹部有心脏、消化道、呼吸道和生殖腺等，是昆虫营养代谢与生殖中心。昆虫的身体没有内骨骼的支撑，外裹一层由几丁质构成的外骨骼（壳）。

在词典中"昆"有"众多"与"后代"的含义，而"虫"一般泛指体型较小的动物。清代段玉裁在《说文解字注》中写道："昆，同也。夏小正。昆，小虫。传曰。昆者，众也。由蚰，由同犹蚰也者，动也。小虫动也。王制。昆虫未蛰。郑曰。昆，明也。明虫者得阳而生。得阴而藏。以上数说兼之而义乃備。惟明斯动。动斯众。众斯同。同而或先或後。是以昆义或为先。如昆弟是也。或为後。如昆命元龟，释言昆後也是也。羽猎赋。嚖嚖昆鸣。从日。从比。从日者，明之义也。亦同之义也。从比者，同之义。"

从以上阐述可知昆虫有以下几大特点。

其一，"昆，小虫"意为昆虫体型较小，也意味着昆虫是低等生物的无脊椎动物。

其二，"昆者，众也"意为昆虫数量众多，种群繁盛。昆虫是典型的繁殖对策生物（R对策），具有惊人的繁殖能力。大多数昆虫产卵量在数百粒范围内，具有社会性与孤雌生殖的昆虫的生殖力更是惊人，一只蜜蜂蜂后一生可产卵100万粒。有人曾估算一只孤雌生殖的蚜虫若后代全部成活并继续繁殖的话，半年后蚜虫总数可达6亿只！[1]

昆虫纲不但是节肢动物门中最大的一纲，也是动物界中最大的一纲。至今已经被命名的有100多万种，约占已知地球物种的66%，占无脊椎动物种类的80%。现今地球上的昆虫的数目相当于多达1万亿千克的生物量。昆虫个体虽小，但群体庞大，一个蚂蚁群体可多达50万个，一棵树可拥有10万只蚜虫。小麦吸浆虫大规模发生时，一亩①地就有2592万只。在阔叶林里每平方米的土壤中可有10万只弹尾目昆虫，一个沙漠蝗虫的蝗群有时竟可以达到数十亿！[2]

董仲舒有言："天不重与，有角不得有上齿，故已有大者，不得有小者，天数也。"②颜之推在《颜氏家训·省事篇》中也特别强调："能走者夺其翼，善飞者减其指，

---

① 1亩≈666.7平方米。
② 出自《春秋繁露》（卷八）"度制第二十七"。

有角者无上齿，丰后者无前足，盖天道不使物有兼焉也。"意思是：上天在赋予万物以能力时，就采取了一种"中庸"的原则，会奔跑的就拿掉它的翅膀，会飞行的就减少它的前趾；头上长角的，嘴上就没上齿；后肢发达的，前肢就退化。然而，"上帝酷爱甲虫"[3]。看似弱小的昆虫拥有多重生存利器：昆虫是无脊椎动物中唯一有翅的一类，它们既有三对足又有两对飞翔之翼，飞翔能力大大提升了昆虫的觅食、求偶、避敌、扩散、迁飞等方面的生存能力；大部分昆虫体型微小，少量的食物即能满足其生长与繁殖的营养需求，而且体小优势还表现在身体灵活、趋利避害、利用大气环流迁飞等方面。

其三，"明虫者得阳而生。得阴而藏"，意味着昆虫与时令有着密切关联。昆虫的生存策略灵活机动，因时而变。昆虫的生存世界与生命形态具备二元性或多样性：首先，昆虫具备多样化的生殖方式，除两性卵生之外，还有孤雌卵生、两性卵胎生、孤雌卵胎生、幼体生殖、蛹体生殖、同体生殖、多胚生殖等8种类型[4]；昆虫有拟态、变态、休眠或滞育的生物学特性，大部分种类的幼期与成虫期在形态、生境及食性上差别很大，这样就避免了同种或同类昆虫在空间与食物等方面的竞争，而且面对不利条件能够及时做出相应的对策。例如，蚜虫在通常情况下没有翅膀，但在食料缺乏、生存艰难的情况下，也可以生出翅膀，逃之夭夭。此外，蚜虫的孤雌生殖也是昆虫最奇特的繁殖方式之一，即雌虫不与雄虫交配，就能繁殖后代（直接生下小蚜虫）。一般春夏两季蚜虫以"孤雌卵胎生"的方式进行繁衍，冬季则通过雌雄交配产卵，产下的卵可以在越冬后发育。但在气候温暖的南方，它们终年都进行孤雌生殖。

昆虫具备多样化的取食器官，即咀嚼式口器、嚼吸式口器、舐吸式口器、刺吸式口器、虹吸式口器5种。多样化的取食方式不仅避免了昆虫种群对食物的过度竞争，同时缓解了昆虫与取食对象的矛盾。舞毒蛾的幼虫能取食485种植物的叶子；日本金龟子可取食250种植物。从植物受害角度看，苹果树有400种害虫，榆树有650种害虫，楝树有1400种害虫。

适者生存，许多昆虫能显示出惊人的环境适应力与抗逆性，甚至可以在极其干旱的条件下完成发育。例如，在美国西部，一种红缘吉丁虫选择美国松的老树为寄主产卵，孵化的幼虫通常经过2～4年的幼虫期才化蛹，越冬后，翌年羽化而出，但当幼虫还未长大树却被砍伐，树被砍后50年，仍然有吉丁虫成虫从木头中羽化。有些种类的昆虫可以在土壤中滞育几年、十几年或更长的时间，以保持其种群的延续。另一种超级耐旱的昆虫是生活在非洲沙漠的摇蚊幼虫，摇蚊幼虫就是我们常用作热带鱼饲料的水栖昆虫——红虫，在连续几个月干旱的沙漠里，它呈现休眠状态，耐心地等待下一次的降雨，从5～6年来持续干旱地区采回的休眠红虫，在实验室里泡水，4天即可恢复活力。珠绵蚧壳虫包在球形体壁内的幼虫，在完全

干燥的沙土中可以存活 8 年。昆虫的抗逆性不仅仅表现在抗旱性上，有些昆虫还能在短时间内忍受 102℃ 的高温，或 –270℃ 的低温；跳虫在 –30℃ 的低温下还能活动。在浅土中过冬的昆虫幼虫或蛹，只要来年冰雪融化，即可苏醒，继续繁衍后代；咬人的臭虫一次吸血后，可连续存活 280 天。多种仓库害虫可忍耐 45℃ 高温达 10 小时 [5,6]。以上种种特性赋予昆虫多重的求生利器。

　　约 3.5 亿年前，昆虫就在地球上安营扎寨，凭借着高超的生存能力、适应力与抗逆性，它们历经了五次大规模的地球灾难仍生生不息并成为现今生态系统最繁盛的动物类群。从赤道到两极，从莽莽森林到茫茫大漠，从蔚蓝大海到皑皑雪峰，甚至火山与油田都有它们的踪影。因此，从存续历史、生物量与多样性角度看，与其说地球是人类的星球，还不如说是昆虫的星球。

参 考 文 献

[1] 昆虫博览 . http://www.kepu.net.cn.

[2] 朱耀沂 . 生死昆虫记：影响历史的人虫大战 . 长沙：湖南文艺出版社，2007.

[3] 韩红香 . 为什么昆虫的种类更多？因为昆虫存在时间较长 . 昆虫知识，2007，44（4）：463-464.

[4] 章士美 . 昆虫的生殖方式 . 江西植保，2000，23（1）:18-19.

[5] 赵力 . 图文中国昆虫记 . 北京：中国青年出版社，2004.

[6] 王林瑶 . 神奇的昆虫世界 . 武汉：湖北科学技术出版社，2013.

第二节　昆虫与人类的物质关联

　　如果说人类统治了地球，那么唯一有资格与人类"分庭抗礼"的就是昆虫。人类与昆虫的关系可谓渊源深厚，其关系之重大、关联之密切涉及社会生活的方方面面。

一、从昆虫的角度

　　昆虫食性的异常广泛。据估计，昆虫中大约有 48.2% 是植食性的；28% 是捕食性（肉食性）的；17.3% 是腐食性（以死亡腐败的生物有机体和动物排泄物为营养来源）的；还有 2.4% 是寄生性（在人或其他动物活体上寄生）的[1]。

　　这 48.2% 的植食性昆虫与人类生存环境与经济利益产生重要关联，它们既可以是人类食物、药物、衣物的来源，也可能是危害庄稼的农业害虫。农业害虫每年给全世界造成数十亿美元的损失。

带有刺吸式口器的植食性昆虫（如蚜虫、飞虱、叶蝉、木虱）除造成直接危害外，还能通过传播植物病害给农作物造成巨大的间接危害：植物的真菌、细菌、病毒、线虫等病害的传播大多是以这类昆虫为传播媒介的，其中有些病毒必须由昆虫传播。在已知近 300 种植物病毒中，借由蚜虫传播的就占一半以上。飞虱、叶蝉等刺吸式口器的昆虫，它们传播植物病害所造成的损失远远大于其取食或产卵等造成的直接损失。天牛等钻蛀性昆虫也是森林线虫的重要传播媒介。

农产品不仅在生长期间受害虫侵扰，在贮藏、运输期间还会受到多种害虫（如玉米象、谷蠹、赤拟谷盗）的侵害，粮食在贮运过程中一般要损失 5%～10%；建筑物、桥梁、枕木、船舶、家具等常因白蚁之蛀而被毁，甚至电缆线、纸币、文件档案等被虫毁者亦时有报道 [2]。

28% 的捕食性昆虫中，有些是害虫的天敌，如螳螂、步甲、草蛉、瓢虫、黄猄蚁等；其中黄猄蚁是世界最早用于生物防治的昆虫，距今已有 1600 余年，使用方法一直沿用至今。

17.3% 的腐食性昆虫是以动物和植物尸体、残骸或排泄物为食，它们是地球上默默无闻的"清洁工"，在生物圈物质流和能量流的循环中起着极其重要的作用。例如，苍蝇是动物死亡后第一个造访者，苍蝇每个月就可以繁殖 190 万亿只后代，消解动物尸体，总重量可以达到 4000 吨，可以提炼出 600 多吨蛋白质。屎壳郎是地球上草原上的著名的"清道夫"。一对屎壳郎只要 30 多个小时，就可以把 1000 立方毫升的新鲜粪便运到地下 [3]。据统计，在森林生态系统中，有 90% 的植物枯枝落叶等是由动物分解的，其中昆虫起着主要作用。

还有 2.4% 的寄生性的昆虫（如赤眼蜂、缨小蜂、跳蚤、蚊子等），如果寄生在人体或禽畜身上，基本上属于卫生害虫，如果寄生在其他昆虫体内，就有可能被开发利用作为害虫的"天敌"。

二、从人类的角度

世界著名的资源昆虫分别是蜜蜂、家蚕、白蜡虫等。蜜蜂为植物传粉，为人类奉献蜂蜜、蜂毒、蜂蜡和蜂王浆；家蚕、天蚕和柞蚕为人类提供丰富的丝产品；紫胶虫、白蜡虫、五倍子蚜、洋红（胭脂）虫分别是紫胶、虫白蜡、单宁、洋红的天然生产者 [4-8]。

虫为食：人类食用昆虫的历史可以追溯到远古洪荒时期。当时，丛林中的古老先民过着刀耕火种、饮毛茹血的生活，富含优质蛋白的昆虫自然而然地成为人类的食物来源。正如《淮南子·修务训》所描述的："古者，民茹草饮水，采树木

之实，食蠃蚌之肉，时多疾病毒伤之害，于是神农乃始教民播种五谷，相土地宜，燥湿肥墝高下，尝百草之滋味，水泉之甘苦，令民之所辟就。"

《周礼》和《礼记》记载了周秦时期以昆虫为食的情景。《周礼·天官·醢人》记述："祭祀，共蠠、蠃、蚳，以授醢人。""馈食之豆，其实葵菹、蠃醢、脾析、蠯醢、蜃、蚳醢。"大意是周代职官蠜人负责把蠠、蠃、蚳这三种东西交给职官醢人，由他们烹制成美味食品，供给天子食用或用于祭祀。

《礼记·内则》中也提到"腶修、蚳醢"，这里提到的"蚳"是蚁子，"蚳醢"即蚁子酱，在制作加姜桂的干肉时，蚁子酱作为配料使用。《礼记》还提到了人们把蝉和蜂用于食品，其中的"蜩、范"分别是指蝉肉和蜂肉[9]。

《圣经·利未记11》提到："耶和华说其中有蝗虫、蚂蚱、蟋蟀与其类；这些你们都可以吃"；《圣经·马太福音3:4》提到"约翰穿骆驼毛的衣服，腰束皮带，吃的是蝗虫、野蜜"。

清赵学敏《本草纲目拾遗》对明清之际昆虫的食用记载甚为详尽，有蜜虎、龙虱、洋虫、棕虫等。清蒲松龄《农桑经》记载当时山东人食用豆虫的习俗："豆虫大，捉之可净，又可熬油。法以虫掐头，掐尽绿水，入釜少投水，烧之炸之，久则清油浮出。每虫一升可得油四两，皮焦亦可食。"当代人亦以昆虫为食，山东和河北人食用油壳郎，徐淮地区人则食用蝉、蝗虫、蝈蝈等，云南傣族人盛行食竹虫（竹枝杆内螟虫）。在柞蚕和家蚕饲养区，蚕蛹和蚕蛾也被当成滋补品与美味佳肴；苏北的连云港及周围地区有食用豆丹（以大豆叶为食的豆天蛾幼虫）的传统。

虫入药：我国古代最早的医书《神农本草经》中就记录了22种昆虫药物，如石蜜、蜂子、蜜蜡、螵蛸、蚱蝉、白僵蚕、石蚕、蝼蛄、萤火虫等。明代著名医家李时珍的《本草纲目》共记载药品1892种，其中昆虫类就占106种，并根据昆虫的药理性质详加注释，谓之"虫部"。

药食同源，昆虫兼有食用、保健与药用功能，已经成为中国中医药宝库的重要组成部分，据记载，有明确药用价值的昆虫约有800种，隶属于昆虫纲的14目35科[10]。502年，陶弘景的《名医别录》中有吃蛴螬的记载，称蛴螬炖猪蹄是促进母乳分泌的补品。此外，民间流传的"五谷虫"（一种蝇蛆），可治疗儿童疳积病，又是老人和幼儿的补养品。这种昆虫的幼虫富含蛋白质，同时又是治疗虚寒性胃痛的良药。

进入20世纪80年代，我国在药用昆虫研究方面取得重大进展。研究目的主要集中在抗癌、保健和医药工业用虫等方面，研究领域涉及昆虫源药用成分的提取与仿生合成，以及利用药用昆虫治疗疑难杂症等方面，研究最多的是五倍子、冬虫夏草、蜂产品、斑蝥（素）、地鳖虫、蝉和蚂蚁等。在大量考证基础上，一些新的药用昆虫种类被发现，如蟑螂油能直接杀死S-180癌细胞，某些蝶类含有抗癌活性成分异黄蝶蛉等，许多研究成果已经进入临床应用 [10-13]。

受虫害：农耕文明从诞生伊始就注定与昆虫结下不解之缘。最早关于昆虫危害的史料是商代的卜辞。中国古代年终要举行蜡祭，这是一种非常古老原始的农业祭祀活动，据传产生于史前的伊耆氏（帝尧或神农）时代。蜡祭仪式非常隆重庄严，除了祭祀众多的农神之外，还要祈祷各路神灵保佑，消灾弭难，唱有名的《蜡辞》："土反其宅，水归其壑，昆虫毋作，草木归其泽。"① 祈祷害虫不要为非作歹，危害农业，危害人类。

古代人为了消灭蝗虫，有用火烧烤的，有祷告神灵来止蝗的。到了周代，尤其是到了春秋时期，随着农业生产技术的进步，人们对农业生产中害虫的分类、活动习性及对农业生产的危害有了更加深入的认识。例如，《诗经·大田》有"去其螟（取食心叶的害虫）螣（食叶害虫），及其蟊（取食根部的害虫）贼，无害我田稚"，《诗经·桑柔》有"田祖有神，秉畀炎火"；"降此蟊贼，稼穑卒痒"，其中的螟、螣、蟊、贼都是危害农作物的昆虫。《尔雅》云："食苗心，螟；食叶，蟘；食节，贼；食根，蟊。"可见，在《诗经》时代，人们已经可以根据昆虫对庄稼危害部位的不同，对昆虫做出大致的分类与命名。

从陆玑《毛诗草木鸟兽虫鱼疏》可知，当时人们已经知道蝗虫吞噬农作物叶子的特征。在《春秋》与《左传》中记载了多次虫灾。《春秋》共记载虫灾 15 次，其中 10 次是蝗虫灾害，时间从鲁隐公五年（公元前 726 年）到鲁哀公十三年（公元前 505 年）结束。《春秋》中以"螽"来表示飞蝗类害虫。《汉书》记载了许多由蝗灾引发的战争，例如，公元前 130 年秋天，蝗虫大发生，汉武帝便派 4 名大将掠夺南越 [14]。历史典籍中的聊聊数笔给我们再现了历史的惨剧：蝗虫大军压境之后，田园一片萧索，饥民四处逃难；统治者为了维持自己的统治便派军队侵略掠夺其他小国，转嫁危机，将虫灾直接转化为人祸。

苍蝇等卫生害虫。蚊子传播黄热病。跳蚤传播鼠疫（又名黑死病），是鼠疫杆菌引起的一种烈性传染病，一般先流行于鼠类及其他野生啮齿动物之间，借助鼠蚤叮咬而传给人。这种疾病影响深远甚至改变了欧洲的历史进程。鼠疫传染性强、死亡率高，未经治疗的鼠疫病死率达 50% ～ 70%，败血症型接近 100%。人类历史上曾有过数次毁灭性的鼠疫大流行。首次大流行发生于 6 世纪，疫情持续了50 ～ 60 年，流行高峰期每天死亡数万人，死亡总数近 1 亿人。第二次大流行发生于 14 世纪，持续近 300 年。这次大流行仅在欧洲就造成 2500 万人死亡，占当时欧洲人口的 1/4；意大利和英国死者更是高达 1/2。第三次鼠疫大流行始于 1860 年，至 20 世纪 30 年代达到最高峰，共波及 60 多个国家，死亡人数达千万人以上 [2]。

---

① 出自《礼记·郊特牲第十一》。

栽桑养蚕：农耕文明的主题是"耕与织"，与"耕"关系最密切的是蝗虫；与"织"关系最为密切的当属"蚕"。据考古发现，在距今将近5000年的新石器时代的遗址中，就发现蚕茧、丝帛、丝带和丝绳等。在殷墟甲骨文中就有蚕、桑、丝、帛等字眼出现；在周代，有关蚕桑的文学描述已经广为流传。西周已经有专门种植桑树的桑田（《诗经·定之方中》），面积以10亩计（《诗经·十亩之间》）；《诗经·豳风·七月》亦有"女执懿筐，遵彼微行，爰求柔桑"等诗句，生动反映了女子采桑养蚕的情景[15]。《礼记·祭义》有"古者天子诸侯，必有公桑蚕室"；《左传》记载有僖公二十三年在桑树上劳作的"蚕妾"，由此可知，周代已经有了成片的桑林，并有了专门养蚕的场所"蚕室"，至此，栽桑养蚕的产业已经形成。

古代劳动人民在养蚕方面积累了丰富的经验，有关专著有淮南王的《蚕经》、后魏的《齐民要术》、唐宋的《尔雅翼》、清朝的《蚕桑辑要》等。

传花授粉：色彩斑斓、花果飘香的世界离不开蜜蜂、蝴蝶等昆虫的默默奉献。世界上95种植物依靠838种昆虫授粉，其中膜翅目占43.5%，双翅目占28.4%，鞘翅目占14.1%。在膜翅目中以蜜蜂总科为主，占55.7%。蜂蜜能使大豆增产11%，棉花增产12%，油菜增产18%，向日葵增产34%，麦增产50%，柑橘增产25%～35%，苹果增产20%～47%[16]。在美国，由蜜蜂授粉每年可创造150亿美元的价值[17]。

总之，昆虫与自然生态、人类社会密切相关，这种密切关联几乎涉及人类文明进程中的各个阶段及社会生活的各个层面。

参 考 文 献

[1] 胡启山. 昆虫"大嘴"吃四方——话说昆虫的食性、食相与口器. 农药市场信息，2011，25：52.

[2] 朱耀沂. 生死昆虫记：影响历史的人虫大战. 长沙：湖南文艺出版社，2007.

[3] 昆虫与人类的关系. http://www.kepu.net.cn.

[4] 程宝绰，王振华. 小学生必读书库——昆虫世界的奥秘. 北京：知识出版社，1995.

[5] 杨世诚，刘述坤. 弘扬中国的食虫文化. 潍坊教育学院学报，1999，12（4）:36-39，47.

[6] 蔡惠林. 我国食用昆虫的开发简况. 昆虫知识，1998，4:255.

[7] 陈智勇. 先秦时期的昆虫文化. 安阳师范学院学报，2010，1:63-67.

[8] 崔亚东. 食用昆虫资源的开发和利用. 生物学通报，1996，7:43.

[9] 吕文彦，张育平，秦雪峰. 我国药用昆虫研究利用概况. 特产研究，2007，(1):75-78.

[10] 孙震晓，李家实. 去甲斑蝥素抗肿瘤研究热点. 西北药学杂志，1998，13(5)：227.

[11] 杨冠煌. 中国昆虫资源利用和产业化. 北京：中国农业出版社，1998：61，109.

[12] 卢晓风，杨星勇，程惊秋. 昆虫抗菌肽及其研究进展. 药学学报，1999，34（2):156.

[13] 沈立荣. 我国昆虫类产品及开发概况. 昆虫知识，1996，4:24-28.

[14] 昆虫引发的战争. http://www.kepu.net.cn/gb/lives/insect/relation/rlt3801.html.

[15] 尹良莹. 中国蚕业史. 南京：中央大学蚕桑学会，1931.

[16] 吴杰. 蜜蜂学. 北京：中国农业出版社，2012.

[17]TED 自然资源也有价. http://video.sina.com.cn/p/edu/news/2013-04-23/144662338577.html.

第三节　昆虫与人类的文化关联

有学者认为，文化就是人的生存方式，即由精神信念与知识体系支配的自觉意识、言行。文化既是人的自觉能动性的产物，也是其内在依据，是人之为人的本质特征。文化内容决定人的生存目的与意义，以及人的思想信念、价值取向、认识能力及意志选择[1]。

中国昆虫文化可谓源远流长。在远古时期，昆虫是先民果腹的美味，也是药品、衣物的重要来源，昆虫的鸣叫愉悦着人们的听觉，昆虫的生存方式与行为方式也启迪着先民的思维。与此同时，他们也深受蝗虫、蚊蝇等害虫的侵扰。千百年来，人类与昆虫历经无数的"恩怨情仇"，昆虫意象也因此不断从物质文明（衣、食、药、害虫防治等）层面向精神文明的各个层面（文学、艺术、崇拜、民俗等）渗透提升，成为中国传统文化的重要组成部分。

中国汉字中虫旁之字达 300 多个，以虫旁字为姓者有 40 多个，以虫为地名者有 200 多处，昆虫诗歌有 10 000 多篇，与昆虫有关的民间节日有 100 多个，涉及昆虫的成语约有 255 句[2]。

一、昆虫图腾

图腾与崇拜是人类自我意识的体现，是对有关"人是什么？如何生存？人与自然是什么关系？"等基本问题的原始认识与探索。

人们对某种事物产生崇拜或奉为图腾的原因大致有两方面，一则以喜，一则以惧，特别是事关生存大计而又不知其中奥妙的情况下，最容易产生敬畏与崇拜情结。在生产力极端落后的远古时期，日月经天，四季轮回，风霜雨雪，电闪雷鸣，洪涝干旱，害虫暴发……这些自然现象着实令先民们迷惑不解，心生敬畏，继而顶礼膜拜。正如马克思指出的："自然界起初是作为一种完全异己的，有无限威力的和不可制服的力量与人们对立的，人们同它的关系完全像动物同它的关系一样，人们就像牲畜一样服从它的权力，因而，这是对自然界的一种纯粹动物式的意识（自然宗教）。"[3]

　　法国文化学者涂尔干（E.Durkhein）给出图腾（totem）的定义：一大群人，彼此都认为有亲属的关系，但是这个亲属的关系，不是由血族而生，乃是同认在一个特别的记号范围内，这个记号，便是图腾[4]。图腾是远古人类原始思维中运用类比和联想的主要方式，而图腾崇拜是原始文化的重要现象。春秋时期青铜器上的蝉纹与河姆渡时代的蝴蝶造型都有图腾意味。据考古研究，蚕图腾符号可以上溯到距今 6000 年左右的新石器时代。河南光山县春秋早期黄君孟夫妇墓的出土物中，有玉石雕刻的玉蛾、玉蚕和玉蝉。在河南安阳大司空村商代晚期墓地出土了四件蝉形玉雕，造型生动，精美绝伦。在商王后妇好的墓葬中出土的昆虫类玉石有三种：一是身材细长的螳螂；二是装饰型的蝉纹；三是写实的圆雕蝉，包括一件蝉形玉器和三件石质蝉形玉饰。商代、汉代贵族死后把玉蝉含在口中，这样的玉"所以取象于蝉，可能是因为蝉的生命循环象征变形与复活，而放在舌头上的玉器，易于使人联想到蝉形"[3]。由于蚕的孵化、蜕皮、吐丝、结茧、化蛹、成蛾的生物学特性，容易令人联想到生命循环再生，生生不息，古人在礼器上雕刻蚕纹，表达对生命的礼赞。

　　龙是中华民族的象征，龙取象于多种动物。从远古先民对蚕的崇拜现象分析

图1-1　新石器时代的玉龙

与甲骨文的字形比较可知，龙的发展变化过程与蚕崇拜之间的确有着密切关联，因此，蚕很可能是龙的原型之一[4]（图 1-1）。与此同时，红山文化的蚕形玉龙也佐证了蚕与龙的内在关联。红山文化的蚕形玉龙不但体现着繁育、再生的信仰，而且可能用来"祷旱"与"祈雨"[5]。

　　早在先秦时期，中国已经形成了完整的"蚕礼"制度，这就是由王后亲自主持的与国家民生相联系的"先蚕礼"。《礼记·祭统》云："凡治人之道，莫急于礼，礼有五经，莫重于祭。夫祭者，非物自外至者也，自中出生于心也，心怵而奉之以礼。是故唯贤者能尽祭之义……是故天子耕于南郊，以共齐盛王后蚕于北郊，以共纯服诸侯耕于东郊，亦以共齐盛；夫人蚕于北郊，以共冕服。

天子诸侯，非莫耕也；王后夫人，非莫蚕也。身致其诚信，诚信之谓尽，尽之谓敬，敬尽然后可以事神明。此祭之道也。"①

<hr>

　　① 引自《礼记·祭统》第二十五。

二、昆虫崇拜

生殖崇拜："螽斯羽，诜诜兮。宜尔子孙，振振兮。螽斯羽，薨薨兮。宜尔子孙，绳绳兮。螽斯羽，揖揖兮，宜尔子孙，蛰蛰兮。"[1] 诗歌既咏虫也在咏人，表现出对（螽斯）子孙众多且贤德（生气勃勃）的热情称颂。

显然，"螽斯"是《诗经》时代的文化遗存，是远古时代生殖崇拜的表现，具有多子的象征意蕴。故宫中有"螽斯门"寓意皇家人丁兴旺。事实上，《诗经》中所描写的螽斯、鸿雁、蜉蝣、李子、木瓜、葫芦等动植物，都不仅仅是一种自然物象，它们大多是祭祀仪式中所使用的祭祀物，带有图腾崇拜的含义，是传达先民对自然崇拜心理和情爱意识的文化载体。

刘猛将军是传说中的灭蝗保稼之神。罗振玉的《俗说》（引朱坤《灵泉笔记》）认为刘猛将军指宋代刘锜："宋景定四年，天下大旱，蝗灾爆发，皇上敕刘锜为扬威侯天曹猛将之神，敕书云'飞蝗入境，渐食嘉禾，赖尔神灵，剪灭无余'，蝗遂殄灭。另一种传说是元代刘承忠。承忠在元代末驻守江淮，会蝗旱，刘将军督促官兵捕蝗，蝗殄灭殆尽。后元亡，自溺死，当地人祠之，称之曰刘猛将军。"[2]

三、鸣虫

鸣虫以其悦耳的鸣叫，与敏锐的季候关联，引发人们无尽的审美体验。《诗经·草虫》和《诗经·七月》记述了草虫、阜螽、斯螽、莎鸡、蟋蟀、蜩、蝉与蟋蟀等虫子发出的天籁之声。《楚辞·九辩》有"蝉寂漠而无声""澹容与而独倚兮，蟋蟀鸣此西堂"，大意是深秋寒蝉寂寞无声（噤若寒蝉），蟋蟀声音也变得低沉，就像人孤寂的心情；《诗经·小弁》中有"菀彼柳斯，鸣蜩嘒嘒"，以蝉鸣声衬托人哀怨的心情；《诗经·荡》中"如蜩如螗，如沸如羹"，以蝉的合鸣比喻民怨沸腾；《诗经·青蝇》有"营营青蝇"，以苍蝇嗡嗡的声音比喻令人厌恶的小人谗言。可见，鸣虫之声寄寓着古人复杂的情愫。

四、昆虫民俗与节庆

我国共有昆虫节日58个，与害虫有关的节日就有41个，占到了节日总数的76.9%。由于各地风土民情不同，虫节民俗也呈现多元化。例如，汉族的扑蝶会、花朝日；土家族的射虫节；仡佬族的吃虫节；哈尼族的阿包念；等。而多数虫节活动的频率及规模与各地虫灾的危害程度有密切关联。古人以为害虫是上天的惩

---

① 引自《畿辅通志·祀典》。
② 引自《诗经·国风·周南·螽斯》。

罚，因此，他们采取祭祀、巫术等活动来驱虫，而畏惧的程度与崇拜的热度成正比，虫灾越严重，祭祀虫神的活动就越盛大。例如，刘猛将军是传说中灭蝗保稼之神，其供奉专祠遍及大江南北，其中以江南地区，特别是苏州为最。由此推断，苏州等江南地区应该是我国蝗虫的重灾区之一。据历代蝗灾情况分析，农历六月份，蝗灾出现频率最高，因此六月与蝗虫有关的节日比较密集，如保稻会（农历六月初一）、吃虫节（农历六月初二）、五谷庙节（农历六月初三）等[6]，人们祭拜神灵、迎请刘猛将军，希望能够感天动地，五谷丰登。

清明节前后，也多有昆虫节。江苏南通一带有"送百虫节"；江南地区养蚕区有一系列以蚕事为主题的节庆民俗活动，如蚕日（农历正月初八）、惊蛰（农历二月初八）、蚕月（农历四月）、吃蚕娘饭（农历五月十三）等。浙江地区蚕农清明期间用豆腐干等素食品祭供蚕神。山东蚕农则在每年卧蚕之日杀鸡设宴祭蚕神。此外，龙蚕会、祭虫节、虫王节、蚕神祭等都是以祭神保丰收为主题的昆虫节。

五、昆虫文学

农耕民族与自然相因相生、相应相和，古人不仅从自然获得生存的物质基础，也通过赋、比、兴将自然转化为人类生存的精神财富，昆虫成为古代文学描述的重要题材，自然极大地丰富了文学创作的素材，增强了文学作品的表现力。而所有的昆虫文化作品，既是文人审美情趣的真情表露，也体现了他们对人生及现实所做的深邃思考，是对自由的追问和向往[7]。

《诗经》是我国第一部诗歌总集，也是我国最早的文化元典之一。在《诗经》中，自然之物成为诗歌观照（兴观群怨）的对象，有了大量的"鸟兽草木之名"，有了鲜活生动的艺术形象的创造。《诗经》开启了吟咏昆虫的先河，此后云蒸霞蔚的昆虫诗词都可以在其中找到原始的基因片段。《诗经》305篇诗歌中，与蚕桑有关的就达27篇[6]，有40处提到昆虫，涉及20多种昆虫，如螽斯、蟋蟀、蜜蜂、蜉蝣、蚕，乃至害虫类的螟、螣、蟊等，如《国风》中的《周南·螽斯》《召南·草虫》《唐风·蟋蟀》《曹风·蜉蝣》，《小雅》中的《甫田之什·青蝇》等。《诗经·草虫》和《诗经·七月》生动记述了草虫、阜螽、斯螽、莎鸡、蟋蟀、蜩、蝉与蟋蟀等虫子发出的独特声音。《诗经》中的"螓首蛾眉""蚕月条桑""蜎蜎者蠋"等均取象于昆虫；"熠熠宵行"表现了萤火虫在暗夜发出的点点亮光。"蝉寂漠而无声""澹容与而独倚兮，蟋蟀鸣此西堂"，《楚辞·九辩》以寒蝉与蟋蟀鸣叫比兴感时伤怀的复杂情感。道家代表人物庄子的"蝶梦"影响深远，历久弥新，堪称中国经典文化之梦。

《韩非子·喻老》提到"千丈之堤，以蝼蚁之穴溃"，晓谕我们见微知著、防微杜渐的道理；战国末年《吕氏春秋》"流水不腐，户枢不蠹"告诉我们物质运动的辩证思维；汉代《淮南子·说林训》中写道"蚕食而不饮，二十二日而化；蝉饮而不食，三十日而蜕；蜉蝣不食不饮，三日而死"，又说"鹤寿千岁，以极其游，蜉蝣朝生而暮死，尽其乐，盖其旦暮为期，远不过三日尔"，以诗意的笔触描述昆虫多变的生活史与短暂的生命历程；刘向《说苑·正谏》中的"螳螂捕蝉，黄雀在后"以自然界的食物链寓意人类社会的相生相克。

魏晋南北朝时期政局动荡，乱象丛生，儒家思想与经学意义上的诗教受到极大冲击，诗歌从"经夫妇，成孝敬、厚人伦、美教化、移风俗"的教化工具发展为缘情与畅神的表达载体。在此期间，众多文人雅士为了独善其身，归隐山林，写下许多以虫寓情的诗词歌赋，从而让更多"小虫"登堂入室，进入文学的大雅之堂，如曹植的《蝉赋》《萤火论》；傅玄的《蝉赋》；傅咸的《粘蝉赋》《鸣蜩赋》《青蝇赋》《叩头虫赋》；郭璞的《蜜蜂赋》《蚍蜉赋》等。"竹林七贤"的代表人物阮籍也借蟋蟀、螳蜋等昆虫抒发人生的无奈与悲苦。晋初诗人陆云在《寒蝉赋序》中以蝉有"五德"来发表自己的人格宣言。南朝才女鲍令晖的《蚕丝歌》，昭明太子萧统的《蝉赞》，还有南北朝诗歌的集大成者庾信的《小园赋》等，也都是吟咏昆虫的名篇佳作。

《木兰辞》是中国南北朝时期郭茂倩的长篇叙事诗。"唧唧复唧唧，木兰当户织。不闻机杼声，惟闻女叹息……"开篇就以蟋蟀为兴，引出流传千古的木兰传奇。

"复此从凤蝶，双双花上飞。寄语相知者，同心终莫违"是萧纲的咏蝶名句；而"翻阶蛱蝶恋花情，容华飞燕相逢迎"更是引出了著名的词牌"蝶恋花"。

扬州有放萤院，相传隋炀帝夜晚出游，事先命人大量搜集萤火虫，到时放出，光照山谷。两年后，隋朝灭亡，引得后世李商隐发出"于今腐草无萤火，终古垂杨有暮鸦"的慨叹。

唐代欧阳询是中国民间昆虫文化的集大成者，641 年，由他编纂的《艺文类聚》，收集了有关蝉、蝇、蚊、蛱蝶、萤火虫、叩头虫、蛾、蜂、蜉蝣、蟋蟀、尺蠖、蚁、螳螂等昆虫的诗词歌赋，可谓群贤（虫）毕至。唐代农学家、诗人陆龟蒙的《蠹化》详细客观地描述了柑橘害虫橘蠹的形态、习性及自然天敌。

唐代，诗仙李白、诗圣杜甫、诗豪刘禹锡、诗鬼李贺、诗佛王维、花间派鼻祖温庭筠，以及骆宾王、王昌龄、孟浩然、孟郊、王建、白居易、柳宗元、元稹、贾岛、杜牧、李商隐等诗词名家都有昆虫诗传世。

中唐诗人贾岛一生潦倒，他远离市井红尘，于清幽冷寂处虔诚地记录所见幽微之景，冷僻之境，他与蟋蟀、萤火虫惺惺相惜，结成"莫逆之交"，因此，严羽在《沧浪诗话》中形容贾岛的诗为"虫吟草间"[8]。李商隐的诗意境幽深，耐人寻味，通读其诗，隐约有"蝴蝶魂"相伴。李商隐的诗直接提及"蝶"的约有 29 首[9]，其中"庄生晓梦迷蝴蝶，望帝春心托杜鹃""春蚕到死丝方尽，蜡炬成灰泪始干"

堪称千古咏虫绝句。

宋代文坛大家苏轼、林逋、柳永、黄庭坚、晁补之、赵彦端、杨万里、张孝祥、辛弃疾、姜夔、史达祖、周密等都同样对昆虫青睐有加，留下许多脍炙人口的昆虫诗词名篇。宋代宰相贾似道的《促织经》文笔凝练，堪称一绝，贾似道因此被戏称为"贾虫"，成了名副其实的"蟋蟀宰相"。经典词牌"蝶恋花"更是被宋人发挥到了极致，唱和作品层出不穷。北宋诗人谢逸曾作蝴蝶诗300多首，时人誉为"谢蝴蝶"。

元代散曲中也常有昆虫流连。例如，王和卿的《咏大蝴蝶》（"弹破庄周梦，两翅驾东风"）；马谦斋的《自悟》（"取富贵青蝇竞血，进功名白蚁争穴"）；汪元亨的《警世》（"憎苍蝇竞血，恶黑蚁争穴"）及《归隐》（"功名辞凤阙，浮生寄蚁穴"）等。明剧作家汤显祖的《南柯记》借蚂蚁族所建的大槐安国，演绎出纷纷攘攘的"官场现形图"与人生如梦的慨叹。

明代高濂创作的昆曲《玉簪记·琴挑》中，书生潘必正以一曲《懒画眉》"月明云淡露华浓，倚枕愁听四壁蛩"来抒发自己"看此溶溶夜月，悄悄闲庭。背井离乡，孤衾独枕……"的哀愁与伤感。

明代陈继儒的《小窗幽记》、洪应明的《菜根谭》与清代王永彬的《围炉夜话》被誉为国学精粹、修身养性三大奇书，其中的格言式文句玲珑剔透、言近旨远、脍炙人口。书中以虫寄情，以虫悟道，修身养性的佳句触目可及。在陈继儒看来，华丽的官场无非"似蛾扑灯，焚身乃止；贪无了，如猩嗜酒，鞭血方休"；而清幽山林则别有天地："茅檐外，忽闻犬吠鸡鸣，恍似云中世界，竹窗下，唯有蝉吟鹊噪，方知静里乾坤""随缘便是遣缘，似舞蝶与飞花共适；顺事自然无事，若满月偕孟水同圆"。

明清两代，小说进入高峰时期，清代蒲松龄的短篇小说《促织》，通过人变促织的荒诞情节揭露封建社会的残酷现实；而曹雪芹的《红楼梦》中两位女主角均涉及昆虫：宝钗扑蝶尽显青春亮丽之美，林黛玉戏称刘姥姥为母蝗虫则体现出巨大的阶层落差。

概括起来，与昆虫有关的文学作品（诗歌）主要表现在三个方面。其一是写实层面，包括大量的"农诗"，即有关农业、农村、农民的诗歌，大抵有咏农、劝农、悯农三种类型，其中的主角是"蚕"与"蝗虫"，如宋朝的范成大、陆游的蚕诗；唐代白居易，以及宋代苏轼、郑獬等诗人的治蝗诗。其二是最普遍的托物起兴、托物言志、以虫寄情类诗词歌赋，吟咏的对象主要是蝉、蟋蟀、萤火虫、蝴蝶等。其三是以虫喻理，进入物我合一的哲理层面，主要对象是螳螂、蚂蚁、蝴蝶等。

中国的草虫画以其气韵生动、题材多样、生趣盎然闻名于世。三国时曹不兴的"误点成蝇"可能是最早载入史册的草虫画。南北朝时的顾景秀、丁光等因画蝉雀而声名鹊起；当时，刘胤祖一家更是"特工蝉雀，笔迹迢越，爽俊不凡"。唐代时，花鸟虫鱼画（草虫画）渐渐从人物、山水画中独立出来，自成一派，独具一格，此后名人佳作不断涌现。据《画史》记载，徐熙"善画花竹林木，蝉蝶草虫之类，多游园圃，以求情状"；特别是宋代，草虫画在宋徽宗的倡导下，蔚然成风[10]。近代，齐白石的草虫画堪称画坛一绝，草与虫，相依相伴，动静相谐，充满了自然情趣，回味悠长。

六、昆虫成语

成语是我国汉字语言词汇中一部分定型的词组或短句。成语大多生动简洁、形象鲜明、言简意赅，是汉语言的精华所在。昆虫成语涉及昆虫生物学的方方面面：变态（金蝉脱壳、破茧成蝶、蜕化变质）；食性与取食方式（蚕食鲸吞、户枢不蠹）；群集性（蛾附蜂屯、积蚊成雷、蝇集蚁附、蜂拥而来）；趋性（飞蛾扑火）；筑巢（千里之堤，溃于蚁穴；鹪巢蚊睫）；作茧（作茧自缚）；发声（噤若寒蝉、蝶怨蛩凄）；发光（囊萤映雪）；自卫（断肢自救）；寿命（朝生暮死）；产卵场所和方式（蜻蜓点水）；食物链原则（螳螂捕蝉，黄雀在后）。此外，还涉及拟人化的情感表达，如蜂媒蝶使、螳臂当车、蝤首蛾眉、蝇头小利、蝉腹龟肠、狂蜂浪蝶、蝇营狗苟、蚍蜉撼树、无头苍蝇、热锅上的蚂蚁、春蚕到死丝方尽、蚕头燕尾、蝼蚁之命、雕虫小技、寒蝉凄切、"蝉翼为重，千钧为轻"等。

兼有故事背景与哲理内涵的昆虫成语大多来自文学作品。例如，"朝生暮死"来自《诗经·曹风》"蜉蝣之羽，衣裳楚楚；蜉蝣之翼，采采衣服"与《淮南子》"蚕食而不饮，二十二日而化；蝉饮而不食，三十日而蜕；蜉蝣不食不饮，三日而死"。

"蝤首蛾眉"，蝤首意为象蝉一样的广而方的前额，蛾眉形容女子眉细而长，二者合一，形容绝世美貌，来自《诗经·卫风·硕人》："蝤首蛾眉，巧笑倩兮，美目盼兮。"

"蝉翼为重，千钧为轻"喻指人心不古，是非颠倒，出自《楚辞·卜居》："蝉翼为重，千钧为轻；黄钟毁弃，瓦釜雷鸣；谗人高张，贤士无名。"

"流水不腐，户枢不蠹"出自战国时期吕不韦的《吕氏春秋·尽数》："流水不腐，户枢不蠹，动也"；"螳臂当车"出自先秦庄周的《庄子·人间世》："汝不知夫螳螂乎，怒其臂以当车辙，不知其不胜任也。"

"千里之堤，溃于蚁穴"（"千丈之堤，以蝼蚁之穴溃；百尺之室，以突隙之烟焚"）出自先秦韩非的《韩非子·喻老》与西汉皇族淮南王刘安及其门客集体编写的哲学著作《淮南子·人间训》。"蚕食鲸吞"出自韩非子的《韩非子·存韩》："赵氏破胆，荆人狐疑，必有忠计。荆人不动，魏不足患也。则诸侯可蚕食而尽，赵氏可得与敌矣。

愿陛下幸察愚臣之计无忽。"

"螳螂捕蝉，黄雀在后"典故来自西汉时期刘向的《说苑·正谏》："园中有树，其上有蝉。蝉高居悲鸣饮露，不知螳螂在其后也；螳螂委身曲附欲取蝉，而不知黄雀在其旁也；黄雀延颈欲啄螳螂，而不知弹丸在其下也。此三者皆务欲得其前利，而不顾其后之患也。"

"积蚊成雷"出自《汉书·中山靖王传》："夫众煦漂山，聚蚊成雷。"意为许多蚊子聚到一起，声音会像雷声那样大。比喻说坏话的人多了，会使人受到很大的损害。"雕虫小技"出自西汉文学家扬雄的著作《法言》，形容难学而实际效用又很小的技艺。

"噤若寒蝉"出自南朝时期刘宋政治家、历史学家范晔的《后汉书·杜密传》："刘胜位为大夫，见礼上宾，而知善不荐，闻恶无言，隐情惜己，自同寒蝉，此罪人也。"

"飞蛾扑火"典出南朝梁时才子到荩，到荩经常与皇帝一同作诗，深受皇帝萧衍的喜爱，萧衍爱屋及乌，特地赐其祖父一首诗："研磨墨以腾文，笔飞毫以书信，如飞蛾之赴火，岂焚身之可吝。必毫年其已及，可假之于少荩。"

更多的昆虫成语直接来自诗歌经典。"蜻蜓点水"来自杜甫的《曲江》诗："穿花蛱蝶深深见，点水蜻蜓款款飞"；"作茧自缚"出自白居易的《江州赴中州至江陵以来舟中示舍弟五十韵》："烛蛾谁救护？蚕茧自缠萦"；"蚍蜉撼树"来自韩愈诗"蚍蜉撼大树，可笑不自量"；"春蚕到死丝方尽"来自李商隐《无题》："春蚕到死丝方尽，蜡炬成灰泪始干"；"蝇头微利"来自苏轼的词《满庭芳》："蜗角虚名，蝇头微利，算来著甚干忙"；"蜂媒蝶使"出自宋代周邦彦《六丑·蔷薇谢后作》词："多情为谁追惜？但蜂媒蝶使，时叩窗槅"；"寒蝉凄切"出自柳永的《雨霖铃》："寒蝉凄切，对长亭晚，骤雨初歇。都门帐饮无绪，留恋处，兰舟催发。"

"蚕头雁尾"（形容书法起笔凝重，结笔轻疾）出自宋徽宗赵佶的《宣和画谱·颜真卿》："惟其忠贯白日，识高天下，故精神见于翰墨之表者，特立而兼括……后之俗学，乃求其形似之末，以谓蚕头雁尾，仅乃得之。"

"狂蜂浪蝶"（比喻轻薄放荡的男子）典出明朝凌濛初的《初刻拍案惊奇》："紫燕黄莺，绿柳丛中寻对偶；狂蜂浪蝶，夭桃队里觅相知。""蜂拥而来"出自清代李宝嘉《官场现形记》："又等了一会儿，方见胡统领打著灯笼火把，一路蜂拥而来。"

总之，昆虫意象经过历朝历代文人的不断传承、叠加、延伸、推演，逐渐从写实到写意，从起兴到寓理，从认知符号发展到文化符号，延伸出多义性与稳定性。昆虫的形象来自自然，而又高于自然，昆虫的自然属性也逐渐转变为人格化的精神与道德属性的载体。

参 考 文 献

[1] 姚国华.全球化的人文审思与文化战略（上卷）.深圳：海天出版社，2002.

[2] 解保军.马克思自然观的生态哲学意蕴——"红"与"绿"结合的理论先声.哈尔滨：黑龙江人民出版社，2002.

[3] 施爱东.龙与图腾的耦合：学术救亡的知识生产.民族艺术，2011，4:6-18.

[4] 夏鼐.汉代的玉器——汉代玉器中传统的延续和变化.考古学报，1983，2:125-145.

[5] 王永礼.蚕与龙的渊源.东华大学学报：社会科学版，2005，5(3):68-71.

[6] 萧兵."虫形玉龙"的象征功能.民族艺术，2004，3:52-55.

[7] 彩万志.中国昆虫节日文化.北京：中国农业出版社，1998.

[8] 吴晶.论蝴蝶意象在李商隐诗中的多重涵义.浙江学刊，2010，2:124-127.

[9] 康维波，郑方强，张妍妍.昆虫文化对古代文学影响初探.山东农业大学学报：社会科学版，2012，2:1-6.

[10] 方荣根.工笔画花鸟草虫特写——草虫卷.南昌：江西美术出版社，2005.

第四节　昆虫意象的起源、流变、现代意义

恩格斯指出："人在自己的发展中得到其他实体的支持，但这些实体不是高级的实体，不是天使，而是低等的动物。由此产生动物崇拜，生存繁衍都与动物发生关联。"① 因此，古人对昆虫的认知，首先是物质价值，然后才是情感与精神价值，而情感与精神价值又反作用于物质价值，物质与精神价值的相互作用、相互衍生共同创造出昆虫的文化价值。

千姿百态的昆虫是自然的存在，这些客观的物象、事象入诗即成为"含意之象"，即蕴含诗人情感与思想的诗意形象，昆虫意象就是昆虫自然属性的人格化，昆虫意象生动体现出人对自然的认知水平与深度，对世界的感知与体悟。

一、起源

根据历史学家吕振羽的研究：最初某一群团由于以某种食物为主要来源，所以被其他群团给予某种食物的称谓，如喜欢食蝉的舜之先族被称为"穷蝉"。商代的青铜器上，蝉就以图腾的形式出现。据推测，周朝同样以蝉为图腾。《魏略》中所谓的"中国"实指周先祖最早居住的、被黄河包围的并处于各国中心的晋南地区，即昆仑山地区。这个地区的古代氏族图腾物有许多以蝉为代表的"虫类"，换句话说，

---

① 《恩格斯致马克思》(1846 年 10 月 18 日)《马克思恩格斯全集》第 27 卷第 63 页。

地处中原的"中国"是以虫为图腾的氏族[1]。唐朝与蝉图腾也有关联。据《辞海》："螗"亦为唐虫，是一种蝉名，蜩、螗皆为蝉类[2]。

千百年来，人们既吃虫，以蚕丝为衣，也深受虫害困扰；人们既观赏蝴蝶的美丽，也厌恶逐臭的苍蝇；人们因蜉蝣、蟋蟀深感时光匆匆，人生短暂，也因为虫的蜕变与羽化而产生在彼岸世界重生的希冀……古人通过赋、比、兴的艺术手法，借助昆虫表达内心的喜乐与忧愁，表达种群繁衍与重生的向往，表达对自然既尊崇又恐惧，既依恋又担忧的复杂情愫。

蝶憩香花、蜜蜂采蜜、春蚕吐丝、蟋蟀鸣秋、金蝉脱壳、囊萤映雪……早已成为一种意象符号与经典原型。正如荣格所言："人生中有多少典型的情境，就有多少原型。这些经验由于不断重复而被深深地镂刻在我们的心理结构之中。"[3] 例如，我们看到蝴蝶、想到蝴蝶，便有一种春意、自由、迷惘的感觉；听到蟋蟀鸣叫，就油然生出秋兴之感；看到萤火虫，就会想到"轻罗小扇扑流萤"；看到蜻蜓，就会想到蜻蜓停歇在小荷上的轻盈与飘逸。

二、流变

卡西尔认为："符号化的思维和符号化的行为是人类生活最富代表性的特征，并且人类文化的全部发展都依赖于这些条件，这一点是无可争辩的……符号系统的原理，由于其普遍性、有效性和全面适用性，成为打开特殊的人类世界、人类文化世界大门的开门秘诀……人类一旦掌握了这个秘诀，进一步的发展就有了保证；'文化'的雏形往往是以符号的形式出现，一个看似简单的符号，有可能就是源远流长的某种文化内涵的最初表现。"[4]

昆虫意象作为文学语符化过程，也是昆虫从具象到抽象、从物质层面上升到精神层面、从泛神论层面上升到伦理哲学层面的认知提升过程，简而言之，就是昆虫从认知符号转变为文化符号的过程。而文化的存在也取决于人类创造和使用符号的能力，"符号与体验"包涵了人类思想的全部领域[4]。

在中国文化海洋中，以虫寄情、以虫喻理的诗词文赋异彩纷呈，蔚为大观。中国汉代墓葬中的"玉蝉"意象，穿越漫漫时光，传达着古老先民对重生的希冀与对生命的礼赞；"蝴蝶"意象折射出道家"超然物外，物我合一"的处世哲学，体现着中国人随物迁化的深邃韵致；"蚕为龙精"①，蚕成为龙的一种"变体"，是龙的多义性、多变性、多栖性的有力佐证；"螳螂捕蝉，黄雀在后""千里之堤，毁于蚁穴"折射出中国人朴素的生态哲学与辩证思维。

在文化的苍茫林海中，我们也常常会与昆虫意象"美丽邂逅"，毋庸置疑，在

---

① 出自《周礼·夏官·马质》。

中华民族的审美情感上，昆虫意象早已超越了本来的生物学意义，而被赋予了更深的民族心理与审美内涵。历尽岁月醇化的经典昆虫意象至今依然滋养着我们的文化心灵与生命智慧。

20世纪80年代以后，世界昆虫文化研究的包容性和交叉性日益凸显。在国内，昆虫学家纷纷涉猎昆虫文化，系列昆虫文化著作相继出版：顾希佳出版《东南蚕桑文化》[5]；彩万志推出《中国节日昆虫文化》[6]；孟昭连发表《中国虫文化》[7]。还有一些昆虫学家以拟人式表达、以科学性与趣味性并重的笔触发表昆虫科普著作，如朱耀沂的《生死昆虫记：影响历史的人虫大战》[8]、赵力的《图文中国昆虫记》[9]等。

与此同时，昆虫文化的论文也如雨后春笋，层出不穷。例如，关传友全面论述了中国传统文化中的昆虫文化现象[10]；嵇保中探讨了昆虫诗词所体现的社会价值和美学价值[11]；王晶从法布尔的《昆虫记》阐发昆虫的生态哲学与美学趣味[12]；王伟滨以"化生之虫"看生态生存观，他认为人与自然的关系应当像蜜蜂与花的关系那样，相互依存、互惠互利[13]。

在国外，昆虫是古希腊、古罗马的文化符号，在《圣经》、莎士比亚戏剧及但丁的《神曲》中，都有昆虫灵动的身影。卡尔逊的《寂静的春天》与法布尔的《昆虫记》堪称典型的昆虫文化著作。《昆虫记》在实证研究的基础上对昆虫加以诗意化、人格化，富有童真与生趣的阐述，被誉为昆虫的史诗。诺贝尔文学奖得主、比利时文学家梅特林克的《蜜蜂的生活》与《白蚁的生活》是饱含热情的心力之作，写实的描述加上深邃的思考，淋漓尽致地展现了昆虫世界的奥妙与神奇。

美国文化昆虫学家C.L.Hogue于1980年正式创立"文化昆虫学"；1990年，《文化昆虫学汇集》（*Cultural Entomology Digest*）在美国创刊；1992年，世界第一家昆虫文化研究网站设立（http://www.insects.org/ced）。

三、现代意义

意象是融入主观情意的客观物象，昆虫意象就是人格化的昆虫。遥远的昆虫意象就在我们身边，在我们的感念生发、心绪流转中；然而，昆虫意象又似乎已经远离我们，随着工业化带来的生态危机日益凸显，以及城市化进程的迅猛推进，蝴蝶、蜜蜂、蜻蜓、蟋蟀、菜青虫、金龟子正悄然远离城市。虽然城市不乏人造园林，然而花上无蝶，柳梢无蝉，小荷上鲜有蜻蜓停歇，城市因此少了灵性与活力，没有蜂喧蝶舞、蝉鸣鸟语的城市的春天也因此显得有些寂寞与怅然。即便在乡村，那种"儿童急走追黄蝶，飞入菜花无处寻""一路稻花谁做主，红蜻蜓伴绿螳螂"的天乐情境与田园诗画也似乎成为遥远的记忆。被经济效益，被农药、化肥、农膜等工具理性统领的农业，让我们失去对生命的感悟、对微虫（昆虫）的慈悲。

进入中国学术文献网络出版总库，键入两个检索词，即国家社科基金与昆虫，出现的记录仅有 9 条（表 1-1），显而易见，这些文章仅仅涉及"昆虫"这一名词，没有一条是以昆虫文化为研究对象的。而键入"国家自然科学基金"与"昆虫"就有 5484 条记录，"国家自然科学基金"与"小菜蛾"记录有 414 条，蚕 962 条，果蝇 700 条，蜜蜂 719 条，加上国家自然科学基金资助层面上涉及各类昆虫的英文科研论文更是车载斗量、琳琅满目。

表1-1　中国学术文献网络出版总库检索结果（检索词：国家社科基金与昆虫）

论文题目	基金项目	学科
马王堆帛书《二三子》疑难字句释读	国家社科基金重大项目(11&zd086)	哲学
从"终身"看"基础"——对基础教育之"基础性"价值的再认识	国家社科基金重点课题"终身教育理念下的基础教育学校变革与区域推进研究"	教育学
民国时期苏南自然灾害述论	国家社科基金项目（12CZS047）	历史
论"仁"的生态意义	国家社科基金重点项目"儒家生态哲学史研究"(11A2X006)	哲学
明清以来滇中地区的巫蛊叙事与族群认同	国家社科基金项目"阿昌族巫蛊信仰的现代变迁研究"（07XZJ010）	历史
天使在人间——A.S.拜厄特对艾米莉·丁尼生的重构	国家社科基金项目"新维多利亚小说研究——后现代文化重构19世纪"（09BWW018）	外国文学
中国食用农产品安全生产面临的新挑战及其对策	国家社科基金项目"中国食用农产品安全生产长效机制和支撑体系建设研究"(03BJY081)	农业
清代后期湖南的虫灾、风灾、雹灾和冰冻雪灾	国家社科基金项目(99BZS021)	历史
《毛诗草木鸟兽虫鱼疏》、《南方草木状》中的词源探讨述评	国家社科基金项目"魏晋南北朝隋唐五代词源学史研究"	语言

随着经济发展与国力增强，国家在自然科学研究方面的投入连年递增，从实证研究层面看，我国的昆虫学研究无论从深度还是广度上都有长足的发展，成就斐然，而与之相对应的昆虫文化研究，却似乎是被人遗忘的角落，或者仅仅是"雕虫小技"的边缘课题，在国家社会科学基金平台上沉默无声、悄无声息（表 1-1）。

在实证研究层面，昆虫仅仅是科学研究的对象，昆虫被分为"害虫"与"益虫"。有效控制害虫，让昆虫为人类产生最大的经济效益，是昆虫研究的主旋律。昆虫为现代生物科学"慷慨捐躯"，为普通生物学、生理生化、分子生物学、行为生态学、环境生态学等科学研究立下汗马功劳，仅仅对果蝇的研究就产生了三位诺贝尔奖得主 [14]。随着学科高度细化，研究领域逐渐深化。昆虫学研究正在被分子层次的微观分析与人为创设的机械物理应激反应所垄断，昆虫生态的整体性与宏观性也随之消弭，"蝴蝶"成为科学术语描述的对象而失去了神秘的灵辉。

与此同时，带有农耕文明特质的昆虫文化就像现代乡村一样慢慢凋零，甚至失去了生存的土壤。例如，在我国蚕丝经济成为蚕的核心命题，而内涵丰富、历史悠久的蚕丝文化在现实生活中消亡，表现为蚕农对养蚕的神圣感消失，养蚕时的礼仪感与禁忌消失了，蚕茧丰收后祭祀蚕神的活动也不存在了[15]。

在人类的知识体系和文化形态中，科学与人文是一体两翼，科技着重的是人的物质生存问题，人文着重解决人的精神生存问题，或者说是人的生存价值问题。技术层面的研究与进步，并不能从根本上解决害虫问题。因为"害虫"不仅是农业技术层面的问题，更是社会、生态层面上的问题。

古老的昆虫文化（诗歌、节庆）是从自然生命中汲取能量的原生态文化。"丛林中的每一个蚁丘都隐藏着鲜活的，后工业时代的壮丽蓝图……隐藏着各种启示洞见与新生物文明的模式。"[16]昆虫科学研究需要从昆虫文化中得到精神启迪，获得价值起点与人文的温度。科学与人文交融，逻辑思维与形象思维互补，才能更好地发现昆虫、了解昆虫，揭示昆虫对当代社会的多元价值。因此，拓展昆虫文化研究的视域，开发昆虫文化的富矿，让昆虫文化的研究跟上昆虫实证科学的步伐，是值得研究与反思的社会课题。

参 考 文 献

[1] 伏元杰.蜀史考.延吉：延边大学出版社，2005.

[2] 孙关龙.《诗经》草木虫鱼研究回顾.学习与探索，2000，(1):112-116.

[3] 霍尔等.荣格心理学入门.冯川译.上海：上海三联书店，1987.

[4] 恩斯特·卡西尔.人论.甘阳译.北京：西苑出版社，2003.

[5] 顾希佳.东南蚕桑文化.北京：中国民间文艺出版社，1991.

[6] 彩万志.中国节日昆虫文化.北京：中国农业出版社，1998.

[7] 孟昭连.中国虫文化.天津：天津人民出版社，2004.

[8] 朱耀沂.生死昆虫记：影响历史的人虫大战.长沙：湖南文艺出版社，2007.

[9] 赵力.图文中国昆虫记.北京：中国青年出版社，2004.

[10] 关传友.论中国的昆虫文化.古今农业，2005，4:12-21.

[11] 嵇保中.昆虫诗话.南京林业大学学报：人文社会科学版，2003，3(1):49-53.

[12] 王晶.《昆虫记》的生态哲学与美学趣味.云南民族大学学报：社会科学版，2011，28（3）：148-150.

[13] 王伟滨.从"化生之虫"看生态生存观.江苏大学学报：社会科学版，2009，11（2）:52-57.

[14] 王荫长.邮票上的实验昆虫.昆虫知识，2008，(5):826-831.

[15] 陶红.蚕丝文化传承中教育功能分析——嘉陵江流域蚕区考察与探索.西南大学博士学位论文，2008.

[16] 凯文·凯利.失控：全人类的最终命运与结局.东西文库译.北京：新星出版社，2010.

第二章 经典昆虫意象概述

子曰："书不尽言，言不尽意。然则圣人之意其不可见乎？圣人立象以尽意。设卦以尽情伪，系辞焉以尽其言。"

——《周易·系辞上》

语有贵也，语之所贵者，意也。意有所随，不可言传也。

——《庄子·天道》

可以言论者，物之粗也；可以意致者，物之精也。

——《庄子·秋水》

这些意象早在史前史以前就已深植于人类心中……回到这些象征物才是明智之举。

——〔瑞士〕心理学家：卡尔·古斯塔夫·荣格

蝴蝶是一种象征，象征着转化。蝴蝶是美的，它与生俱来的特质除了美以外别无其他；蝴蝶是富于变化的；蝴蝶是吸引人的，生命虽然短暂但生命力是强大的，是好玩的、无忧无虑的，是善的，但又是没有实用价值的。

——〔美〕汉学家 爱莲心

一个人与其一生写万卷书，还不如只呈现一个意象。

——〔美〕意象派诗人 埃兹拉·庞德

悲哀是无数的蜂房，快乐是香甜的蜂蜜。吾爱！那忙着工作的蜂儿就是我和你。

——汪静之《无题》

"可以言论者，物之粗也；可以意致者，物之精也。""书不尽言，言不尽意……圣人立象以尽意。"确实，面对瑰丽多姿、变幻莫测、幽深微妙的大千世界，语言常常显得苍白无力，借助昆虫意象更能表达丰富的想象、直觉的印象与细微的心理活动。

从古至今，昆虫与人类命运息息相关，富有生趣的昆虫及其奇妙的生命演化过程启迪着古人的生命智慧与哲学思考。人类"不由自主"地将昆虫"人格化""人性化""人情化""伦理化"，借助蝴蝶、蜜蜂、蚕、蝉、蚂蚁等昆虫意象，表达自然现象背后隐含着的深刻的道理与复杂的感情。历经千年文化积淀，昆虫意象早已远远超越其本来的生物学意义，成为民族记忆与文化意识的载体。

诗歌以语言的方式拥有世界，而语言以意象的方式表现世界。中国人自古就以一种诗性的思维与诗意审美的态度来对待世界，中华诗词最集中、最凝练、最精美地体现着人类原创性思维的诗意智慧。昆虫飞入诗词，赋予诗歌灵动的气韵，昆虫的自然属性早已在文学中得到生动体现与升华；而昆虫在诗性的浸染下，也变得可亲可爱。昆虫入诗大抵包含三个层面：其一是写实层面，直接取象于自然的物象；其二是写意层面，融入自己的情感与感慨；其三是互渗转意，上升到符号学层面，在诗人的笔下，春蚕的蜕变、化蛹、吐丝等生物学现象就有了神秘、重生、幻化的寓意；而庄周梦蝶，人蝶合一，难分彼此，如梦似幻。诗（文学）从表面上看是一个个词语的连缀，但从艺术构思上看却是一个个意象的拼接组合。

中国哲学注重意象思维与心灵体悟，是以生命精神价值为中心的诗意哲学。正如美国哲学家桑塔耶那所言："诗像哲学一样，是人类感知世界的最高形式，伟大的诗也像哲学一样，是对宇宙间最深刻关系的把握。"中国是诗的国度，昆虫自然成为诗歌观照的重要对象："春蚕到死丝方尽，蜡炬成灰泪始干""寄蜉蝣于天地，渺沧海之一粟""蜂采百花成蜜后，为谁辛苦为谁甜"……经典昆虫意象不仅体现了自然气象万千、悠远博大，也传达出诗人的喜怒哀乐、情思意趣，蕴含着丰富的生态审美意味，堪称诗情与哲理的完美统一。

100多年来，在中西交流、文化比较与反思的进程中，中国人的思维方式、价值观念发生了深刻的转变。面对构建生态文明，实现中华复兴的伟大使命，每一个中国人的内心深层，都强烈地蕴藏着一个传统与革新、中学与西学、体与用、继承与发展的新选择。从这个意义上讲，中华民族的振兴，表现为一个精神文化的整合创新过程[1]。因此，笔者力图带着时代的命题发现经典、诠释经典，从古今互通、科学与人文互观的立体坐标，解析昆虫意象的多重意蕴。

第一节　蝴蝶意象

　　蝴蝶（图2-1）属于昆虫纲，鳞翅目，锤角亚目，是自然界尤其是昆虫纲中一类有重要地位的类群。鳞翅目是昆虫纲中第二大目，是一类日间活动的鳞翅目昆虫，因身体和翅膀上披有大量鳞片而得名。蝴蝶属完全变态，一生经历卵、幼虫、蛹、成虫等四个阶段。幼虫多以植物为食，成虫则以虹吸式口器吸食花蜜。

　　世界上蝴蝶已知种类有17 000种左右。从白垩纪起，蝴蝶就与蜜源植物协同进化，历经2500多万年的演化，蝴蝶已经成为维持生态平衡与地球生物多样性的重要物种之一[2]。在浙江河姆渡（6000年前的新石器时代）的遗址中发掘出的大量玉制、石制和土制的蝶形装饰品[3]，说明远古先人就对蝴蝶情有独钟。

(a) 美国邮票：桃色花粉蝶（*Colias curydice*）

(b) 图瓦卢邮票：幻紫斑蛱蝶（*hypolimnas bolina*）

(c) 美国邮票：从上到下，从左到右：凤蝶（*papilio oregsnius*）、蛱蝶 (*euphydryas phaeton*)、粉蝶、尼美根花粉蝶（*Colias eurydice*）橙色尖翅粉蝶（*Anthocaris midee*）

图2-1　蝴蝶意象

　　蝴蝶堪称世间最绚丽、最具神秘气质、最富人文意味的小生灵，从古至今，从东方到西方，人类都不约而同地将自己的情感与理念投射到蝴蝶身上，蝴蝶文化早已从物质层面上升到精神层面，从情感层面渗透到宗教、伦理与哲学层面，成为民族记忆的载体与情感意识的文化符号。

一、时之蝶

　　惊蛰，是二十四节气中的第三个节气，意味着天气回暖，春雷始鸣，惊醒蛰伏于地下冬眠的昆虫。蝴蝶是早春人们迎来的第一批大型昆虫，其因栩栩之态而得"春驹"之名。北宋时期，每年二月初二在当时首都开封要举行名为"扑蝶会"的游艺活动。清朝乾隆三十九年刻印的《曲阜县志》中也有"'花朝日'，为扑蝶之会，晴则百果实"的记载。

雨 晴

唐·王驾

雨前初见花间蕊，雨后兼无叶里花。

蛱蝶飞来过墙去，却疑春色在邻家。

春雨淅沥，花蕊含苞待放，春雨过后，花开花谢，空留叶子而不见花朵，蝴蝶呼朋唤友飞过墙垣，是否邻家的春色更美啊。

春 游

宋·释行海

芳菲时节思悠悠，快与风光汗漫游。

万物不如花富贵，一春唯有蝶风流。

春光明媚，春暖花开，何不趁着大好春光，到广袤的田野中踏青郊游，春天中最得意的是花朵，而更为风流倜傥的就只有蝴蝶。

春日里芬芳的花朵与灵动的蝴蝶都在展示着生命的价值，都在呼唤人们扑进春天的怀抱，尽情释放生命的活力，尽情享受生命的欢乐。

暮春客途即景

明·于谦

雨中红绽桃千树，风外青摇柳万条。

借问春光谁管领？一双蝴蝶过溪桥。

于谦是我国历史上著名的民族英雄。他不仅有许多豪迈刚劲的诗作，也不乏清新隽永的诗篇。《暮春客途即景》给我们展现了一幅生机盎然的春天画卷：春雨淅沥，桃花红艳如火；春风拂面，翠柳随风荡漾，这旖旎的春光，令人陶醉。借问谁是春光的统领？只见一双蝴蝶，悠然飞过溪桥。

春花与蝴蝶是春天的象征，也是生命的象征，蝴蝶唤醒了春天，也唤醒了人们灵魂深处的诗意。蝴蝶素有"春驹"之称，说明古人早就意识到昆虫对时令的敏感性。事实上，蝴蝶不仅对季候极其敏感，对生态环境的变化也十分敏感，因此，蝶类早已被科学界公认为生态环境变化与生物多样性的指示物种，也是保护生物学的首选研究物种，许多保护生物学理论，尤其是集合种群理论都来自对蝴蝶的研究[4]。英国、荷兰等欧洲国家，自 20 世纪 70 年代起，就陆续建立了蝴蝶种群监测体系，科学家通过监测气候变化对蝴蝶生物多样性、生活习性等多方面的影响评估气候变暖对昆虫及生态群落变迁的影响[5,6]。

夏

宋·白玉蟾

莺唤绿杨抽嫩叶，蝶催碧藕发新花。

飒然一点熏风至，日落山前噪乱鸦。

夜静乘凉坐水亭，草头隐映见孤萤。

瞥然飞过银塘面，俯仰浮光几点星。

宋道士白玉蟾隐居武夷山九曲溪畔。草木山水，朝晖夕阴，这一切对山中人都似乎是司空见惯、平淡无奇的，而道家就在平淡中捕捉到亲切可人的瞬间：在莺鸟的啼鸣中，绿杨抽出嫩叶；在蝴蝶的殷切关照下，碧藕生出新花；夏日熏风飒然而至，日落之前乱鸦鸣噪；夜晚的水亭间，只见孤萤一点，瞥然飞过如镜的塘面，平静的水面上可见星光熠熠、萤火点点，星星与萤火虫似乎在相互致意、窃窃私语。

秋　蝶

唐·白居易

秋花紫蒙蒙，秋蝶黄茸茸。

花低蝶新小，飞戏丛西东。

日暮凉风来，纷纷花落丛。

夜深白露冷，蝶已死丛中。

朝生夕俱死，气类各相从。

不见千年鹤，多栖百丈松。

相比春之蝶的欢快明媚，秋之蝶就显得有些落寞。小小的蝴蝶在萧瑟秋风中显得特别瘦弱单薄，夜幕降临，秋风飒飒，吹落一地花瓣。夜深露重，蝴蝶最终在花丛中死去。人生如梦，生命短暂，百丈松寻常，而千年的鹤谁又能见？

二、梦之蝶

锦　瑟

唐·李商隐

锦瑟无端五十弦，一弦一柱思华年。

庄生晓梦迷蝴蝶，望帝春心托杜鹃。

沧海月明珠有泪，蓝田日暖玉生烟。

此情可待成追忆，只是当时已惘然。

"昔者庄周梦为蝴蝶，栩栩然蝴蝶也，自喻适志与！不知周也。俄然觉，则蘧蘧然周也。不知周之梦为蝴蝶与，蝴蝶之梦为周与？周与蝴蝶，则必有分矣。此之谓物化。"[1]

庄周梦见自己变成了一只蝴蝶，逍遥自适，快乐无比，"梦蝶之境"意象折射出道家"超然物外，物我合一"的处世哲学，体现着中国人随物迁化与自由超越的深邃韵致。庄子通过"蝴蝶"这一轻灵、美丽的意象，诠释齐物忘我，从此以后，蝴蝶就成了中国文化中最有人文意义的昆虫，蝴蝶意象的梦幻内涵也就此确定。

自此之后，有关蝴蝶梦的诗词层出不穷，其中最负盛名的当属《锦瑟》："庄生晓梦迷蝴蝶，望帝春心托杜鹃。"诗人借迷惘的蝶化表现自己幽怨深邃的心灵诗境；追忆似水流年与青春梦想，面对梦想破灭与无奈的现实，只有把春心托付给悲啼的杜鹃。

水调歌头·泛湘江

宋·张孝祥

濯足夜滩急，曦发北风凉。吴山楚泽行遍，只欠到潇湘。买得扁舟归去，此事天公付我，六月下沧浪。蝉蜕尘埃外，蝶梦水云乡。

制荷衣，纫兰佩，把琼芳。湘妃起舞一笑，抚瑟奏清商。唤起九歌忠愤，拂拭三闾文字，还与日争光。莫遣儿辈觉，此乐未渠央。

诗人遭谗去职，经过湘江，在镇江金山寺夜间观月，写下这首《水调歌头》。词中"蝉蜕尘埃外"中的"蝉蜕"应该是解脱的象征，而"蝶梦水云乡"的"蝶梦"是适志与逍遥的象征。有了这种超然洒脱的人生境界，就可以买得扁舟归去，穿荷衣，持琼枝，佩兰草，与湘妃共舞；抚琴瑟，弹奏哀婉的清商之曲。但愿（朝廷）重温九歌，唤醒九歌忠愤，识别真才；我（诗人）且独善其身，纵情山水，享受这无边的湖光山色。

清江引·野兴

元·马致远

西村日长人事少，一个新蝉噪。

恰待葵花开，又早蜂儿闹，

高枕上梦随蝶去了。

---

[1] 出自《庄子·齐物论》。

　　初秋时节，农事安闲，葵花开放，蝉儿聒噪，蜂儿嗡鸣，大自然处处呈现出勃勃生机。诗人在蝉噪蜂鸣的田园中安然酣睡，梦见自己随彩蝶进入精神的逍遥之境。简单纯朴的乡间生活何尝不是一种美妙的体验？而只有丰富的心灵才能感受简朴生活所带来的奢华精神享受。

　　"寻思人世，只合化，梦中蝶"① "百岁光阴如梦蝶，重回首往事堪嗟"② "蝴蝶梦惊，化鹤飞还，荣华等闲一瞬"③ "蝶破庄周梦，两翅驾东风"④……为何蝴蝶总让人有迷惘与梦幻之感，最根本的原因恐怕在于蝴蝶的完全变态生活史。蝴蝶一生要经历卵、幼虫、蛹、成虫四个截然不同的生命历程，首先从卵孵化成可爬动的幼虫，幼虫在不断的蜕皮中成长，变成老熟幼虫，然后从老熟幼虫蜕变成不吃不动的蛹，再从蛹羽化成斑斓的彩蝶，这一奇妙的生命历程给人以幻化与重生的神秘假象，而这种假象正好契合宗教生命轮回的心理期盼。因此，在希腊神话与罗马神话中，蝴蝶有着灵魂再生的宗教含义[7]，这种宗教意蕴一直影响到现代，以致西方人常常在亲人的墓碑上雕刻蝴蝶，寓意生命轮回与灵魂永生。

　　蝴蝶令人"耽迷"的另一个重要缘由是其"玄妙"的翅膀，蝴蝶的翅膀有着精妙的微观结构，这些结构不仅具有轻质高强的机械性能和自清洁的表面性能，还可以在光的作用下，生成绚丽的色彩与图案。蝴蝶的翅膀是"美"与"用"的完美统一，它不仅能让蝴蝶优雅地飞行，还兼有同类识别、吸引配偶、隐藏伪装、警戒逃生、控温防雨等卓越功效。例如，枯叶蝶活像一片枯叶停息在树枝上，大紫蛱蝶的前翅会随光线角度变化发出蓝紫色的荧光；蓝摩佛蝴蝶遇到捕食者接近时，就会快速振动自己的翅膀，产生炫彩来恐吓对方；眼蝶的翅膀上有一对灵动的大"眼睛"用以警示猎物；翅膀上的鳞片里含有丰富的脂肪，像是蝴蝶的一件雨衣；如果蝴蝶不慎遇到蜘蛛网，可以通过损失些鳞片来得以挣脱逃生[8]。

三、双飞蝶

咏蛱蝶

南朝·梁·萧纲

复此从凤蝶，双双花上飞。

寄语相知者，同心终莫违。

---

① 出自宋·辛弃疾《兰陵王》。
② 出自元·马致远《夜行船·秋思》。
③ 出自宋·曾觌《燕山亭·杨廉访生日》。
④ 出自元·王和卿《醉中天·咏大蝴蝶》。

这是现存最早、最质朴的表现爱情的蝴蝶诗。春和景明之日，蝴蝶双双在花间翩翩起舞，但愿世间有情人，都能像蝴蝶这般相亲相爱，至死不渝。

野　步
宋·周密

麦陇风来翠浪斜，草根肥水噪新蛙。

羡他无事双蝴蝶，烂醉东风野草花。

这是一片令人心旷神怡的肥沃田园，春意阑珊，和风吹拂，麦田泛起层层翠绿的波浪，春雨过后，青草肥壮，蛙鼓齐鸣，双双蝴蝶在野草闲花之间悠然曼舞，恣肆地体现着春日的野趣与蓬勃。

蝶　恋　花
清·纳兰性德

露下庭柯蝉响歇。纱碧如烟，烟里玲珑月。

并着香肩无可说，樱桃暗吐丁香结。

笑卷青衫鱼子结，试扑流萤，惊起双栖蝶。

瘦断玉腰沾粉叶，人生那不相思绝。

夏日夜晚，庭院树上的蝉鸣声渐渐停歇，夜色朦胧如同轻雾，温柔地笼罩在相依相偎的恋人身上。卷起衣袖，试扑流萤，想不到却惊起双栖蝶。爱人逝去，一切都成为美丽的记忆，回想往昔，更觉今日之悲凉。在纳兰性德的笔下，蝴蝶是美丽的哀愁，"惊起双栖蝶"象征得偕知己的欢乐，也暗含幸福短暂、世事无常的幽怨之情。

从古至今，"蝴蝶双栖双飞""梁祝化蝶"的意象总是深入人心。张泌的一曲《蝴蝶儿》词"还似花间见，双双对对飞"，词风香软的《花间集》因此得名。人们将蝴蝶视为爱情的象征是有充分的科学依据的。蝴蝶成虫期最重要的使命是雌雄交配，繁育后代。"八月蝴蝶来，双双西园草。"雌雄蝴蝶从蛹中羽化后，常常在春和景明之时，成双成对在花丛中流连嬉戏，以特殊的舞蹈语言来传情达意，完成交配。绝大多数种类的雌蝶一生只交配一次，绢蝶更是"忠贞"不贰，雌蝶一经交配，就会在腹部末端生出角质臀袋，从客观上就再也无法与其他雄性接触。雌蝶在交配后，一般不再搭理雄蝶，如果在空中遇到多只雄蝶追逐，雌蝶就会使出绝招，突然夹翅急速下降，使雄蝶失去追踪目标而得到解脱[9,10]。而欧洲粉蝶在交配过程中，雄蝶会给雌蝶涂抹一种抑春素的卡基氰化物，等于提醒别的雄蝶："这是我的女友，你们不要见色起意哦。"

四、蝶恋花

咏　素　蝶

南朝·齐梁·刘孝绰

随蜂绕绿蕙，避雀隐青薇。

映日忽争起，因风乍共归。

出没花中见，参差叶际飞。

芳华辛勿谢，嘉树欲相依。

　　风和日丽，蝴蝶时而随着蜂儿转于绿树花丛中，在浪漫的春花间忽隐忽现；时而躲避雀鸟，在参差的密林中来回穿梭；时而浴日随风，在春风中翩翩起舞。素蝶如此自在逍遥，是因为有枝繁叶茂的"嘉树"作为依托。

东飞伯劳歌 [之一]

梁·萧纲

翻阶蛱蝶恋花情，容华飞燕相逢迎。

谁家总角歧路阴，裁红点翠愁人心。

天窗绮井暧徘徊，珠帘玉箧明镜台。

可怜年几十三四，工歌巧舞入人意。

白日西落杨柳垂，含情弄态两相知。

　　处于梁代后期的萧纲（梁简文帝）是浓艳、绮丽宫体诗的创始人之一，也是最负盛名的宫体派诗人。蛱蝶恋花，飞燕逢迎，一名豆蔻少女流连在花木繁荫之处，裁红点翠，在天窗绮井，揽镜自照，感慨春色正浓，年华似水。

　　花与蝶堪称自然界最美的生态组合，在自然界，昆虫与植物之间是一种典型的互惠共生、协同进化的生态关系，植物盛开香艳的花朵（虫媒花）绝不是为了取悦人，而是为了吸引蜂蝶等昆虫为之授粉，为其传宗接代服务。由于长期相互作用，昆虫和开花植物的"外貌"相互适应。例如，兰花靠蛾传粉，这种蛾就长了一个"嘴巴"竟长达 25 毫米，进入花茎以花蜜为食，而蝶（蛾）吸食花蜜在昆虫学上称为"补充营养"，目的是为产卵积蓄能量。"花"与"蝶"相互依恋、互利共生，因此，"蝶恋花"就是外在美质与内在生态伦理高度和谐的生动体现，这就是天地大美，就是无限的生命之道。

五、蝶之逸

咏　蝴　蝶

北宋·谢逸

狂随柳絮有时见，舞入梨花何处寻。

江天春晚暖风细，相逐卖花人过桥。

宋代谢逸一人就有"蝴蝶诗"300首流传于世，"谢蝴蝶"的美称确实当之无愧，而"狂随柳絮有时见，舞入梨花何处寻"就属其中的千古佳句。

披仙阁上观酴醿

南宋·杨万里

仰架遥看时见些，登楼下瞰脱然佳。

酴醿蝴蝶浑无辨，飞去方知不是花。

酴醿又称"荼蘼"，属蔷薇科，落叶或半常绿蔓生小灌木，暮春初夏开花，有浓烈的香气。遥看酴醿，花影稀疏，风姿绰约；登楼俯瞰，花团锦簇，花香醉人，看那蝴蝶停在荼蘼花丛，难分彼此，只有蝴蝶飞动时，才惊喜地发现原来花上有蝶。

宿新市徐公店

南宋·杨万里

篱落疏疏小径深，树头花落未成阴。

儿童急走追黄蝶，飞入菜花无处寻。

在稀稀落落的篱笆旁，有一条小路通向远方，路边树影稀疏。儿童嬉闹着、奔跑着，追逐那翩翩飞舞的黄色蝴蝶。"儿童急走追黄蝶，飞入菜花无处寻"，蝴蝶是飞行速度较慢的动物，为何连身手敏捷的儿童都难以捕捉，主要原因在于蝴蝶幼虫从卵孵化后就吃寄主植物，就把寄主的色素存留在体内了，所以蝶花一色，难分彼此。与此同时，蝴蝶的保护色与拟态效应使得它们能够"融"入环境，得以自保。而最有"欺骗性"的蝶类应该是枯叶蝶，它们的翅膀的形态与林中落叶极其相近。在巴西的森林中，有一种华丽的蓝闪蝶，它的展翼上方闪烁着蓝色的晕光，而翅膀下方是黑色的，当闪蝶在光影迷离的森林中飞行时，就好像穿了隐身衣一样"融化"在环境中[8]。

"穿花蛱蝶深深见，点水蜻蜓款款飞。"蝴蝶忽左忽右、忽上忽下，在花草丛中若隐若现的妙曼"舞"姿，有益于它们逃避鸟类等其他捕食者的攻击。而诗人对蝴蝶独特的飞行轨迹诗意的描述，体现出人们对自由飞翔的内心期许。

六、蝶之韵

其一，破茧化蝶是超越与解脱的象征，也是生死轮回的象征。"蝴蝶是富于变化的；蝴蝶是吸引人的，生命虽然短暂但生命力是强大的，是好玩的、无忧无虑的，是善的，但又是没有实用价值的。"[11]美国汉学家爱莲心认为蝴蝶梦是类似于启蒙经验和光明经验的东西，象征着更高水平的意识觉醒[12]。

其二，蝴蝶意味着生命脆弱、短暂，体现出一种悲天悯人的情怀。例如，《红楼梦》中的"宝钗扑蝶"，明媚鲜艳，美到动人心魄，然而"千红一哭，万艳同杯"，如花之美，转瞬凋零，不禁使人悲从中来，顿生"人生如梦"的感慨。

其三，蝴蝶意味着神秘，意味着事物的内在变化。在爱莲心看来，蝴蝶是用来论述转化的，从陈旧到新生、从丑到美、从低级到高级、从爬行到飞行的转化，而且是完全内在与自我转化的转化；蝴蝶象征着这样一种运动：通过上升，通过告别过去的存在和现在的存在而从爬行到超越、从婴孩到成年……"蝴蝶"预示着一个深刻的转化或者启蒙的、个人的、完全彻底的形态与身份改变[12]。

其四，蝴蝶是美的象征。"蝶憩香花，尚多芳梦。"有蝴蝶的地方往往是鲜花环绕、香气宜人，而香花犹如美人、美德与美行。因此，蝴蝶寓意君子仁德，也意味着环境的优劣。

其五，"蝴蝶"是多种意象的集合[13-15]。它是报春的使者，也是梦中的精灵；是妖娆的女子，也是风流的才子；是多情的爱侣，也是迷思的哲人；是齐物忘我、逍遥自在的庄子，也是米兰·昆德拉心中的"生命不能承受之轻"……纷繁的文化心理造就了蝴蝶意象的多义性与超越性，而每一种意象中"都凝聚着一些人类心理与人类命运的因素，渗透着我们祖先历史中大致按照同样方式无数次重复产生的欢乐与悲愁"[16]。

总之，蝴蝶是自然造物的神来之笔，带给我们丰厚的科学启迪；蝴蝶承载着深厚的文化内涵，带给我们无尽的精神滋养。

参 考 文 献

[1] 张周志.全球化视域的中西哲学思维方式会通.西安：陕西人民出版社，2008.

[2] 周尧.中国蝶类志.郑州：河南科学技术出版，2000.

[3] 蝴蝶文化.http://www.docin.com/p-24059987.html.

[4] Hanskil G, Pin M. Meta -Populationbiology. Academic Press. 1997

[5] Thomas J A. Settele .Butterfly mimics of ants. Nature, 2004, 432: 283-284

[6] Thomas J A. Monitoring change in the abundance and distribution of insects using butterflies and

other indicator groups. Philosophical Transaction of the Royal society of London Series B: Biological Sciences，2005, 360: 339-357.

[7] 高新民，吴胜锋.泛心论及其在当代心灵哲学中的复兴.江西社会科学，2009，(4):51-56.

[8] 昆虫博览.http://www.kepu.net.cn/.

[9] 张旺.蝶翅分级结构功能氧化物的制备与耦合性能探索研究.上海交通大学博士学位论文，2008.

[10] 方惠建.以绢蝶为代表的甘肃南部地区蝶类生物学、多样性及区系研究.北京林业大学博士学位论文，2011.

[11] 艾斯纳.眷恋昆虫：写给爱虫或怕虫的人.虞国跃译.北京：外语教学与研究出版社，2008.

[12] 爱莲心.向往心灵转化的庄子——内篇分析.周炽成译.北京：人民出版社，2004.

[13] 徐华龙."蝴蝶"的文化因子解读.民族艺术，2002，4:98-108.

[14] 赵梅.唐宋词中"蝶"的意象及其梦幻色彩.南京师范大学学报：社会科学版，1997，(3)：126-129.

[15] 刘成纪.蝴蝶与中国文化.东方艺术，1994，3:8-10.

[16] 霍尔等.荣格心理学入门.冯川译.上海：生活·读书·新知三联书店，1987.

第二节　蜜蜂意象

　　蜜蜂（图2-2）属昆虫纲，膜翅目，蜜蜂科。蜜蜂是享有盛誉的资源昆虫，养蜂业是典型的环境友好产业，蜜蜂不仅给予人类丰厚的蜂产品，创造巨大的直接经济效益（蜂蜜、蜂胶、蜂毒、花粉等），同时也带来无与伦比的间接利益（生态效益与社会效益）。据研究，以蜜蜂为代表的昆虫授粉行为带来的经济价值估计会有1900亿美元，相当于全球农业总产值的8%。保守估计昆虫授粉行为每年贡献经济效益570亿美元[1]。全世界80%的开花植物靠昆虫授粉，如果没有蜜蜂的传粉，约有40 000种植物会繁育困难，濒临灭绝。由此，爱因斯坦曾断言："如果蜜蜂从地球上消失，人类将最多再存活四年。"

(a) 英国邮票：梅森大蜜蜂 *Osmia xanthomelana*　　　　(b) 泰国邮票：中华蜜蜂 *Apis cerana*

图2-2　邮票上的蜜蜂形象

在久远的蛮荒时期，人类就对蜜蜂有了明确的认知。在西班牙东部的巴伦西亚岩洞中发现了 7000~10 000 年前古人用红石粉绘就的壁画。壁画上的女人正在提桶采蜜[2]。1972 年，英国为纪念图坦卡蒙法老墓发现 50 周年，发行一枚邮票，邮票中间是手执渔叉的年轻法老，法老身后有 3000~5000 年前蜜蜂和螳螂的象形文字，说明远古人类就认识蜜蜂并取食蜂蜜。罗马神话中有养蜂专家布提斯的故事，在希腊神话中也有农神阿里泰俄斯发现蜂蜜，教人养蜂的叙述。

中国的《诗经》时代就有"莫予荓蜂，自求辛螫"①的描述，意为：不要激怒蜜蜂，小心蜜蜂以毒针自卫。"平逢之山……有神人焉，其状如人而二首，名曰骄虫，是为螫虫，实惟蜂蜜之庐。"②这或许是中国历史对蜜蜂最早的记载。

从殷墟出土的甲骨文，就能发现最早的"蜜"字。这说明我国在 2400 年前已经学会采收蜂蜜。甲骨文中有养蜂的卜辞"蜂大集"[3]。晋代张华《博物志》中有养蜂方法的明确记载，其曰："远方诸山蜜蜡处。以木为器，中开小孔，以蜜蜡涂器内外令遍。春月蜂将生育时，捕取三两头著器中。蜂飞去，寻将伴来。经日渐益，遂持器归。"这是最早的人工招引野蜂并驯化养殖的记录。此外，元初鲁明善《农桑辑要》（卷七）、元末明初刘基《郁离子》（卷上）、明代徐光启《农政全书》、明代宋应星《天工开物》、清郝懿行的《蜂衙小记》等著作，都有翔实、系统的蜜蜂驯化与养殖的记载。

一、蜜蜂的勤勉

蜜蜂忙碌、灵动的身影在花间穿梭，带给我们恒久的感动。据统计，蜜蜂酿造 1 千克蜂蜜，必须采集 100 万朵花的蜜料。假如这些花距离蜂巢 1000 米左右，那么采 1 千克花蜜，就要飞行 45 万千米，差不多等于绕地球 11 圈[4]。蜂群分工合作之精妙，采花酿蜜之勤勉，不禁令人肃然起敬，也引发人们对人生价值的思考。

蜂蜜源于自然而高于自然，其采集与酝酿的过程与人类获取知识并加以提炼、感悟、升华形成文化的过程如出一辙。因此，蜜蜂象征甜蜜与智慧，也是求知、治学之道的象征。

桃　花

唐·薛能

香色自天种，千年岂易逢。

开齐全未落，繁极欲相重。

冷湿朝如淡，晴干午更浓。

---

① 出自《诗经·周颂·小毖》。
② 出自《山海经·中次六经》。

> 风光新社燕，时节旧春农。
>
> 篱落欹临竹，亭台盛间松。
>
> 乱缘堪羡蚁，深入不如蜂。
>
> 有影宜暄煦，无言自冶容。
>
> 洞连非俗世，溪静接仙踪。
>
> 子熟河应变，根盘土已封。
>
> 西王潜爱惜，东朔盗过从。
>
> 醉席眠英好，题诗恋景慵。
>
> 芳菲聊一望，何必在临邛。

"香色自天种，千年岂易逢。"桃花天香馥郁，花开满枝，疏密有致，浓淡相宜，在春日的艳阳中更显得绮丽多姿、仪态万方。桃花艳丽芬芳，吸引无数的蚂蚁与蜜蜂。然而，"乱缘堪羡蚁，深入不如蜂"，在趋之若鹜的昆虫中，深知桃花秉性的还是蜜蜂。为了完成授粉的历史使命，蜜蜂演化出能携带 500 万粒花粉的分支绒毛、复杂的花粉筐、特殊的口器、处理花蜜的蜜囊等专化器官[5,6]。

蜜蜂与显花植物相互依存，历经亿万年的协同进化，造就了色彩斑斓、瓜甜果香的自然世界。地球上约有 25 万种显花植物，其中大多数种类需要蜜蜂及其他昆虫（蛾、蝴蝶、苍蝇、甲虫、蚂蚁）传花授粉。而植物的营养成分及种类繁多的次生代谢产物也深刻影响着昆虫的种群繁衍。"蚕出自有桑抽叶，蜂来应有树给花"生动体现了昆虫与植物的默契与和谐。

蜂

唐·罗隐

不论平地与山尖，无限风光尽被占。

采得百花成蜜后，为谁辛苦为谁甜？

不论是平坦的原野还是高耸的山岭，只要有花朵的地方，蜜蜂都会循迹而至，蜜蜂似乎占尽了自然的无限风光，但是，终日忙碌、辛辛苦苦采花酿蜜的蜜蜂却不知道这份甘甜将由谁享有。蜜蜂酿蜜是为了自身种群的生存与繁衍，却没想到凭空为他人享用。"采得百花成蜜后，为谁辛苦为谁甜？"蜜蜂忙忙碌碌，所为何事？芬芳的花蜜，是为谁而甘甜？这是罗隐对几千年来劳者不获、获者不劳的社会制度现象的慨叹，同时也是对人生价值的追问。

"芳菲林圃看蜂忙，觑破几多尘情世态；寂寞衡茆观燕寝，发起一种冷趣幽思。"①蜜蜂唤起人内心深处的幽思与共鸣：人生苦短，岁月艰辛，人就像蜜蜂一样忙忙碌碌，意义何在？价值几何？或许人生就像迁徙的候鸟，历尽千辛万苦，即便面

---

① 明·陈继儒《小窗幽记》。

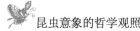

对生死劫难，也一如既往，一往无前，首先是为了生存，接下来是为了赴一场生命之约，延续种群生命。

二、蜜蜂的社会性

它们是一个王国，还有各式各样的官长，它们有的像郡守，管理内政，有的像士兵，把刺针当作武器，炎夏的百花丛成了它们的掠夺场；它们迈着欢快的步伐，满载而归，把胜利品献到国王陛下的殿堂。国王陛下日理万机，正监督唱着歌建造金黄宝殿的工匠；大批治下臣民，在酿造着蜜糖；可怜的搬运工背负重荷，在狭窄的门前来来往往，脸色铁青的法官大发雷霆，把游手好闲直打瞌睡的雄蜂送上刑场。

—— 莎士比亚《亨利五世》

一代文豪莎士比亚以如椽巨笔，形象生动地描述了蜜蜂社会的运作机制与现实画面。一直以来，蜜蜂都被看作是在蜂王领导下的典型的社会性昆虫，但陶茨认为蜜蜂不全是社会性昆虫，但它们绝不是个体户。用"超个体"来演绎蜂群的生存哲学或许比较恰当。蜂群是一个建立在信息基础上，自组织并存在复杂调节系统的有机整体……蜂群是进化的奇迹，也是由许多个体组成的类"哺乳动物"。[7]

蜜蜂群内有明确的分化与分工。在蜂群中，蜂王是当之无愧的君主，是蜂群中唯一的发育完全的雌性，它体态矫健，身圆翅短，色泽浓重，她的寿命一般可达4~5年，最长可达8年。蜂王体魄健壮，有着发达的生殖能力，担负着整个群体繁衍的重任。蜂群中99%以上的个体是工蜂，而工蜂才是我们所普遍认知的，也是真正意义上的蜜蜂。在蜜蜂社会中，采花酿蜜、修造巢穴、防御敌害、哺育后代等工作均由工蜂完成，甚至对分蜂另居及蜂王的命运等重大决策都由工蜂来把握。总之，产卵以外的所有事务几乎均由工蜂统揽。工蜂以不同形式、不同摆动频率的"舞蹈"动作来传递信息。它们勤勤恳恳，任劳任怨，协调一致，众志成城，共同构建甜蜜的蜜蜂王国[8]。

三、蜜蜂的神性

在2000多年前，蜜蜂就被西方宗教看作神物而受到人们的尊崇。古希腊人认为，蜂蜜既是众神的食物也是爱的本质。在希腊神话中，宙斯从婴孩时期就住在蜜蜂的山洞里，吃蜂蜜长大，而且负责喂养幼年宙斯的是蜜蜂仙女。宙斯从蜂蜜中汲取无穷的智慧与力量[9]。在犹太人心目中，蜜蜂就是智慧与幸福的象征，小孩子稍微懂事，母亲就会翻开《圣经》，滴一点蜂蜜在上面，然后叫孩子去吻《圣经》上的蜂蜜。或许正是这种潜移默化、言传身教，使得犹太人在世界舞台上独树一帜，从 1901 年首次颁发诺贝尔奖到 2001 年的 100 年间，总共有 680 名诺贝尔获奖者，其中犹太人或具有犹太血统者共有 138 人，占了 1/5！[10]

《圣经·出埃及记》记载："我要打发黄蜂飞在你前面，把希末人、迦南人、赫人撵出去。"《圣经·申命记》也提到："（耶和华）神必打发黄蜂飞到他们中间，直到那剩下而藏躲的人从你面前灭亡。"这里所指的黄蜂（胡蜂）是正义的化身。古埃及第一王朝创立时，指定胡蜂为王朝的象征。

《圣经·申命记 1:44》写道："住那山地的亚摩利人就出来攻击你们、追赶你们，如蜂拥一般，在西玛杀退你们，直到何玛珥。"《圣经·诗篇 118:12》提到："他们如同蜂子围绕，我好像烧荆棘的火，必被熄灭，我靠耶和华的名，必剿灭他们。"

蜂蜜无疑是甜蜜的，但蜜蜂是一种有防御意识与侵略性的动物。要在丛林中获得蜂蜜，就必须敢于冒险，有胆识，有智慧。正如爱娃科伦所写：获取蜂蜜，这是一种勇气和智慧的综合考量，或许得到蜂蜜比杀死一只狮子需要更大的勇气[11]。那些献身布道事业而穿行在犹太族荒漠中的浸信会教友，常常要靠蝗虫和野生蜂蜜来维持生活。但蜂巢通常建在人迹罕至的地方，所以浸信会教友往往是偶然间发现或通过追踪采蜜回巢的蜜蜂找到蜂巢、得到蜂蜜的，他们深得蜜蜂的滋养，也充分领教了蜂群的威力与攻击性。

《圣经》中有许多关于蜜蜂在岩石上筑巢的记录。例如，《圣经·申命记》第十三章的摩西之歌就提到：他让我们站在了地球最高的一块土地上，让我们吃到了土地里生产出的粮食，让我们尝到了岩石里的蜂蜜（从冰冷的岩石中冒出的甘美之油）。

在《圣经》时代，蜂蜜是奢侈的食品，也是贵重礼品。例如，当雅克布一家经受饥荒的威胁时，他打发他的儿子们去埃及买食物，埃及官员让他们在那儿碰了一鼻子灰。当饥饿使得雅克布不得不再一次打发他的儿子们去埃及时，他们带了一些礼品去拜访上次拒绝他们的人，其中就有：蜂蜜、香油、蜂胶、没药、阿月浑子果和杏仁。王后还用蜂蜜来贡巫师，以便让他说出孩子是怎么得病的（如果你给巫师十大块烤肉、一些蛋糕、一坛蜜，他就会告诉你孩子到底怎么了）。蜂蜜可以用来取悦埃及法老王和巫师，可见其珍贵程度。

蜜蜂也被用来形容地域富饶，当主把摩西从燃烧的灌木林中召出来时，曾经许诺要把在埃及的以色列人指引到迦南"应许之地"（包括巴勒斯坦、叙利亚和黎巴嫩），这是一块流着奶和蜜的土地。

《圣经·箴言》有言："我儿，你要吃蜜，因为是好的。吃蜂房滴下的蜜，便觉甘甜。"在西方，蜂蜜是亲密的人（honey）与亲密关系的代称。以色列国王、大卫的儿子所罗门，被称为世界上绝顶聪明的人，他说主的智慧和蜂蜜一样永恒。所罗门的父亲则用蜂蜜和牛奶来形容他和主的关系，所罗门用"蜜"比喻他和新娘的关系（蜜月，浓情蜜意）。所罗门有句格言：美好的话语像蜂蜜一样甜在心里，利于身体 [11]。

耶稣被钉死在十字架上复活以后，遇到传道者，传道者以为遇见了鬼。耶稣问：你们怎么了？摸摸我的手，看看我的脚，我不是还好好的吗？看到他们仍不相信，就问：有没有吃的？他们给了他一片蒸鱼片和一块巢蜜，他拿过来当场吃掉，这时，传道人才确信耶稣真的从死里复活 [11]。

在东方宗教作品中，蜜蜂也是备受尊崇。《古兰经》（伊斯兰教圣经）有这样的记载：主指示蜜蜂来人世间造福人类，让它们生活在山洞或树洞里，吮吸花果，酿造蜂蜜，指点它们治疗人的疾病。《吠陀经》是印度四大圣经之一，在它的圣歌中，蜜蜂代表不同的神明。在梵文中，把世界的拯救者和保护者比作莲花上的蓝蜜蜂。被尊称为印度爱之主的坎巴，也常常手持系有两只蜜蜂的弓箭以示蜜蜂的保佑。在许多宗教经书里，都有蜜蜂神性的光芒。

佛教发源于公元前 1500 多年的古代印度。在许多佛教经书中可以找到黑蜂的影子。其中，《大威德陀罗尼经·第七卷》记载：阿难，自余复有饮血众类名字。所谓蚊、格蜂、赤蜂、蝇、黑蜂、蚤、蚁等是彼饮血众类，都是阿难的化身。意思是说像蚊、黑蜂等饮血动物都可能是阿难的化身。这里的黑蜂带有贬义，是邪恶的象征。把它归入饮血物种是因为它蜇人的形象跟蚊、蚁等相似。

根据原始佛教经典《杂阿含经》记载，佛陀举例说：譬如黑蜂（身在畜生道中的黑蜜蜂）虽然飞舞花丛中，在花香中采花酿蜜，历历经过，而于其中无依止想无所爱着，于花叶茎香不持而去。大意是佛陀认为菩萨摩诃萨的行为就像黑蜂一样。这里的黑蜂是褒义的，以采花酿蜜的黑蜂比喻菩萨摩诃萨德行高尚 [12]。

《吠陀》是印度最古老的诗歌总集，大约形成于公元前 1000 年，包括原始社会末期至奴隶社会的作品，是婆罗门教的经典。在四部《吠陀》中有大量关于蜜蜂、蜂蜜的记载，虽然里面没有直接提到黑蜂，但在《吠陀》描写的区域有黑蜂的分布，可见黑蜂与蜂蜜早已融入古印度的宗教生活。

在《大乘庄严宝王经》中记载有一则故事：观世音菩萨离开师子国，前往波罗奈大城秽恶的地方，要度无数百千万虫类的众生。观世音菩萨为了要救度虫类众生，就现出一只蜜蜂的形体，教导这些在虫类的众生念"南无佛陀耶"，就是皈依佛。这些无在虫类的众生，听到观世音菩萨所化的蜜蜂称念"南无佛陀耶"，也随着称念"南无佛陀耶"，故而得以往生西方极乐世界，成为菩萨，同名"妙香口"。

在古人占卜过程中，蜜蜂也是很重要的一个预兆。《左传》记录：哀公二年郑人击败赵简子时得到他的蜂旗，旗帜之所以取象于蜂，是因为周武王伐纣的前夜出现了像丹鸟一样的大蜂，飞集在王舟上，于是周王就把丹鸟画于旗上，把船叫作蜂舟。鲁哀公二年的蜂旗就是这一类的东西，于是蜂就成为吉兆。①

---

① 参见东晋·王嘉《拾遗记》（卷二）。

在各民族流传的创世神话中，常可看见蜜蜂灵动的身影。《最古的时候》是生活在云南弥勒市彝族的分支阿细人的创世神话，是用唱歌的形式流传的史诗。在其中"盘庄稼"一段中唱道：黄石头里面，住着蜜蜂。那一巢蜜蜂啊，是最早盘庄稼的人。世上的人们啊，不会做活计，快去跟蜜蜂学；不会盘庄稼，快去跟蜜蜂学。又在"男女说合成一家"一段中唱道：蜜蜂采花的时候，脚踩着花根，手扶着花口，眼睛望着花心，用嘴巴吸花汁……最先采花的，就是蜜蜂了。这段寓意深刻的史诗通过歌唱蜜蜂，号召人们学习蜜蜂，辛勤劳作。

《五万万年以前》是瑶族流传的创世女祖密洛陀创造人类的神话传说。其中写道：密洛陀跟着老鹰来到那个地方，眼前豁然开朗，心情十分舒畅。这里气候温暖如春，这里百花香气宜人，这里的土地富饶美丽，这里的山河透着精神。密洛陀看到蜜蜂，在树洞做巢，飞来飞去传送花粉，个个可爱勤劳。密洛陀把树砍倒，连蜂窝一起扛回，他通过观察蜜蜂，用造人的材料装入箱子内，创造出千千万万的人类男女。

《女始祖茂充英》是怒族创世神话。相传在远古时代，天降蜂群，停歇在怒江边的拉加底树。后来，蜂与蛇交配（又说与虎交配）生下怒族的女始祖茂充英。茂充英长大后，又与蜂、虎、蛇、麂子、马鹿等动物交配，生子女繁衍，即成为蜂氏族、虎氏族、蛇氏族、麂子氏族、马鹿氏族，而茂充英即成为各个氏族公认的女始祖。因此，蜂就成为蜂氏族的图腾崇拜。

在云南 25 个民族的传说、神话、叙事长诗、情歌、寓言等民族民间文学中，多穿插有蜜蜂的情节，如傈僳族的《捕蜂调》、纳西族的《蜂花相会》、怒族的《女始祖茂充英》、独龙族的《家禽和野蜂》、布依族的《肥猪与蜜蜂》、白族的《蜜蜂想花花想蜂》、彝族的《老虎和牯牛》等 [13]。

四、蜜蜂的启示

"蜜中有诗人不知，千花百草争含姿……小儿得诗如得蜜，蜜中有药治百疾。"[①] 蜂蜜的食用、药用与启智教育价值同样受到中国人由衷的礼赞。

蜜蜂文化简明深邃，意味悠长。在东西方文化视野中，蜜蜂都是经典的文化符号，沐浴着崇高、神性的光辉，是勤劳、智慧与美好生活的象征。

英国著名哲学家培根说过三类哲学家：一类属于蚂蚁，只知辛苦地采集资料；一类属于蜘蛛，只会凭空结网；一类属于蜜蜂，采集原料后经过加工酿成蜂蜜。可见，蜜蜂文化早已上升到哲学层面。

"悲哀是无数的蜂房，快乐是香甜的蜂蜜。吾爱！那忙着工作的蜂儿就是我和

---

① 参见宋·苏轼《安州老人食蜜歌》。

你。"① 蜂房是悲哀的，但蜜蜂的工作是快乐的；蜂蜜是甜美的，但蜂的毒针与蜇刺却让人畏惧。正如《圣经》中所说：生活不只是甜蜜，还有艰辛和苦痛。悲伤与快乐并存，甜蜜与苦痛常伴，甜蜜的生活来自辛劳、智慧与勇气。这就是蜜蜂告诉我们的生命真谛与生活哲理。

参 考 文 献

[1] TED 自然资源也有价 . http://video.sina.com.cn/p/edu/news/2013-04-23/144662338577.html.

[2] 王荫长 . 邮票上的实验昆虫 . 昆虫知识，2008，(5):826-831.

[3] 蔡峰 . 蜜蜂王国的奥秘 . 上海：上海翻译出版社，1997.

[4] 陈恕仁，谭健生，吴光利 . 蜜蜂文化解读 . 北京：中国养蜂学会蜜蜂博物馆 .

[5] 宋心仿 . 蜜蜂王国探秘 . 北京：中国农业出版社，2000.

[6] 陈智勇 . 先秦时期的昆虫文化 . 安阳师范学院学报，2010，（1）：63-67.

[7] 陶茨 . 蜜蜂的神奇世界 . 苏松坤译 . 北京：科学出版社，2008.

[8] 昆虫博览 . http://www.kepu.net.cn/.

[9] Benjamn A，McCallum B. 蜜蜂消失后的世界：蜜蜂神秘失踪的全球危机大调查 . 何采宾译 . 台北：漫游者文化事业股份有限公司，2010.

[10] 以色列强大的秘密 . http://www.360doc.com/.

[11] 胡福良，李英华 . 《圣经》里的蜂蜜和蜜蜂 . 养蜂科技，2000，6:34-35.

[12] 李林涛 . 印度文化中的黑蜂 . 蜜蜂杂志，2008，3:28-29.

[13] 匡海鸥，刘意秋，赵灵芝，等 . 中国创世神话中的蜜蜂 . 蜜蜂杂志，1998，12:25.

第三节　蟋蟀意象

蟋蟀（图 2-3）属昆虫纲，直翅目，蟋蟀科。蟋蟀入诗最早见于《诗经》中的《国风·豳风·七月》："五月斯螽动股，六月莎鸡振羽。七月在野，八月在宇，九月在户，十月蟋蟀，入我床下。"远古时期，人们就明了蟋蟀与时令的密切关联，故而，蟋蟀的鸣叫就自然而然地成为季候的符号。

《唐风·蟋蟀》中有："蟋蟀在堂，岁聿其莫；蟋蟀在堂，岁聿其逝；蟋蟀在堂，役车其休。"大意是：时光流逝，时不我待，趁着蟋蟀还在我们家，让我们尽情享乐吧。

《月赋》（西汉·公孙乘）："月出皦兮，君子之光。鹍鸡舞于兰渚，蟋蟀鸣于西堂。君有礼乐，我有衣裳。猗嗟明月，当心而出。"《古诗十九首》中也有："明月皎皎光，促织鸣东壁。"在这里，明月有君子之光，蟋蟀亦有礼乐之声。

---

① 参见汪静之《无题》。

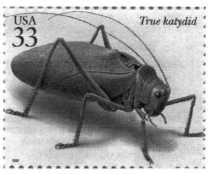

图2-3　美国邮票：似叶螽（*True katydid*）

　　古人觉得蟋蟀的鸣声同织机的声音相仿，又届深秋，蟋蟀的鸣声趋紧，因而就觉得蟋蟀在催促大家赶紧织布、缝制冬衣寄给远方的征人。因此，蟋蟀有了一个昵称，叫"促织"。

　　历代文人借蟋蟀这一意象抒发悲秋感怀、思乡、怀人等情感，蟋蟀的秋兴意味愈加浓厚，营造出一种惜时感怀、悲悯凄凉的中国文人独有的心境。蟋蟀的鸣叫与自然风物、人的心境自然衔接，融为一体。

一、悲秋感怀

咏怀八十二首

晋·阮籍

开秋兆凉气，蟋蟀鸣床帷。

感物怀殷忧，悄悄令心悲。

多言焉所告，繁辞将诉谁。

微风吹罗袂，明月耀清晖。

晨鸡鸣高树，命驾起旋归。

　　天气渐凉，蟋蟀入室，蟋蟀的鸣声在床帐下响起；秋风落叶，唧唧虫鸣，总让人愁肠百转，难以成眠；蟋蟀可以放声高唱，而我内心纠结与悲凉又能向谁倾诉；夜晚的清风吹动我的衣袂，中天明月如镜，照彻我的心扉；晨鸡高鸣，我只好套车，起身归家。

　　"阮籍猖狂，岂效穷途之哭。"[1] 阮籍才华横溢，是竹林七贤中名气最大的，也是竹林七贤的精神领袖之一。以"猖狂"著称的阮籍，却有一份对蟋蟀的柔软与温和。

---

① 参见唐·王勃《滕王阁序》。

村　夜

唐·白居易

霜草苍苍虫切切，村南村北行人绝。

独出门前望野田，月明荞麦花如雪。

在凋零的霜草中，有虫声切切，如泣如诉；村南村北一片寂静，月光朗照，荞麦花莹白如雪，这寂寥苍茫的村夜就像诗人凄清、旷远的心境。

西塍废圃

宋·周密

吟蛩鸣蜩引兴长，玉簪花落野塘香。

园翁莫把秋荷折，留与游鱼盖夕阳。

蟋蟀的吟唱与秋蝉的鸣叫总让人心生感伤，玉簪花飘落池塘，野塘中的荷花还留有余香；园翁啊，请不要折断秋荷，留着它好给游鱼遮盖夕阳。

"一叶且或迎意，虫声有足引心。"[1]诗人兴致盎然，步入野塘废圃，领略自然风物，继而为游鱼说情，体现出人与自然和谐的悠长兴致。

南山田中行

唐·李贺

秋野明，秋风白，塘水漻漻虫喷喷。

云根苔藓山上石，冷红泣露娇啼色。

荒畦九月稻叉牙，蛰萤低飞陇径斜。

石脉水流泉滴沙，鬼灯如漆点松花。

夜色中的秋野显得格外明净，秋风泛着霜花；清幽的水塘，蟋蟀低吟，连绵不绝；青苔的山石间，飘起浓雾，石缝中的红花挂着凄冷的泪珠；荒野中残留的稻梗，叉牙交错；萤火低飞，绕着歪斜的陇径；石缝里泉水滴落，渗透进惨白的细沙；鬼灯（磷火）闪烁不定，就像明灭的松花。

有着瑰丽想象的"诗鬼"李贺，以秋野、秋风、秋虫、苔藓、荒稻、萤火虫等意象，组成一幅凄冷、寒凉而又斑驳、迷幻的秋夜田野图。

促　织

唐·白居易

闻蛩唧唧夜绵绵，况是秋阴欲雨天。

---

① 参见《文心雕龙·物色》。

犹恐愁人暂得睡，声声移近卧床前。

一场秋雨一场凉，在淅沥的雨声中，在萧瑟的秋风中，蟋蟀的鸣叫显得格外凄切动人。人生一世，草木一秋，在感时的伤怀与叹息中，一种朦胧的生命意识在觉醒。

客　思

唐·贾岛

促织声尖尖似针，更深刺著旅人心。

独言独语月明里，惊觉眠童与宿禽。

"郊寒岛瘦"，贾岛与孟郊齐名，都是著名的苦吟诗人。贾岛一生失意，穷困潦倒。当秋风萧瑟，更深月明，蟋蟀的吟唱在四野响起，"眠童"与"宿禽"竟俱已惊觉，而客居他乡、长夜难眠的诗人的心情则可想而知矣。诗人听到蟋蟀吟唱，发生听觉向触觉的转移，感到蟋蟀的叫声像是尖利的刺，深深地刺痛着他那敏感、孤独、愁苦的心灵。

二、乡愁相思

秋　夜

南朝·齐·谢朓

秋夜促织鸣，南邻捣衣急。

思君隔九重，夜夜空伫立。

北窗轻幔垂，西户月光入。

何知白露下，坐视阶前湿。

谁能长分居，秋尽冬复及。

立秋促织鸣，在促织的催促下，良人的捣衣声此起彼伏；而蟋蟀的吟唱，让我倍感孤寂，遥想远方的亲人，可否安康？帘幔低垂，月光清冷，我伫立阶前，遥望良人的归途，任凭白露降临，侵入我的罗袜；长久别离，忧思难忘，特别是在这秋尽冬来的时节。

促　织

唐·杜甫

促织甚微细，哀音何动人。

草根吟不稳，床下夜相亲。

久客得无泪，放妻难及晨。

悲丝与急管，感激异天真。

唐乾元二年（759 年），诗人杜甫辞官后避难于秦州。在秦州城内，听到蟋蟀的低吟，百感交集，悲从中来。

深秋时节，蟋蟀声日趋细微。听着床下蟋蟀哀婉动人的低吟，想到战乱频仍，民不聊生，自己流落他乡，与妻子长久别离，不禁潸然泪下。在诗人看来，虫鸣乃天籁之声，出自本真，源于真情，比起丝管之类的乐声更加动人心弦。

促　织

唐·杨万里

一声能遣一人愁，终夕声声晚未休。

不解缫丝替人织，强来出口促衣裳！

秋风秋雨，促织声声，不禁勾起人的一腔愁绪，人生有不同的际遇，蟋蟀的鸣叫也引发不同的愁思。小小的蟋蟀啊，你不会缫丝又不替人纺织，却声声催人织布。满腹的辛酸悲苦，劳作的困顿艰难，本已不堪忍受，促织连连催促，更增添了织妇的烦恼与哀愁。

小　重　山

南宋·岳飞

昨夜寒蛩不住鸣，惊回千里梦，已三更。

起来独自绕阶行。人悄悄，帘外月胧明。

白首为功名。旧山松竹老，阻归程。

欲将心事付瑶琴。知音少，弦断有谁听？

相比之下，岳飞的悲愁更是一种痛彻心扉的大悲愁。寒蛩的鸣叫，惊醒了诗人回归故土的梦境；夜半时分，独自在台阶徘徊，寂静的秋夜，月色朦胧，如同梦境；故国千里，江河破碎，人生易老，壮志难酬，英雄内心的怅惘又有谁能体会！瑶琴弦断，谁是知音？！

夜　雨

唐·白居易

早蛩啼复歇，残灯灭又明。

隔窗知夜雨，芭蕉先有声。

诗人贬官江州（今九江），受伤的心灵格外敏感。雨打芭蕉，夜雨降临，蟋蟀声断断续续（晴时鸣，雨时歇），油灯忽明忽暗，蟋蟀是死了？还是累了？乏了？不知道蟋蟀能否挨得过这一场秋雨秋凉。

行香子·七夕

宋·李清照

草际鸣蛩，惊落梧桐，正人间、天上愁浓。

云阶月地，关锁千重。纵浮槎来，浮槎去，不相逢。

星桥鹊驾，经年才见，想离情、别恨难穷。

牵牛织女，莫是离中。甚霎儿晴，霎儿雨，霎儿风。

七月初七，蟋蟀在草丛中哀婉鸣叫，惊落了片片梧桐，愁绪在人间、在天上弥漫。云阶月地，关锁千重，牛郎织女如同浩渺星河中的浮槎，来往荡游，却是不能聚首。咫尺天涯，星桥鹊驾，经年才见，这一年的离情别恨，月圆月缺，难以尽述。时晴时雨，不知牛郎织女可否顺利相见。

"月色悬空，皎皎明明，偏自照人孤另；蛩声泣露，啾啾唧唧，春光难留。"[1] 月光如水，夜深人静，蛩声泣露，触动人心中最软弱的部分。此刻，多情的诗人会感伤早生华发，人生如梦；而失意之臣会想起庙堂之远，仕途坎坷；风华正茂的青年人会感慨岁月流逝，壮志难酬；青春妙龄的丽人也感怀时光催老了伊人的红颜；孤独的思妇会悔恨让夫婿远走他乡，觅爵封侯……悲秋是"人生的深刻体验与详密省察中酝酿的生命的激动"[1]。或许人只有获得自身悲剧命运的体认，才会怜惜、同情、感念身边瞬间凋零的生命，珍惜转瞬的青春年华与美好岁月。从这一角度看，悲剧意识的觉醒乃是价值建立的前提，有悲剧意识的民族才有深厚的悲悯之心与坚韧的生命意识。

在中国文学中，蟋蟀承载着宇宙永恒无尽而人生短暂无常这种与生俱来的生命大矛盾、大无奈的强烈感悟；蟋蟀被赋予深邃的悲秋意识，成为中华民族心理积淀与人文内涵的特定意象；蟋蟀的歌声唤起无数人的感怀，这种感怀穿越时空，至今萦绕在当代诗人的作品中。

蟋蟀之歌

洛夫（中国台湾）

唧唧如泡沫，如一条小河，童年遥遥从上流漂来，今夜不在成都，鼾声难成乡愁，而耳边唧唧不绝，不绝如一首千丝万缕的歌。

记不清那年那月那晚，在那个城，那个乡间，那个小站听过，唧唧复唧唧，今晚唱得格外惊心。

---

① 参见明·陈继儒《小窗幽记》。

那鸣叫，如嘉陵江蜿蜒于我的枕边，深夜无处雇舟，只好溯流而泅，三峡的浪在天上。

猿啸在两岸，鱼，豆瓣鱼在青瓷盘，唧唧，究竟是那一只在叫？广东的那只其声苍凉，四川的那只其声悲伤，北平的那只其声聒噪，湖南的那只叫起来带有一股辣味。

而最后——我被吵醒的，仍是三张犁巷子里，那声最轻最亲的，唧唧！

"唧唧不绝，不绝如一首千丝万缕的歌。"在蟋蟀的鸣叫中，诗人梦游了家乡的千山万水、寻常巷陌；那深情的怅惋、绵远的乡愁，感人心魄，动人心弦。

流沙河的《就是那一只蟋蟀》更是横贯千古，跨越海峡，牵出了民族的大感伤、大幽怨与大期许：蟋蟀是乡愁的化身，它在每一个游子的窗前歌唱，在每一个月圆之夜歌唱，唱得人愁肠百转，潸然泪下。不管海峡两岸，还是远隔千山万水，只要是中国人，都会听懂蟋蟀的歌唱，都会感受到"中国人有中国人的心态，中国人有中国人的耳朵"。

就是那一只蟋蟀

流沙河

就是那一只蟋蟀，钢翅响拍着金风，一跳跳过了海峡，从台北上空悄悄降落，落在你的院子里，夜夜唱歌。

就是那一只蟋蟀，在《豳风·七月》里唱过，在《唐风·蟋蟀》里唱过，在《古诗十九首》里唱过，在花木兰的织机旁唱过，在姜夔的词里唱过，劳人听过，思妇听过。

就是那一只蟋蟀，在深山的驿道边唱过，在长城的烽台上唱过，在战场的野草间唱过，孤客听过，伤兵听过。

就是那一只蟋蟀，在你的记忆里唱歌，在我的记忆里唱歌，唱童年的惊喜，唱中年的寂寞……

就是那一只蟋蟀，在你的窗外唱歌，在我的窗外唱歌，你在倾听，你在想念，我在倾听，我在吟哦……

三、山水清音

诗人左思有云："非必丝与竹，山水有清音。何事待啸歌，灌木自悲吟。"山水的清音，灌木的悲吟，就是自然界的群籁和鸣，流荡着宇宙大化的动人篇章。蟋蟀有其特有的歌声，蟋蟀的歌声带有金属质地感，特别是在寂静的深夜，更显得绵绵不绝、丝丝入扣，感觉远在天边，又近在咫尺，引发万千思绪[2]。

"秋"字的甲骨文即蟋蟀的象形。有学者释之："古人造'秋'字，文以象其形，声以肖其音，更借其所鸣之季节曰秋。"① 因此，蟋蟀就有了秋兴之意。漫漫长夜，为什么蟋蟀的吟唱如此地撩拨人的心弦？一方面是由于蟋蟀与季节的应和关系，对古代先民而言，秋意味着草木凋零，也意味着寒冷与饥饿接踵而至，加上秋风秋雨、落木萧萧带给人的一种通感，而另一方面（其中更重要的原因）是蟋蟀富有表现力的"乐谱"与"演奏方式"：蟋蟀的演奏与鸟或蝉的鸣声有着本质的不同。人、鸟都靠喉咙声带发声，蝉虽是虫类，其鸣声由腹部之声带发出，也是肉声，而蟋蟀的鸣声却堪称器乐演奏。它们的鸣声由翅的鼓动发生。用显微镜观察，可以发现蟋蟀前翅里面有着很粗糙的镰状部，另一前翅之端又具有名叫"硬质部"的部分，两者摩擦就发出声音。前翅间还有一处薄膜的部分，叫作"发音镜"，这是造成特殊音色的机关。以上三部分构成蟋蟀特别的发音装置。蟋蟀凭借这些部分的本质和构造，以及发音镜的形状，演奏出其独特的心曲。

蟋蟀的鸣叫意在"嘤其鸣矣，求其友声"②。值得一提的是，能发出声音的是雄蟋蟀，它摩擦前翅发出的声音，虽然都是短促的音节，但是音节的长短不同、强弱不同、频率不同、间隔不同，所以能形成许多种曲调。这些声音在动物之间起着信息交流的作用，于是就成了独特的"语言"：雄蟋蟀孤独寂寞时，发出"曜、曜、曜、曜"缓慢悠长的声音；找到雌虫后，发出"曜、一曜、一曜"短促轻柔的声调；向雌虫求爱时发出"的令、的令、的令"的呼唤，那温柔、轻幽的琴声犹如情人窃窃私语；交配时则只能听到沙沙声了。在孤独时，蟋蟀会发出强音呼朋唤友，当雄蟋蟀两两对决时，蟋蟀的叫声高亢急促，好像在为自己壮胆助威。

所谓"丝不如竹，竹不如肉"，蟋蟀的鸣声，是技巧的，是器械的，乐器的表现力当然高于人的声带与肉声。蟋蟀的琴声还随季节气候而有所改变：早秋蟋蟀的琴声，清澈嘹亮；白露之后，琴声苍劲有力；寒露到来，略带颤音的鸣声时断时续，给人如泣如诉、如怨如慕的凄凉之感。英国科学家发现蟋蟀声的频率可与温度通约，据研究，以每15秒雄蟋蟀的发音次数加上40，就是华氏度数，加8除以8/9，即换算成摄氏度数 [3]。

四、蟋蟀之乐

斗蟋蟀是一项具有中国民族特色的民俗活动，俗称"秋兴"。斗蟋蟀的历史肇始于唐代开元天宝年间（8世纪前半期），繁盛于文弱的宋朝。两只雄蟋蟀互相搏斗，一争高下的娱乐活动，常常成为赌博的方式。

陆佃《尔雅翼》载蟋蟀："好吟于土石砖甓之下，尤好斗，胜辄矜鸣。"南宋

---

① 参见高树藩《中文形音义大字典》。
② 参见《诗经·小雅·伐木》。

宰相贾似道编撰了《促织经》，书分二卷，分别有论赋、论形、论色、决胜、论养、论斗、论病等章节，对蟋蟀的养殖与观赏进行了详尽系统的论述，总揽当时有关斗蟋蟀的技术。为此，贾似道又被后世称为"虫相"。可见在南宋时代，"斗蟋蟀"已经荣登大雅之堂[4]。

南宋词人姜夔《咏蟋蟀》词序言中提到："蟋蟀，中都呼为促织，善斗。好事者或以二三十万钱致一枚，镂象齿为楼观以贮之。"说明蟋蟀在当时已经成为烧钱的贵族游戏。

到了明代，斗蟋蟀蔚然成风，就连皇帝也成了蟋蟀的"铁杆粉丝"。《万历野获编》（卷二十四）载："我朝宣宗最娴此戏，曾密诏苏州知府进千个。一时语云：'促织瞿瞿叫，宣德皇帝要'。"宣德皇帝简直达到了爱"虫"不爱"江山"的程度。

上有所好，下必甚焉。明代袁宏道就著文描述游历京城时所看到的情景："京师人至七八月，家家皆养促织。余每至郊野，见健夫小儿群聚草间，侧耳往来，面貌兀兀，若有所失者。至于溷厕污垣之中，一闻其声，踊身疾趋，如馋猫见鼠。瓦盆泥罐，遍市井皆是。不论老幼男女，皆引斗以为乐。"明代永乐皇帝迁都北京后，京城人无论老幼皆以斗蟋蟀为乐。

清代文学家蒲松龄以明宣德朝皇帝斗蟋蟀的真实故事为题材，写成小说《促织》，描写老百姓在官府进贡蟋蟀的"政治"高压之下的"虫变"故事。《促织》深刻揭示了明代覆灭的社会原因，然而"秦人不暇自哀，而后人哀之；后人哀之而不鉴之，亦使后人而复哀后人也"（杜牧《阿房宫赋》）。

到了清代，朝野上下斗蟋蟀之风盛行。据潘荣陛《帝京岁时纪胜》载："都人好畜蟋蟀，秋日贮以精瓷盆盂，赌斗角胜，有价值数十金者，为市易之。"慈禧太后也喜好斗玩蟋蟀。光绪年间，她每年都要住进颐和园，在重阳节这天大张旗鼓，开启"斗蟋蟀"盛会。游乐本是人生乐趣之所在，无可厚非，问题是官僚阶层把自己的恣意享乐建立在搜刮民生之上，那么，社会腐朽，大厦倾颓也是无可挽回的。

在经济水平、生活水准日益提高的今天，发展鸣虫经济，让更多的老百姓重温古老的"斗蟋蟀"文化，感念蟋蟀带来的秋意与秋兴，不仅可以增加乡村的生财之道，也可以传承"以虫为乐"的民俗文化，应该是件利国利民的好事。

参 考 文 献

[1] 赵卫华. 中国古典诗词中蟋蟀意象的悲秋文化内涵. 河北学刊，2008，28(5):119-121.

[2] 王利. 试析济慈的《蝈蝈与蟋蟀》. 河北职业技术学院学报，2003，2(3):75-76.

[3] 程宝绰，王振华. 小学生必读书库——昆虫世界的奥秘. 北京：知识出版社，1995.

[4] 菅丰. 城市化、现代化所带来的都市民俗文化的扩大与发展——以中国蟋蟀文化为素材. 陈

志勤译 . 文化遗产，2008，4:105-111.

第四节 蝉 意 象

蝉（图 2-4）属于昆虫纲，同翅目，蝉科。蝉最显著的外形特征是广额，头方，触角刚毛状，有两对透明的蝉翼。蝉的若虫（幼虫）长期在地下生活，依靠吮吸植株汁液为生，羽化后才爬到树上生活。蝉类若虫有发达的开掘式前足以便于在土壤中生存，锐利的刺吸式口器便于刺吸植物汁液。蝉特殊的发声结构，使得蝉能够以声音来传递信息，在种群繁衍与传递信息方面具备独特优势。

蝉"饮露而不食"与清远高亢的嘶鸣声，引发人们无限的情思："宛彼柳斯，鸣蜩嘒嘒。"[①]"如蜩如螗，如沸如羹。"[②]《诗经》以蝉鸣之声隐喻民间疾苦与百姓的悲叹。荀子认为"饮而不食者，蝉也，不饮不食者，蜉蝣也[③]"。"鹿角解，蝉始鸣，半夏生，木堇荣"[④]"白露降，寒蝉鸣"[⑤]生动细致地描述了蝉声与季候、时令的关联。而"凉风至，白露降，寒蝉鸣，鹰乃祭鸟，用始行戮"[⑥]直接将寒蝉与国家法制用刑联系到一起。

(a)日本邮票：*Magicicada magicicada* (Cicadidae)　　(b)美国邮票：十七年蝉（*Magicicada septendecim*）

图2-4　蝉

中国人对蝉的尊崇可以追溯到久远的西周时期。在西周时期的青铜器礼器上就有蝉纹图案。在商代、汉代，贵族死后，往往含玉蝉于口中[1,2]，玉蝉不仅有驱邪辟晦的功能，也有灵魂重生的寓意。"螗"是蝉的别称，在古代"螗"与"唐"互通，或许这就是唐代人崇尚蝉的原因之一。据不完全统计，在全唐诗里"蝉"

---

① 参见《诗经·小弁》。
② 参见《诗经·荡》。
③ 参见《荀子·大略》。
④ 参见《吕氏春秋·纪部·仲夏》。
⑤ 参见《吕氏春秋·纪部·孟秋》。
⑥ 参见《礼记·月令》。

共出现 920 余次，直接以"蝉"为题的诗就有 80 余首[3]，唐代的"蝉"可谓风光无限，独领风骚。在诗意的濡染中，蝉俨然成为高洁的"君子"，成为至德之虫，咏蝉的诗赋更是源远流长，蔚为大观[4]。

一、寒蝉凄切

在狱咏蝉

唐·骆宾王

西陆蝉声唱，南冠客思深，

那堪玄鬓影，来对白头吟。

露重飞难进，风多响易沉。

无人信高洁，谁为表予心？

　　骆宾王，初唐四杰之一，因上疏言事而落狱，此诗就是在狱中所作。听到秋蝉长鸣，身陷狱中的我（诗人）更加思念家乡，受伤的心灵本来就敏感，怎禁得住玄鬓（青春年少）之蝉，对着将老之人唱白头吟①？！秋露浓重，蝉即便有翼也难以起飞；秋风浩荡，蝉的歌声也被风声吞没而变得消沉。无人相信我如秋蝉一样清高廉洁，有谁来替我（向皇上）表达这一腔热血？诗人与寒蝉同声相和、同病相怜，蝉声似乎就是诗人内心的悲歌。

闻　蝉

唐·李商隐

本以高难饱，徒劳恨费声。

五更疏欲断，一树碧无情。

薄宦梗犹泛，故园芜已平。

烦君最相警，我亦举家清。

　　"五更疏欲断，一树碧无情"，李商隐的《闻蝉》是晚唐感时伤世之作，蝉栖于高树，餐风饮露，难得一饱，想以嘶哑的鸣叫得到别人的怜悯，也是徒劳枉然，问苍天无语，倚碧树无情，想象宦海沉浮，故园荒芜，蝉的哀鸣可谓声声泪、字字血。

雨　霖　铃

宋·柳永

寒蝉凄切，对长亭晚，骤雨初歇。都门帐饮无绪，留恋处、兰舟催发。执手相

---

　　①　出自乐府《杂曲歌辞·古歌》："谁不怀忧，令我白头。"

看泪眼，竟无语凝噎。

念去去，千里烟波，暮霭沉沉楚天阔。多情自古伤离别，更那堪，冷落清秋节！

今宵酒醒何处？杨柳岸，晓风残月。此去经年，应是良辰好景虚设。便纵有千种风情，更与何人说？

黄昏时分，秋蝉凄切，急雨过后，空气清凉；木兰舟上的人催促我赶紧出发。杨柳岸边，我们依依难舍，双目相视，泪眼朦胧。自古多情的人都因离别而伤感，特别是在如此寂寥凄清的晚秋季节！

柳永以寒蝉凄切、长亭向晚、骤雨初歇、兰舟催发、千里烟波、暮霭沉沉等意象群衬托出"多情自古伤离别，更那堪，冷落清秋节"的离别场景。一曲《雨霖铃》唱尽了生离的悲凉。至此之后，离别往往少不了寒蝉的和声。

蝉

唐·罗邺

才入新秋百感生，就中蝉鸣最堪惊。

能催时节凋双鬓，愁到江山听一声。

不傍管弦拘醉态，偏依杨柳挠离情。

故园闻处犹惆怅，况是经年万里行。

秋天总让人百感交集，而秋蝉的鸣叫尤为惊心动魄，发人深省。客居他乡，仕途微茫，不知不觉已经鬓发染霜，杨柳依依，秋蝉声声，离情别绪，绵绵不绝。问君能有几多愁，尽在秋蝉鸣叫中。

霜　月

唐·李商隐

初闻征雁已无蝉，百尺楼高水接天。

青女素娥俱耐冷，月中霜里斗婵娟。

月白霜清、秋雁南飞，再没有蝉儿鸣噪，高楼之上，月光如水，秋风萧瑟，在这凄冷空明的月夜，只有"青女"（青霄玉女，主管霜雪的女神）与"素娥"（嫦娥）两位女神，遥相呼应，竞相争妍。

二、高蝉远韵

"与众物而无求……漱朝露之清流。"曹植的《蝉赋》道出蝉无欲无求的清高特征。陆云《寒蝉赋》有"吸朝华之坠露，含烟煴以夕餐"，傅玄的《蝉赋》有"缘长枝而仰视兮，及渥露之朝零"，在诗人眼中，吸食露水、清心寡欲、孤傲高洁的"蝉"

似乎也有几分"藐姑射仙人，绰约若处子，肌肤若冰雪"的超凡脱俗之气。

蝉

唐·虞世南

垂緌饮清露，流响出疏桐。

居高声自远，非是藉秋风。

虞世南的《蝉》清新疏朗，韵味深长，充盈着盛唐气象。"垂緌"是古人结在领下的帽带下垂部分，蝉的头部有伸出的触须，形状像下垂的冠缨，故称"垂緌"。蝉饮清露，悠扬的蝉声，在梧桐林中回荡。蝉因为"居高"，所以"声远"，并不是凭借秋风之力。诗人以蝉的清高风雅暗喻自己居于高位、声名远扬，不是凭借官位，而是凭借自身的才华修养、高风亮节。

六月三日夜闻蝉

唐·白居易

荷香清露坠，柳动好风生。

微月初三夜，新蝉第一声。

乍闻愁北客，静听忆东京。

我有竹林宅，别来蝉再鸣。

不知池上月，谁拨小船行？

苏州六月，荷花飘香，荷叶上露珠圆润，青翠欲滴；和风清爽，绿柳婆娑。在这六月初三的初夏之夜，诗人听到了今年的第一声蝉鸣。清脆的蝉鸣，让诗人不禁想到洛阳，想到遥远的家乡，不知道家中竹林的蝉是否也开始鸣叫，家园中边的小池子，又是谁在月色中划动着小船呢？绿柳与高蝉，荷香与清露，六月的美景引发人的无限情思。

南安道中

宋·朱熹

晓涧淙流急，秋山寒气深。

高蝉多远韵，茂树有余音。

烟火居民少，荒溪草露侵。

悠悠秋稼晚，寥落岁寒心。

万壑流泉，秋山凝翠，寒意渐浓，草深露重，走在寂寥的南安道中，嘶鸣的蝉声更让人心生悲凉。山高水冷，人烟稀少，庄稼也特别晚熟。

几个月前，蝉静静地待在土里，好似禅在默默静修，终于盼到重见天日，蝉从破土而出的那一瞬间便开始站在高高的枝头，以全部的生命歌唱，那悠远的高亢的鸣声，穿透茂密的树林，久久地回荡在空山之间。

阮郎归·初夏

宋·苏轼

绿槐高柳咽新蝉，薰风初入弦。

碧纱窗下水沈烟，棋声惊昼眠。

微雨过，小荷翻，榴花开欲然。

玉盆纤手弄清泉，琼珠碎却圆。

绿槐、高柳、夏日薰风送来夏日新蝉的歌声；阵雨过后，荷叶碧绿，宛如玉盆，石榴花红，像燃烧的火焰；翠碧的纱窗下，沉香的轻烟袅袅升起，棋声惊醒了碧纱窗下的白日梦；微雨过后，荷叶翻转，小荷出浴，少女手捧浴盆来到池边，纤纤玉手划弄清泉，四溅的水花如珍珠清亮圆润。好一个温柔明丽的初夏之日！

塞 上 曲

唐·王昌龄

蝉鸣空桑林，八月萧关道。

出塞入塞寒，处处黄芦草。

从来幽并客，皆共尘沙老。

莫学游侠儿，矜夸紫骝好。

"萧关"指今宁夏固原，秦长城互部起点至临洮一带（今甘肃东郊，旧属陇西郡）。塞上边关，八月秋高，萧关道上，震耳的蝉鸣，更让人感到边关旷野的寂静与悲凉。烽火连天，征战连连，枯草黄沙掩没了多少生离死别！年复一年，只有蝉鸣与战马的嘶吼，还留有些人间的气息。

三、蝉有禅意

入 若 耶 溪

唐·王籍

赊艟何泛泛，空水共悠悠。

阴霞生远岫，阳景逐回流。

蝉噪林逾静，鸟鸣山更幽。

此地动归念，长年悲倦游。

泛舟耶溪，缓缓而行，只见微波轻漾，空水悠悠，层峦叠嶂，霞生远岫，倒影如画，此时的蝉鸣让山林显得更加静谧与安详。而真正安闲的是诗人的心境。仕途坎坷，官场险恶，与其在官场曲意逢迎，随波逐流，还不如泛舟独行，归去来兮，享受这流水悠悠，享受这无边的寂寥与孤独。

辋川闲居赠裴秀才迪

唐·王维

寒山转苍翠，秋水日潺湲。

倚杖柴门外，临风听暮蝉。

渡头余落日，墟里上孤烟。

复值接舆醉，狂歌五柳前。

在诗佛王维的诗中总有一种与山水相契合的清幽与旷达。秋山苍翠，秋水澄澈，诗人倚仗柴门，临风听蝉，看落日余晖，波光粼粼，乡村静好，炊烟袅袅，面对此情此景，王维觉得自己仿佛就是陶渊明，又遇见醉酒狂歌的裴迪，与知己相伴，把酒言欢，此乐何极！

悠然元规夜坐酌余德儒所惠酒因成联句

宋·石元规

蝉韵微微近，松声宛宛生。

林风侵坐冷，山月照人明。

蝉声断断续续，松涛如泣如诉。林风带来丝丝寒意，山月朗照，清澈透明。寂静的山谷间，流淌着宇宙间的天籁之声与悠远乐章。只有内心丰满蕴藉之人才能感受这："林间松韵，石上泉声，静里听来，识天地自然鸣佩；草际烟光，水心云影，间中观出，见乾坤最妙文章。"[①]

弈棋二首呈任公渐（其一）

宋·黄庭坚

偶无公事客休时，席上谈兵校两棋。

心似蛛丝游碧落，身如蜩甲化枯枝。

湘东一目诚甘死，天下中分尚可持。

谁谓吾徒犹爱日，参横月落不曾知。

闲来无事，观棋谈弈，体悟棋道。"心似蛛丝游碧落，身如蜩甲化枯枝"，"碧落"是道教语，指的是东方第一层天，泛指青天。"蜩甲"即蝉蜕，蝉蜕皮时必须紧紧

---

① 出自清·洪应明《菜根谭》。

抓住树木，否则就会脱落而难以蜕变。细微的蛛丝在碧空中悠荡，好似弈者飘忽的思维，而弈者弯曲的身体好像蜕化的空蝉依附在枯枝之上。禅弈之人冥思潜想乃至物我两忘、出神入化的禅境呼之欲出！

黑白之间，胜负难料，棋局中一方形势危急，似乎只有认输一条路可以走了，但弈者仍然苦苦支撑，静心运筹（据说梁湘东王萧绎虽只有一目，仍奋勇作战），或许咸鱼翻身、柳暗花明就在前面。

山中立秋日偶书

明·王阳明

风吹蝉声乱，林卧惊新秋。

山池静澄碧，暑气亦已收。

青峰出白云，突兀成琼楼。

袒裼坐溪石，对之心悠悠。

倏忽无定态，变化不可求。

浩然发长啸，忽起双白鸥。

初秋的山中，蝉声被山风吹乱，山间池塘碧蓝清澈，躺在林下顿觉暑气全消。秋意来临，白云出岫，青峰高耸如同天上琼楼；袒衣坐在溪石，看白云舒卷，听蝉语声声，悠然观看自然物象倏忽无定的姿态。面对这变幻无穷的大千世界，诗人不禁纵情长啸，惊起了一双白鸥。或许，王阳明就在青峰白云、溪流磐石中，一点一点参透古往今来、人生百态，以儒家为大本，萃取释、道两家之精华，一步一步获得"致良知"的顿悟。

初秋行圃

宋·杨万里

落日无情最有情，偏催万树暮蝉鸣。

听来咫尺无寻处，寻到旁边却不声。

初秋日暮，夕阳西下，蝉放声高唱，似乎有意要挽留夕阳。听起来"蝉"近在眼前；但走近树林，"蝉"又似乎远在天边，蝉声忽远忽近，此起彼伏，随风荡漾，就像诗人的心绪流转，诗兴稍纵即逝。

听 蝉

大仙

下午的寂静从林子的空地上蔓延起来了，这下午的风在我的掌中一动不动，我默默地和石头坐在一起，四周全是我不同姿势的影子。

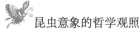

这蝉声就在这时候响起了，这蝉声从半空里轻轻落下，轻轻拂响我的影子，我那攥着风的手也张开了，要把这声音合进手掌，一遍一遍地褪去我身上的颜色，最终透明地映出我来。哦，我已是一个空蝉壳，我会如此静坐一个夏天。[5]

"风恬浪静中，见人生之真境；味淡声稀处，识心体之本然。"① 蝉有"禅"意，亦幻亦真，韵味悠长。这位叫大仙的诗人将忘我于山林之间，在凝神静观化为一个空蝉蜕，而"空蝉"究竟因何而生，为何而起，又预示着什么，只能靠静静的参、静静的悟。

四、捕蝉之道

所　见

清·袁枚

牧童骑黄牛，歌声振林樾。

意欲捕鸣蝉，忽然闭口立。

牧童骑着黄牛，放声高唱，一见到鸣蝉，立刻安静下来，蹑手蹑脚，放手一搏，一只蝉或许马上就要成为牧童的囊中之物。

"佝偻者承蜩"出自先秦庄周的《庄子·达生》。这是一个颇有励志意味的捕蝉故事："仲尼适楚，出于林中，见佝偻者承蜩，犹掇之也。"大意是：孔子到楚国，经过一片树林，看见一个驼背老人正用竿子黏蝉，就好像探囊取物，易如反掌，便十分好奇上前请教。驼背老人告知：我有黏蝉之道，我在长杆上逐渐加上重量，经年累月地训练自己对长杆的把控能力，练到后面，我拿着重重的竹竿就像拿着槁木之枝，轻轻松松，不偏不倚。虽天地之大，万物之多，我的眼里只有蝉翼，其他一概不知。人只要专心致志，有什么蝉不可得耶。佝偻者承蜩"虽天地之大，万物之多，而唯蜩翼之知"，以致执臂"若槁木之枝"，"于物无视"，进入屏息静气、专气致柔的忘我境界。

相信一个驼背老人经年累月磨练自己的捕蝉本领，大概不仅仅是一种业余爱好，应该是为了果腹，或者卖钱吧。可见，捕蝉业务古已有之。

金蝉又名蚱蝉、知了猴。金蝉不仅是高档食品（金蝉若虫蛋白质含量高达70.2%)，还有益精壮阳、止渴生津等药用价值。由于环境污染与过度捕捉，金蝉及其若虫资源严重枯竭。"不鸣则已，一鸣惊人"的金蝉（金蝉脱壳）正面临着生存危机，甚至有绝迹的可能[6]。

---

① 选自明·陈继儒《小窗幽记》。

黏蝉赋并序

晋·傅咸

樱桃为树则多荫，为果则先熟，有蝉鸣焉，聊命黏取，退惟当蝉之得意於斯树。不知黏之将至，亦犹人之得於富贵，而不虞祸之将来也。

有嘉果之珍树，蔚弘覆於我庭。在赫赫之隆暑，独肃肃而自清。遂寓目以周览，见鸣蜩於纤枝。翳翠叶以长吟，信厥乐之在斯。苟得意於所欢，曾黏往之莫知。匪尔命之遵薄，坐偷安而忘危。嗟悠悠之耽宠，请兹览以自规。

蝉在志得意满、放声高唱的时候，或许不会想到自己已经被黏蝉人盯上，而黏蝉人得了蝉，就像得了财富，哪管接下来会发生什么。"螳螂捕蝉，黄雀在后"，人当自律，居安思危，这就是蝉之"禅"意，是人生的至理名言。

五、蝉（禅）意悠悠

蝉的多重意味不仅来自蝉的生活习性，更来自人对蝉"美丽的误解"。经过历代爱蝉人的传承与演绎，蝉在中国文化中的多义性日益彰显：对于儒家，蝉是高洁的象征，是温润如玉的谦谦君子；对于道家，蝉象征超凡脱俗的人格，是不餐风饮露人间烟火、风姿绰约的仙子；对于佛家，蝉是幻变与重生的象征，是空灵的蝉蜕；对于兵家，蝉意味着"金蝉脱壳"，是三十六计之一的巧妙遁身术。蝉在地下蛰伏，后飞升到高高的树上放声高歌，让人产生一飞冲天、一鸣惊人的感觉，因此，蝉又象征自由而独立之精神。

蝉不食人间烟火、品行高洁的形象主要来自古人美丽的"误解"与"附会"，其实蝉的幼虫一经孵化就落到地面，寻找柔软的土壤往下钻，钻到树根边，用刺吸式口器吸食树根的汁液。春暖时，若虫即向上移动，吸收热量。冬来时则又深入土中，以避寒冷。从若虫到成虫要通过五次蜕皮，其中至少四次在地下进行，蜕皮的过程，少则两三年，多则十几年，而最后一次蜕皮，是在黄昏或夜间钻出土表，爬到树上，然后抓紧树皮，蜕皮羽化，蜕下的浅黄色的壳就是蝉壳，又称蝉蜕，有散风解热、宣肺定痉等多重药用价值。

蝉虽然寿命很长，但几乎一生都在黑暗的地下度过。特别是一种周期蝉，它们要在地下蛰伏 13~17 年。"高蝉多远韵，茂树有余音"，蝉飞上高枝，是为了吸取嫩绿枝条的汁液，强身健体。值得一提的是，雌蝉不发声，能放声高唱的是雄蝉，它在茂树间鸣叫是为了找到生命的另一半。至于蝉有五德，完全是文人的自喻与自况。

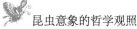
参 考 文 献

[1] 郑建明，何元庆.中国古代的玉蝉.江汉考古，2006，1:44-50.

[2] 夏鼐.汉代的玉器——汉代玉器中传统的延续和变化.考古学报，1983，2:125-143.

[3] 陈智勇.先秦时期的昆虫文化.安阳师范学院学报，2010，1:63-67.

[4] 徐祝林.唐代咏蝉诗情感蠡测.名作欣赏，2009，11:15-17.

[5] 邓绍秋.道禅生态美学智慧.延吉：延边大学出版社，2003.

[6] 高启龙.从蝉意象看古代文人思想价值取向.四川戏剧，2007，4:102-103.

第五节　萤火虫意象

　　萤火虫（图 2-5）属鞘翅目，萤科，是萤科昆虫的通称。萤火虫是一种小型甲虫，因其尾部能发出萤光，故名为萤火虫。世界上的萤火虫有 2000 多种，分布于热带、亚热带和温带地区。值得注意的是，不是所有的萤火虫都能发光。

(a) 台湾窗萤（*Pyrocoelia andis*）　　　　(b) 日本邮票：源氏萤火虫（*Luciola cruciata*）

图2-5　萤火虫

　　萤火虫是食肉性小甲虫，是许多作物害虫的天敌，它还是高级麻醉师，能将蜗牛和钉螺等害虫实施全身麻醉，再用它管状的嘴将害虫变成流质喝下去。萤火虫属完全变态昆虫，一生要经过卵、幼虫、蛹、成虫四个阶段，生命历程只有 15 天左右。

　　在没有电灯照明的遥远年代，在浓重的夜色中，看到星星点点、若隐若现的萤火虫，古代先民必定喜出望外乃至心生敬畏，故而编织出许多动人的神话传说。文人墨客更是为此怦然心动，写下许多动人诗篇。

3000年前的《诗经·豳风·东山》就有对萤火虫的生动描述："町畽鹿场，熠耀宵行。"意为："田舍旁的空地变成野鹿的活动场所，还有闪闪发光的萤火虫。""萤火，一名耀夜，一名景天，一名熠熠，一名丹良，一名磷，一名丹鸟，一名宵烛。商草为，食蚊蚋。"①

萤火虫是最有光彩的昆虫，历朝历代相关记载数不胜数，吟咏萤火虫的诗歌更是层出不穷、源远流长[1,2]。仅《全唐诗》就有245处提到萤火虫，使用过萤意象的诗人有90多位，其中就有李白、杜甫、李贺、白居易、元稹、贾岛、李商隐等著名诗人。

一、萤光微冷

秋　夕

唐·杜牧

银烛秋光冷画屏，轻罗小扇扑流萤。

天阶夜色凉如水，卧看牵牛织女星。

有关萤火虫，最著名的诗作应该就是这首脍炙人口的《秋夕》：深秋之夜，微弱的烛光在屏风上添了几许幽冷的色调。宫女正用小扇扑打着流萤。萤火虫生在腐草丛、水泽边、荒凉之处，说明宫女的居所是何其冷僻。扇子是夏天的专宠，到秋天就弃之不用，所以诗词里常以秋扇比喻弃妇。宫女用小扇扑打着流萤，也驱赶着寂寞。寒夜深沉，星光淡远，萤火点点，宫女哀怨与期望交织的复杂感情蕴涵其中[1]。

文人墨客留下许多描写萤火的传神诗句："疏篁一径，流萤几点，飞来又去。"②仅十来个字，便把竹林小路上萤火虫飞动的流光写得活灵活现。北朝文坛宗师庾信的"露泣连珠下，萤飘碎火流"，以"碎火流"形容时断时续的飞萤流光，逼真传神。此外，"月黑见渔灯，孤光一点萤。微微风簇浪，散作满河星"③"夜久语声寂，萤于佛面飞，半窗闻夜雨，四壁挂僧衣"④"月生河影带，蛳疏星。青松巢白鸟，深竹逗流萤"⑤及"暗飞萤自照，水宿鸟相呼"⑥等，这些名篇佳句都生动描述了萤火虫的发光特性。

"夕殿萤飞思悄然，孤灯挑尽未成眠。迟迟钟鼓初长夜，耿耿星河欲曙天。"⑦

---

① 出自晋·崔豹《古今注·鱼虫》。
② 出自宋·柳永《女冠子》。
③ 出自清·查慎行《舟夜书所见》。
④ 出自明·金圣叹《宿野庙》。
⑤ 出自北宋·贺铸《雁后归》。
⑥ 出自唐·杜甫《倦夜》。
⑦ 出自唐·白居易《长恨歌》。

夕阳西下，漫漫长夜又将降临。"天长地久有时尽，此恨绵绵无绝期"，对于唐玄宗，刻骨铭心、连绵无尽的离恨恰如忽明忽暗的萤火，更行更远还生。

见 萤 火

唐·杜甫

巫山秋夜萤火飞，帘疏巧入坐人衣。

忽惊屋里琴书冷，复乱檐边星宿稀。

却绕井阑添个个，偶经花蕊弄辉辉。

沧江白发愁看汝，来岁如今归未归。

　　763年春天，杜甫在梓州听到安史之乱即将平息的消息，禁不住欣喜若狂，挥毫写下了酣畅淋漓的七律《闻官军收河南河北》。他热切盼望回到故乡，与亲人团聚，却未料在夔州滞留两载而不得出峡，内心感受不言而喻。在诗人的心目中，巫山秋夜的点点萤光，就像微茫的希望，也像无处不在的乡愁。

代靖安佳人怨（之一）

唐·刘禹锡

秉烛朝天遂不回，路人弹指望高台。

墙东便是伤心地，夜夜流萤飞去来。

　　靖安指长安城中的靖安里，为宰相武元衡（主张削平藩镇）住宅所在地，靖安佳人指武元衡的妻妾，诗是以武元衡妻妾的口气写成的：相公您秉着蜡烛去上朝，却再也没有回来（河北藩镇李师道派遣刺客，趁武元衡早朝时刺杀了他，一时京城大骇），过路的人们发现，经常有美人歌舞的高台突然沉寂，夜幕下流萤在坟地来来往往，带着死者的哀怨，也带着生者的思念。刘禹锡用"夜夜流萤"营造出墙东伤心之地凄凉的氛围，也委婉曲折地表达对削平藩镇的支持。

二、腐草生萤

　　"腐草生萤"的说法由来已久，《礼记》和《汲冢周书》中的两处记载（其一）："季夏之月，腐草为萤。大暑之日，腐草化为萤……腐草不化为萤，谷实鲜落。"260年前后，东晋崔豹的《古今注》记有："萤火，腐草为之。"后来，《格物论》也说："萤是从腐草和烂竹根而化生。"《搜神记》卷十二亦云："腐草之为萤也，朽苇之为蛬也，稻之为蛩也，麦之为蝴蝶也，羽翼生焉，眼目成焉，心智在焉，此自无知化为有知，而气易也。鹤之为麈也，蛦之为虾也，不失其血气，而形性变也。"

　　在古代，肯定有很多人在仲夏之夜，眼见成群结队的萤火虫从水泽边、草丛飞中出，因此对"腐草为萤"深信不疑，加上文人墨客的不断渲染，"腐草为萤"就以讹传讹，世代相袭。

宋代理学家朱熹对"腐草为萤"有另外的解释："离明之极，故幽类化为明类也。"他认为，腐草处于幽深、阴暗之处，不见日光，而物极必反，就变成能发光的昆虫[3]。其实，古人未必不知"腐草化萤"乃推演之说，约800年前，南宋温州名人、著名文学家戴侗（1200—1285）就在他的著作《六书故》中指出："萤产子于草中，谓'腐草化萤'非也。"在遥远的古代，能通过亲身观察得出结论，的确难能可贵。

虽然腐草不能直接化为萤火，但萤火虫确实是出自潮湿、多水、腐草丛生的溪流、河岸边。萤火虫成虫一般都把卵产在紧靠水面的灌丛枝条、杂草或岩石上，而且要保证太阳晒不到。幼虫孵化后直接钻入水底。在水底，萤火虫幼虫白天藏匿在石缝与泥沙中，晚间出来觅食，主要取食对象是甲壳动物与软体动物，特别喜食蜗牛。老熟幼虫化蛹时，从水底爬到岸边，找到合适的地方，用泥沙做成茧室，在其中化蛹。成虫羽化后，先在茧室内停留2~3天。这期间，体色变暗，身体变硬，最后蜕出茧室，栖息在水边的杂草中或灌丛内。白天，成虫躲在阴暗遮阳的地方，到夜晚，成虫纷纷闪耀登场，寻找配偶，繁衍后代。

环溪夜坐

宋·吴璋

江天闲晚已斜阳，静掩柴门对草堂。
叶落转枝翻鹊影，星飞横水带萤光。
微风得隽驱残暑，新月出音生嫩凉。
坐觉秋容转清爽，一声渔笛在沧浪。

夕阳西下，柴门静掩，暮色降临，叶落翻影的江边，萤火与星光交相辉映，微风驱散暑气，新月带来清凉，在江村夏夜，听到清澈的渔笛声在水波间荡漾，此情此景，怎不让人神清气爽。"叶落转枝翻鹊影，星飞横水带萤光"不仅体现了荧光之美，也形象地描绘出萤火虫的生存环境。

隋　宫

唐·李商隐

紫泉宫殿锁烟霞，欲取芜城作帝家。
玉玺不缘归日角，锦帆应是到天涯。
于今腐草无萤火，终古垂杨有暮鸦。
地下若逢陈后主，岂宜重问后庭花。

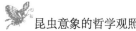

"隋宫"指隋炀帝在江都营建的行宫江都、显福、临江等宫。"紫泉"借指长安。"芜城"乃广陵之别名。诗的大意是：尽管长安宫锁烟霞，炀帝仍然不知足，还想以江都作为"帝家"；若不是皇帝的玉玺归了李渊，炀帝的锦帆恐怕会到达天边。炀帝曾在江都修了"放萤院"，沿着运河栽下排排柳树，如今萤火虫已经难以寻觅，柳梢上只有暮鸦唱晚。隋炀帝不能接受陈后主亡国殷鉴[1]，终于重蹈覆辙。

据《隋书》记载，616年，隋炀帝"征求萤火，得数斛，夜出游山，放之，光遍岩谷"。成千上万的萤火虫，在清幽的山谷飞舞，想必"放萤夜游"的壮观场面一定是如梦如幻。看来隋炀帝不仅是"中国二十五史"中唯一玩萤火虫的皇帝，也是萤火虫旅游的鼻祖。"于今腐草无萤火，终古垂杨有暮鸦。"杨广放萤后两年隋朝灭亡。也许是隋炀帝好大喜功、荒淫无度、劳民伤财，对萤火虫的挥霍无度触怒了天意，导致腐草都无萤可生。在此，李商隐借"萤"发挥，慨叹天意难违，人世沧桑。

三、萤光熠熠

萤火虫是奋发求知、刻苦学习的象征。据《晋书·车胤传》记载，晋代名臣车胤少时聪颖勤学，但家境贫寒，常无油点灯，夏夜就捕捉萤火虫装在白布袋里，借微弱的萤光，夜以继日地苦读，终以博学多识而称誉乡里。

《笠翁对韵》中有："学问勤中得，萤窗万卷书。三冬今足用，谁笑腹空虚。"国学启蒙读物《三字经》中也有"如囊萤，如映雪，家虽贫，学不辍"的记载。一只萤火虫的光是微弱的，如果千百只萤火虫聚集在一起就足以点亮黑夜了。

咏　萤

南朝·梁·萧纲

本将秋草并，今与夕风轻。

腾空类星陨，拂树若花生。

屏神疑火照，帘似夜珠明。

逢君拾光彩，不吝此身倾。

夏末秋初，腐草化萤。萤火虫本是附在秋草上的，而现在却随着晚风轻轻飘飞。萤火闪闪，飞腾空中，如星星坠落，又好似初开的花朵。萤光点点，屏风像被神奇的火光照亮，门帘好似缀上了颗颗明珠。士为知己者死，倘若遇见拾我光彩(了解我才华)的人，我会像萤火虫一样献出自己所有的光芒。诗人借吟咏萤火虫，

---

① 据《隋遗录》记载，陈后主叔宝亡国后入隋，与当时为太子的杨广认识，杨广做了皇帝后游江都时，梦见死去的陈叔宝，还请张丽华舞了一曲《玉树后庭花》。

表达自己才华出众，期待遇见伯乐，并愿意为之奉献和牺牲的雄心壮志。

萤 火 赋

晋·傅咸

余曾独处，夜不能寐，顾见萤火，意遂有感，于是执以自召，而为之赋，其辞曰：
潜空馆之寂寂兮，意遥遥而靡宁。夜耿耿而不寐兮，忧悄悄而伤情。哀斯火之湮灭兮，
近腐草而化生。感诗人之攸怀兮，鉴熠耀于前庭。不以姿质之鄙薄兮，欲增辉乎太清。
虽无补于日月兮，期自竭于陋形。当朝阳而戢景兮，必宵昧而是征。进不竞于天光兮，
退在晦而能明。谅有似于贤臣兮，于疏外而尽诚。盖物小而喻大兮，固作者之所旌。
假乃光而谕尔炽兮，庶有表乎洁贞。

　　傅咸是晋代书香门第、名门望族之后，用现在的话来说是典型的官二代，但傅咸处世严谨、疾恶如仇。他仰慕为官清廉的季文子和仲山甫，也喜欢写评论时事的文章，获得了"近乎诗人之作"的好声誉。在他的笔下，萤火虫不畏寂寥，熠耀于前庭，不以平凡的资质而自卑，微弱的光芒虽然与日月不能相比，但也尽心竭力，献出自己的一片赤忱，就像贤臣倾力为国尽忠，小小的萤火虫寓意着大道理，堪为诗人之表率。

秋晨同淄川毛司马秋九咏·秋萤

唐·骆宾王

玉虬分静夜，金萤照晚凉。

含辉疑泛月，带火怯凌霜。

散彩萦虚牖，飘花绕洞房。

下帷如不倦，当解惜馀光。

　　秋高气爽，玉虬[1]翻转，静夜来临，秋萤带来阵阵凉意，萤火含辉，仿佛是月光浮动，萤虫带火，寒霜不敢逼近。萤光闪闪，如花似彩，飘入空窗，钻进洞房（深邃的内室），看到此情此景，不由想到车胤囊萤夜读，看来，我（诗人）也要放下帷幕，闭门苦读，而只有闭门苦读的寒士，才懂得萤光的可贵。

　　骆宾王以"含辉""带火""散彩""飘花"表现萤火虫带光飞行的形象，表达对萤火虫的礼赞。

萤

唐·郭震

秋风凛凛月依依，飞过高梧影里时。

---

　　① 传说中的无角龙，浑天仪上的玉饰。《初学记》（卷二十五）引张衡《漏水转浑天仪制》曰："以铜为器……以玉虬吐漏水入两壶，右为夜，左为昼。"这里指用玉虬吐水来计时。

暗处若教同众类，世间争得有人知。

秋风凛凛，月色朦胧，萤火虫飞过高高的梧桐。在参差的树影中，熠熠生辉。试想，如果萤火虫躲在暗处，或者与其他微虫为伍，不发出自己的光亮，那谁又能知道它的光芒？谁又能认识它？这是一首典型的感物咏怀之作，借萤火虫感慨用人制度，若朝廷不善于使用人才或对人才加以压抑、埋没，那么世间就难有人才脱颖而出。

次韵萤火

宋·陈师道

年侵观物化，共被岁时催。

熠熠孤光动，翩翩度水来。

稍能穿幔入，已复受风回。

投卷吾衰矣，微吟子壮哉。

在水平如镜的池塘边，萤火虫的一点萤光更显得孤傲清高、熠熠生辉。萤火虫刚穿过帷幔进屋，却又被风吹回，萤火虫不畏艰难，敢于在漫漫长夜中点亮自己，虽然虫微光弱，同样不失为一种壮举。

汉高祖刘邦之孙刘安撰写的《淮南毕万术·却马》中记载："取萤火裹以羊皮，置土中，马见之鸣，却不敢行。"看来，萤火虫深得"神意"，不仅人怕，连通人性的马都怕它。据《后汉书·灵帝记》记载：东汉中平六年（189年），宦官乱政，杀戮大臣，引发宫廷政变。宦官张让、段珪等劫持少帝刘辩和刘协（即后来的汉献帝）等出宫，至小平津（古黄河重要渡口，今河南省孟津县）时，尚书卢植追杀而至，连斩数人，张让等或投河自尽或逃离山野。大难不死的少帝和刘协虽在一起，但在黑夜山谷中迷了路。所幸他们看到一只萤火虫，便紧跟着这只萤火虫往前，徒步数里，见一民家，获一辆板车乘坐，才转危为安。因此，在汉室刘家人心目中，萤火虫简直就是上天的使者，是救苦救难的神灵。

四、留驻萤光

咏萤火诗

南朝·梁·萧绎

著人疑不热，集草讶无烟，

到来灯下暗，翻往雨中然。

萤火虫，你不是有火吗，怎么碰到人身上一点也不热？而且，你在草堆中，怎么不能使之冒烟？来到灯下显得暗淡无光，飞到雨中反而又"燃烧"起来，迸发出火花。

萤火虫隽永的诗意大抵来源于幽冷之"光"。据科学研究，37只萤火虫发的光，相当于一支蜡烛发的光，但每次发光所含的热量仅是烛火的1/400 000，是真正意义上的冷光。外界强烈的光源对萤火虫发光有明显的干扰活动，故而在灯下就显得暗淡无光，萤火虫在雨夜中熠熠发光，自然是为了呼朋唤友，寻找伴侣。不同的萤火虫能发出独特的光，作为特有的求偶信号，其发光部位是在腹部末端，那里表皮透明，好像一扇玻璃小窗，有一个虹膜状的结构可控制光亮，小窗下面是含有数千个发光细胞的发光层，是一种腺细胞，能分泌两种含磷的化合物液体：一种是耐高热、易被氧化的物质，叫荧光素。另一种是不耐高热的结晶蛋白，叫荧光酶，在发光过程中起着催化作用。当萤火虫呼吸的时候，氧气就从发光层的血管进入发光细胞和荧光素结合，在荧光酶的"酶促"下，荧光素和氧气发生化学反应发出荧光。萤火虫是直接将生物化学能转变为光能，转化率接近100%，而普通电灯由电能转化为光的效率只有6%。现代人模仿萤火虫的发光原理制成的荧光灯与LED等冷光源，大大提升了电能转化成光能的效率。

在清朝墨磨主人编写的《古今秘苑》中记载有古人利用萤火虫捕鱼的故事："取羊膀胱，吹胀，入萤百余枚，系于罾（渔网）足网底，群鱼不拘大小，各奔其光，聚而不动，捕之必多。"这可能是先人们最早利用的灯光捕鱼技术了。

2007年12月2日，《北京青年报》以"萤火虫，正在离我们而去"为主题进行了报道；紧接着又有传媒以"萤火虫已濒临灭绝，许多价值仍鲜为人知"为题进行报道，几经转载，使得萤火虫的生存现状与处境逐渐引起公众的注意。萤火虫原本是普通的昆虫，分布广泛，但萤火虫是一种环境敏感型昆虫，在污染的环境中难以生存，因此被公认为生态环境的指示物种。随着工业化、城市化高歌猛进，水土污染加重，萤火虫"节节败退"，逐渐淡出人们的视野 [4,5]。

史籍《汲冢周书·时训》中记载："大暑之日，腐草化为萤。腐草不化为萤，谷实鲜落。"周作人在《立春以前》中的"萤火篇"里，对先人的这句话做了如下注释："倘若至期腐草不能变成萤火虫，便要五谷不登，大闹饥荒了。"曾经带给人类无数审美感动与科学启示的萤火虫，如今却由于人类的原因而陷于生存危机，那么这种危机最终必将波及人类自身。

参 考 文 献

[1] 袁行霈. 中国诗歌艺术研究. 北京：北京大学出版社，2009.

[2] 金贝翎. 唐诗"萤"意象初探. 黄山学院学报，2008，10（1）:81-84.

[3] 孟昭连. 中国虫文化. 天津：天津人民出版社，2004.

[4] 蔡亚娜. "于今腐草无萤火"——保护生物多样性（上）. 城市与减灾，2011（6）:33-38.

[5] 吴洣麓，姜莹莹. 萤火虫正在离我们而去. 人与自然，2008，1:47-48.

第六节　蚕　意　象

　　"蚕"（图2-6）属鳞翅目，蚕蛾科。蚕蛾与蝴蝶一样，都属于鳞翅目，是全变态昆虫。蚕是幼虫，长成老熟幼虫，化蛹羽化就成了蚕蛾。

(a) 土耳其邮票：家蚕（*Bombyx mori*）　　(b) 朝鲜人民共和国邮票：柞蚕（*Antheraea pernyi*）

(c) 罗马尼亚邮票：家蚕（*Bombyx mori*）

图2-6　蚕

　　我国是世界蚕业的发源地，至今已有 5500 年以上的养蚕历史。1926 年，山西夏县西阴村新石器时代遗址中发现了一个半割蚕茧。1958 年，在距今 4800 年左右的浙江吴兴钱山漾新石器时代遗址中就有绢片、丝带，经鉴定为家蚕丝织成。20世纪 80 年代，在北京市平谷县上宅、河北省正定县南杨庄、陕西省神木县石峁、辽宁省锦西县沙锅屯等新石器时代遗址中都发现陶蚕蛹或玉蚕，其中南杨庄发现的两件陶蚕蛹属于仰韶文化时期。由此可见，在 5000~6000 年前，我国先民就已经掌握了植桑、养蚕、缫丝的技术[1-3]。

自古"天子亲耕，皇后主蚕"，"农桑并举"是封建社会的基本经济基础。孟子曰："天下有善养老，则仁人以为己归矣。五亩之宅，树墙下以桑，匹妇蚕之，则老者足以衣帛也。五母鸡，二母彘，无失其实，老者足以无失肉矣。所谓西伯善养老者，制其田里，教之树畜，导其妻子使养其老。五十非帛不暖，七十非肉不饱。不暖不饱，谓之冻馁。"（《孟子·尽心上》）孟子认为：五亩之宅，在墙边种桑，妇人养蚕缫丝即可让老人有衣穿；五只母鸡，两头母猪，老者就可以有肉吃，房前屋后男耕女织，自食其力，即可做到老有所养，安居乐业。

"蚕，任丝虫也。'任'俗伪作'吐'。今正。言惟此物能任此事，美之也。"这是《说文解字》对"蚕"的注解，大意是"蚕"是具有吐丝功能的虫，而且只有蚕能担任这件了不起的好事，值得去赞美它。

看似不起眼的细丝，从蚕的嘴中缓缓吐出，竟织成绵延千里的丝绸之路，织出 5000 年的锦绣篇章。千百年来，人们辛勤劳作，栽桑养蚕，而蚕以丝丝缠绵，回报人的辛勤，给人以温暖的希望。蚕、丝文化早已渗透到中国文化的各个层面（神话崇拜、文学文字、礼仪制度、民情风俗）。从历代蚕神话故事与蚕诗中，我们可以感受到蚕桑在社会经济中的重要地位，感知悠远绵长的蚕桑文化，以及"春蚕到死丝方尽，蜡炬成灰泪始干"深邃的意境。

据统计，《诗经》305 篇诗歌中，与蚕桑有关的就达 27 篇，《全唐诗》与蚕有关的诗也达 490 多首，在南宋诗人范成大与陆游的田园诗中，蚕是当然的主角[4]。

《诗经·豳风·七月》有云："蚕月条桑，取彼斧斨，以伐远扬。"意指按照桑树生长的规律，在桑树生长最茂盛的三月，砍去过于茂盛的权枝，让桑树更好地成长。《韩非子·内储说》有"妇人拾蚕而渔者握鳝，利之所在，则忘其所恶"，女子天生害怕昆虫，即使像蚕这样的虫子，也有所顾忌，只不过是"利之所在"，所以女子才敢于用手去触摸它们。荀子《蚕赋》描绘蚕的形象为"此夫身女好而头马首"，"身女好"指蚕的身体光洁滑润，犹如女性的胴体一样美好，"头马首"是说蚕的头就像马头一样。汉代出现的蚕马同气之说与荀子的《蚕赋》不无关系，而这些又共同构成干宝《搜神记》中"马头娘"故事的基本轮廓：传说有女，父为人掠去，只留下父亲所乘的马。母曰：谁能够救回父亲，就将女儿嫁给谁。马听到后，立刻绝绊而去。几天后，马载着父亲回来，母亲想兑现承诺，却遭到父亲反对。马愤怒咆哮，父亲杀马并将马皮曝晒于庭院中，一日，马皮忽然卷起女儿，停在桑树上，可怜小女便化为树上之蚕。

一、桑梓诗话

农家常常在房前屋后栽种桑树和梓树。"维桑与梓，必恭敬止。"[1] 桑树可供养蚕，梓树可观赏、可做家具，又说家乡的桑树和梓树是父母种的，因而"桑梓之地"就有"父母之邦"与"故乡"的寓意。在历代诗歌中，我们可以感受到农家栽桑养蚕的苦乐忧思。

归园田居（其一）

东晋·陶渊明

少无适俗韵，性本爱丘山。
误落尘网中，一去三十年。
羁鸟恋旧林，池鱼思故渊。
开荒南野际，守拙归园田。
方宅十余亩，草屋八九间。
榆柳荫后檐，桃李罗堂前。
暧暧远人村，依依墟里烟。
狗吠深巷中，鸡鸣桑树颠。
户庭无尘杂，虚室有余闲。
久在樊笼里，复得返自然。

最朴素的快乐是最真实的快乐，最简单的生活是最惬意的生活。离开纷纷扰扰、尔虞我诈的官场，就像鸟儿回到曾经的山林，鱼儿回到生身的水渊。一代大儒陶渊明回归田园，开始耕读生涯。这里有绿树掩映、炊烟袅袅的方宅草屋，房前屋后，有狗吠深巷，鸡鸣桑树，这是安宁和谐的乡村景象，是生态之境，也是陶渊明平和淡远的心境。

归园田居（其二）

东晋·陶渊明

野外罕人事，穷巷寡轮鞅。
白日掩荆扉，虚室绝尘想。
时复墟曲中，披草共来往。
相见无杂言，但道桑麻长。
桑麻日已长，我土日已广。
常恐霜霰至，零落同草莽。

---

① 出自《诗经·小雅·小弁》。

山村野外，没有虚意逢迎、人情应酬，更没有达官贵人的车马喧闹，白天可以关起门来喝酒，以酒解忧。时常拨开荒草，到田野中，到偏远村落，与农人闲聊，"相见无杂言，但道桑麻长"。诗人早已放下文人的身段与姿态，与农人融为一体，与山野农夫话桑麻等作物生长的情形，看到桑麻苗壮生长、新垦的田地不断扩大，感到由衷的欣慰。但同时又担心天公不作美，农家就要挨饿受冻。

雨过山村

唐·王建

雨里鸡鸣一两家，竹溪村路板桥斜。

妇姑相唤浴蚕去，闲看中庭栀子花。

　　小小村落，几户人家，晨鸡啼鸣，农家就开始忙碌的一天，竹溪村路，小桥流水，细雨霏霏，在优美的山村雨景中，姑嫂"相唤浴蚕"，庭院中的栀子花静静开放在村姑的头上，显得悠然闲适。唐代王建的《雨过山村》透过农家生活的一个小小定格，窥见农家绵长的真趣与无尽的满足。

　　浴蚕是速育蚕种的一种方法：立春前后，将蚕种浸在淡盐水或卤水中浸浴，劣质的蚕种就无法孵化，从而淘汰其中一些弱质的幼蚕。

渭川田家

唐·王维

斜阳照墟落，穷巷牛羊归。

野老念牧童，倚杖候荆扉。

雉雊麦苗秀，蚕眠桑叶稀。

田夫荷锄至，相见语依依。

即此羡闲逸，怅然吟式微。

　　落日的余晖给乡村镀上一层暖色，牛羊穿过小巷归栏，老人们倚着荆扉、挂着拐杖，等候放牧的孩童。田野里野鸡啼叫，麦苗茁壮。蚕房中，蚕一天天变白，桑叶日益稀疏。傍晚时分田夫荷锄，走在归来的路上，他们相互致意，依依话别。此情此景，不就是陶渊明笔下的"桃花源"吗？男耕女织，和谐恬淡的生活是农人世世代代的向往。

越州双雁道中

宋·李光

晚潮落尽水涓涓，柳老秧齐过禁烟。

十里人家鸡犬静，竹扉斜掩护蚕眠。

清明时节，晚潮已退，流水涓涓。新秧齐整，鸡犬寂静，只见一排排竹门半掩着蚕房。蚕蜕皮时不吃不动，故名蚕眠。旧时江南风俗，蚕眠时多禁忌，忌讳生人打扰，不可惊动，所以"十里人家鸡犬静，竹扉斜掩护蚕眠"，乡村的一切似乎都应和着蚕的生命历程。

晚春田园杂兴十二绝（其六）

南宋·范成大

三旬蚕忌闭门中，邻曲都无步往踪。

犹是晓晴风露下，采桑时节暂相逢。

农家三月，"蚕忌"登场，"蚕忌"指养蚕之前的一系列禁忌（包括卫生防疫措施与人的自律），目的是借助神像、画符或其他法术驱赶一切有害于蚕的鬼邪、病毒、虫害，营造清洁的养蚕环境，同时通过自律与祈祷活动，表达对蚕神的敬意、对丰收的祈盼。

"蚕忌"期间，大家互不往来，而"采桑时节暂相逢"的欢悦舒缓了乡间的紧张气氛。

小园四首（其二）

南宋·陆游

历尽危机歇尽狂，残年唯有付耕桑。

麦秋天气朝朝变，蚕月人家处处忙。

淳熙八年（1181年）陆游被同僚论罢，闲居农村，作《小园》之诗。半生漂泊，历尽艰辛，待到桑榆向晚，还需重拾农桑，自食其力。每年农历四月，天气阴晴不定，农家既要收麦，又要养蚕，显得格外繁忙。

蚕月又叫"蚕禁"，是一个特殊的蚕乡时岁，吴地风俗，四月为"蚕忌"，为了不"打扰"蚕宝宝生长，在此期间，家家关门谢客，杜绝邻里、亲朋之间的往来，即便官府差役也不能到养蚕人家征收赋税或捉拿犯人，遇到红白喜事也一律不准亲邻来往庆贺或凭吊，还禁止小儿啼哭，要求妇女独宿等[5]。"蚕禁"虽然有些泛神迷信的成分，但减少人员流动，也包含着隔离、防疫的科学合理成分。

乡村四月

南宋·翁卷

绿遍山原白满川，子规声里雨如烟。

乡村四月闲人少，才了蚕桑又插田。

春风染绿了山原，春水注满了稻田，山谷间水平如镜，细雨微风中传来杜鹃的啼叫声。在这生机盎然的乡村四月，农家刚刚安顿好"蚕禁"，又要开始插秧，显得格外忙碌。

二、蚕妇怨曲

蚕　妇

唐·杜荀鹤

粉色全无饥色加，岂知人世有荣华。

年年道我蚕辛苦，底事浑身着苎麻。

又有：

蚕　妇

宋·张俞

昨日入城市，归来泪满巾。

遍身罗绮者，不是养蚕人。

又有：

蚕　妇　吟

宋·谢枋得

子规啼彻四更时，起视蚕稠怕叶稀。

不信楼头杨柳月，玉人歌舞未曾归。

　　杜荀鹤与张俞的《蚕妇》不禁让我们联想到唐代李绅的"春种一粒粟，秋收万颗子，四海无闲田，农夫犹饿死"，杜甫的"朱门酒肉臭，路有冻死骨"，以及宋代梅尧臣的"陶尽门前土，屋上无片瓦。寸指不沾泥，鳞鳞居大厦"。

　　织女们终日辛劳，却只能身着苎麻，而遍身罗绮者，却不是养蚕人！"蚕"道尽人世间的不平，这种不平等来自一个社会群体对另一个社会群体的剥夺。文人们只是借蚕妇之口，表达对社会制度的愤懑之情。

　　谢枋得的《蚕妇吟》却从另一个角度道出社会的现实，夜近四更，杜鹃啼叫，蚕妇起床，给蚕续上桑叶。已是后半夜了，天边的明月挂上了楼边的柳树梢，而穿着绫罗绸缎的玉人们还在载歌载舞。玉人无法想象蚕妇的辛劳，而蚕妇就更不能体会玉人内心的悲凉。

采桑女

唐·唐彦谦

春风吹蚕细如蚁，桑芽才努青鸦嘴。

侵晨采桑谁家女，手挽长条泪如雨。

去岁初眠当此时，今岁春寒叶放迟。

愁听门外催里胥，官家二月收新丝。

初春时节，桑树长出鸦嘴般的嫩芽，春风带着寒意吹拂着蚕儿。晨光熹微，采桑女就挎着篮筐出门，她手攀桑条，看着稀疏的桑树，不禁悲从中来。今年春寒料峭，桑树推迟了发芽。蚕细如蚁，而去年此时，它们早已进入初眠。可里胥并不理会这些，这才二月，在蚕初眠尚未进行、丝茧收成难卜的时候，里胥就上门催逼，催收今年的新丝。唐末社会"苛政猛于虎"的残酷现实跃然纸上。

耕织叹（其二）

宋·赵汝鐩

春气薰陶蚕动纸，采桑儿女哄如市。

昼饲夜喂时分盘，扃门谢客谨俗忌。

雪团落架抽茧丝，小姑缫车妇织机。

全家勤劳各有望，翁媪处分将裁衣。

官输私负索交至，尺寸不留但箱筥。

我身不暖暖他人，终日茅檐愁冻死。

春天蚕卵孵化，儿女们忙于采桑，桑园热闹如集市。到了四月间，蚕家关门闭户，昼夜饲蚕，谢绝客人拜访，就连邻居都不相往来，唯恐触犯禁忌而影响收成。到了蚕丝收获季节，女人们缫车纺织，一刻也不敢懈怠。而全家老少，辛勤劳作织成的绢匹基本都上交官府，充当了赋税。

促织二首（其一）

宋·洪咨夔

一点光分草际萤，缫车未了纬车鸣。

催科知要先期办，风露饥肠织到明。

洪咨夔的《促织》以拟人化的手法，以蟋蟀（促织）的口吻揭示了宋代农民税赋的沉重：促织（蚕农）从草际的萤火虫那里分了一点微光，她风餐露宿，忍饥挨饿，织布到天亮。她为什么不辞辛苦地彻夜织布呢？因为要在缴纳租税的限期以前准备好绢匹。一年到头，起早贪黑，辛辛苦苦，养蚕缫丝，即便"风露饥肠织到明"也不能获取基本的温饱，蚕农只能用沉痛的呐喊来面对无奈的现实。

唐朝实行租庸调。"调"主要征收丝织品，每丁每年纳绫、绢、丝各二丈，绵三两；还以绢代役，如不服役，每丁每年纳绢60尺。宋朝以后对农民的搜刮更是雪上加霜。南宋统治区只是北宋的半壁江山，但南宋王朝通过各种赋税，每年需要的丝麻纺织品数量，竟超过了北宋时期的总数，达到1000万匹以上[6]。桑农、织女遭受的压榨与煎熬之深，可见一斑。

养 蚕 词

明·高启

东家西家罢来往，晴日深窗风雨响。

三眠蚕起食叶多，陌头桑树空枝柯。

新妇守箔女执筐，头发不梳一月忙。

三姑祭后今年好，满簇如云茧成早。

檐前缲车急作丝，又是夏税相催时。

蚕禁时节，大家互不来往。蚕房中，蚕吃桑叶的声音如风声雨点；蚕三眠（第三次蜕化）之后，食量加大，桑树上的桑叶已经稀疏；女子守着篮筐，连头发都无暇梳理；祈祀三姑（掌管蚕事的女神）带来了好收成，蚕茧丰收，缲丝工作也即刻开始。而官府催税之急，也是风风火火，一刻也没有消停。

三、丝"思"缠绵

无 题

唐·李商隐

相见时难别亦难，东风无力百花残。

春蚕到死丝方尽，蜡炬成灰泪始干。

晓镜但愁云鬓改，夜吟应觉月光寒。

蓬山此去无多路，青鸟殷勤为探看。

有关春蚕，最著名的诗当属李商隐的《无题》："春蚕到死丝方尽，蜡炬成灰泪始干。"我国当代文学家周汝昌先生称这一诗句有"惊风雨的境界，泣鬼神的力量"。他对此诗句做出精彩的注释，"春蚕自缚，满腹情丝，生为尽吐：吐之既尽，命亦随亡。绛蜡自煎，一腔热血，爇而长流；流之既干，身亦成烬。有此痴情苦意，几于九死未悔，方能出此惊人奇语"。

老蚕孕丝，其腹通莹，丝在腹内若隐若现，宛如脉络隐伏于人身。"心似双丝网，

中有千千结。"①"脉络"既是生命流也是信息流，因此，丝"思"缠绵，连绵不绝，既有绵长的感情寄托，又有悲壮的生命真相。

蚕的生命历程从卵－幼虫－结茧成蛹－羽化－再产卵，既是线性的生命历程，又是回环往复的循环历程：丝丝相续、藕断丝连、千丝万缕、丝丝入扣、抽丝剥茧……中国诗词意象中的"蚕"与"丝"是内在的生命转化与文化的延续。

野　蚕

唐·于濆

野蚕食青桑，吐丝亦成茧。

无功及生人，何异偷饱暖。

我愿均尔丝，化为寒者衣。

山野之蚕，无人呵护，照样吐丝成茧。而有些人，无功于社会，却贪图饱暖！我愿是只野蚕，吐丝结茧化为寒者身上的衣衫。于濆以野蚕自喻，表达自己愿为社稷效力的感怀，也鞭挞那些社会的寄生虫。

"春蚕不应老，昼夜常怀丝，何需捐躯尽，缠绵自有时"，一曲南朝民歌也道出蚕的奉献与无私。

"野蚕作茧人不取，叶间扑扑秋蛾生"，唐代诗人王建的《田家行》描述了田间野蚕羽化的生动场景；"新蚕蠕蠕一寸长，千头簇簇穿翳桑"，清代诗人张问陶的《采桑曲》对新蚕蠕蠕而动，在桑叶的遮盖下钻进钻出的动态的描写可谓生动逼真、活灵活现。

马王堆三座汉墓共出土珍贵文物3000多件，珍贵的一号墓出土大量的丝织品，有绢、绮、罗、纱、锦等。有一件素纱禅衣，轻若云烟，薄如蝉翼，衣长1.28米，且有长袖，重量仅49克，但是以现代高科技的织造技术却无法仿制。经过研究发现，这件可以装在火柴盒中的素纱禅衣是由野蚕的丝织成的，这种野蚕恐怕已经灭绝，所以世上再无"素纱禅衣"。[7]

蚕不仅与社会经济密切关联，还涉及"外交"领域，"化干戈为玉帛"，古代以丝帛作为国家间睦邻友好的象征。在文字中，蚕丝的地位更是"显赫"：所有"糸"旁文字都与养蚕、缫丝过程有某种关联：经纬、络绎、团结、纲纪、组织、维系、统绪、缔结、纠缠、纷纭、萦绕、继续、缱绻、缥缈、缠绵……

从科学角度看，蚕吐丝完全是一种生存手段。蚕从幼虫长成老熟幼虫时，开始吐丝，作茧化蛹，茧能够保护蛹，防御风雨和敌害。其实，蚕的丝并不是"吐"出来的，而是蚕体内的蛋白质纤维通过口器中的一个"模具"压制拉丝成型。

在现代科学领域，蚕不仅是重要的实验生物材料，也是研究动物发生、分化、生长、发育及遗传变异的模式生物之一。蚕的细胞遗传、形态遗传、连锁分析等

---

① 出自宋·张先《千秋岁》。

研究曾与果蝇并驾齐驱，为人类认识生物遗传和变异规律提供了原始素材。蚕丝是蛋白质纤维，蚕是制造丝蛋白和丝纤维的天然机器（生物反应器或生物工厂）。可以说，蚕"制造"丝的过程是真正的低能耗、无公害、高效率，这是合成纤维工艺必须效仿的发展方向[8]。

蛾、蝶同属有翅亚纲，鳞翅目。但它们之间有着不同的形态特征与生物学特性。通常情况下，蛾类体型粗壮，蝶类体型细长；蛾类幼虫在即将进入蛹期时，会吐丝作茧，蝶类通常不吐丝作茧；蝶触角多为末端膨大的锤棒状，蛾的触角类型多样；蛾类休息时，翅膀通常张开平放；蝶类休息时翅膀则通常合起（夜晚蝶类睡觉时翅膀则是平放的）；大部分蛾是晚上行动，蝶一般是白天行动。

"蛾"在中国文化中也是一个多义词：《山海经·海内北经》与《诗经·国风·卫风·硕人》中有"螓首蛾眉，巧笑倩兮，美目盼兮"，其中"蛾眉"是美人的代称。

夜出性的蛾类给人最深刻的意象是"飞蛾扑火"。"簷前熟著衣裳坐，风冷浑无扑火蛾。"① "灯引飞蛾拂焰迷，露淋栖鹤压枝低。"② "烟之浮景，赴熙焰之光明……本轻死得邀，虽糜烂何所伤。"③ 这些"蛾"都是舍生忘死、追求光明的人格象征。"平生不傍太阳里，何故趋炎来赴死。人生有情皆爱身，独尔将身为戏尔"④，在此"蛾"又被喻为趋炎附势的小人。

"飞蛾扑火，自取灭亡"是对蛾最大的误解，其实飞蛾只是保持自己的飞行方向与光源成一定角度，在不断接近的飞翔中，逐渐靠近光源，就好像蚊香的形状一样，随着半径逐渐缩小，最后接触光源，而不是径直扑向光源。

"斜拔玉钗灯影畔，剔开红焰救飞蛾"⑤，描写宫女斜拔玉钗剔开燃烧的灯焰，救出落在灯里的飞蛾，所谓"怜蛾不点灯"，这里表达的是宫女（诗人）对同样卑微的"飞蛾"报以同情与怜惜。

参 考 文 献

[1] 郭葆琳. 中国养蚕学. 上海：新学会社，1931.

[2] 尹良莹. 中国蚕业史. 南京：南京中央大学蚕桑学会，1931.

[3] 周文军. 浅论蚕文化及其表现形式. 江苏蚕业，2004，3：54-57.

[4] 顾希佳. 东南蚕桑文化. 北京：中国民间文艺出版社，1991.

[5] 彩万志. 中国节日昆虫文化. 北京：中国农业出版社，1998.

[6] 罗丽. 中国古代农事诗研究. 北京：中国农业出版社，2007.

[7] 素纱禅衣. http://baike.haosou.com/doc/5724308.html.

[8] 向仲怀. 蚕丝生物学. 北京：中国林业出版社，2005.

---

① 出自唐·王建《新晴》。
② 出自唐·齐已《默坐》
③ 出自南朝·鲍照《飞蛾赋》。
④ 出自元·萨都剌《灯蛾来》。
⑤ 出自唐·张祜《赠内人》。

第七节　蜻　蜓　意　象

蜻蜓（图 2-7）是昆虫纲，蜻蜓目，差翅亚目昆虫的通称。蜻蜓最大的特点是复眼硕大、浑圆突出、晶莹剔透。蜻蜓的复眼所含有的小眼数目最多可达 30 000 个左右。

(a) 中国邮票：半黄赤蜻（*Sympetrum Croceolum*）　　　(b) 朝鲜邮票：黄蜻（*Pantala Flavescen*）

图2-7　蜻蜓

宋朝的罗愿在《尔雅翼》中记述蜻蜓："水虿既化蜻蛉，蜻蛉相交还于水上，附物散卵，出复为水虿；水虿复化焉，交相禅无已。"《本草会编》亦云："或曰蜻蛉贴水飞时，以尾蘸水中。人知其点水，不知其点水者，乃生子也。"

李时珍《本草纲目》记载："蜻，言其色青葱也；蛉，言其状伶仃也，或云其尾如丁也。或云其尾好亭而挺，故曰蜻蜓。""有大龙蜕于太湖之湄，其鳞甲中出虫，顷刻化为蜻蜓，朱色，入取之者病虐。今人见蜻蜓朱色者，谓之龙甲，又谓之龙孙，不敢伤之。"[1]

蜻蜓幼虫生活在水中，捕食蚊子的幼虫等水生动物。蜻蜓不仅是一种天敌昆虫，也是兼有药用、食用、环境监测价值的资源昆虫。

一、蜻蜓照水

小　池

宋·杨万里

泉眼无声惜细流，树阴照水爱晴柔。

小荷才露尖尖角，早有蜻蜓立上头。

---

① 《说郛》（卷二十一）引《戊辰杂抄》。

有关蜻蜓最脍炙人口的诗首推宋代杨万里的《小池》：这是一方清澈的池塘，泉眼给池塘注入涓涓细流；池塘边绿树茵茵，灼热的阳光透过参差的绿树，给池塘投下斑驳的光影；粉嫩的小荷刚露出水面，轻盈的蜻蜓就站立在上头。生态的美景与心境的恬淡浑然一体，共同组成和谐自然的生动画面。

　　清幽的池塘边，荷香悠悠，绿影婆娑，红色的蜻蜓停息在小荷之上，显得洁净而超然。然而，和谐美妙的画卷背后是"一毛孔中，万亿莲花；一弹指顷，百千浩劫"（梁启超语），我们未必知道，蜻蜓要停歇在小荷上需历经多少劫难！蜻蜓一生要经过卵、幼虫、成虫三个阶段。成虫常在飞行中相交，卵生于水面或水生植物上。幼虫在水中生活几个月甚至几年的时间，水虿在水里越冬，期间要对付的天敌主要有水蝽、水生甲虫、大田鳖、水螳螂和比自己体型大的鱼类，还有河里的鸭群。期间要经过13次左右的蜕皮（换龄），而每一次蜕皮都是生死攸关，最后的幸存者爬到岸边，蜕化为蜻蜓。当蜻蜓栖息在小荷之上时，恐怕已经有很多猎物盯上它了。而蜻蜓停在小荷上晒太阳可不是为了消遣，它是在提高自己的体温，积蓄能量，准备完成此生最大的使命：交配与产卵。蜻蜓在水边产卵，数天后卵孵化为水虿。水虿栖息在河流、湖泊中，用极发达的脸盖捕食孑孓或更小的水生动物，在水中利用直肠内的腮吸取氧气。蜻蜓兼有水、陆生活史，成虫营陆生生活，对水环境有很强的依赖性，并且对水体沿岸的环境状况异常敏感，通常它们终生不离开其生活的环境。

　　从科学的角度看，蜻蜓确实没有辜负诗人对它的赞美。蜻蜓为环境益虫，在水下生活的阶段，主要捕食蝇蚊、飞虱、叶蝉等，如晨暮蜓，一个小时就可吃40多只苍蝇或上百只蚊子[1]。

　　"泉眼无声惜细流"，细流涓涓，泉眼无声，说明这是一池洁净的活水，因为蜻蜓几乎离不开水，而且绝大部分的蜻蜓都有"洁癖"，蜻蜓对水体周边的环境也很挑剔；"树阴照水爱晴柔"表明水边植被茂盛，因为蜻蜓从幼虫到成虫的羽化过程十分脆弱，且要经历较长时间，需要植被遮阴，以免受到伤害。另外，蜻蜓幼虫是肉食性的，只吃活食，如果没有丰富的植被与充足的水生生物，就无法支撑蜻蜓的生命历程。因此，丰富的蜻蜓多样性，意味着植被与水源处于健康状态[2]。

嘲　蜻　蜓

南宋·杨万里

饵花春蝶即花仙，饮露秋蝉怕露寒。
只道蜻蜓解餐水，元来照水不曾餐。

　　吸食花蜜的蝴蝶是花中仙子，秋蝉饮露但又担心露水寒凉，只有蜻蜓无欲无求，它在水边流连，只是照见自己美丽的体态，其实它是不喝水的。然而，诗人未必晓得，蜻蜓可不是吃素的，蜻蜓成虫与幼虫都属于肉食性（捕食性）昆虫，蜻蜓幼虫的食谱中有蝌蚪和泥鳅。

南山家园林木交映，盛夏五月幽然清，独坐思远，率成十韵

唐·陈子昂

寂寥守寒巷，幽独卧空林。

松竹生虚白，阶庭横古今。

郁蒸炎夏晚，栋宇阒清阴。

轩窗交紫霭，檐户对苍岑。

凤蕴仙人箓，鸾歌素女琴。

忘机委人代，闭牖察天心。

蛱蝶怜红药，蜻蜓爱碧浔。

坐观万象化，方见百年侵。

扰扰将何息，青青长苦吟。

愿随白云驾，龙鹤相招寻。

在寂寥中幽居。春天，观松竹茂盛，新叶层出；夏天，看山涧雾霭升腾，听山水清韵悠长，面对清幽之境，诗人放下荣辱沉浮，像庄子那样坐观万象变幻，用心体察天心大道。天地悠悠，人生苦短，何不与龙鹤相伴（得道成仙），超然物外，达到清静逍遥的美好境界。

"蛱蝶怜红药，蜻蜓爱碧浔"，洁净清幽的池塘、水田、溪流是蜻蜓的"天堂"。然而，随着城市化进程加速，水域环境迅速恶化。水体富营养化与化学污染，水生植物锐减与水体边缘硬化（水泥化），给蜻蜓，特别是环境敏感型蜻蜓带来了灭顶之灾[3]。在城市，即便在乡下，现在都很少看到蜻蜓优雅停息的身影，无论从环境审美，还是环境生态的角度，这都是一种缺憾。

"小荷才露尖尖角，早有蜻蜓立上头"，当我们看到清幽的荷塘上停息的红蜻蜓，就会喜不自禁，爱怜之情油然而生。由于蜻蜓成虫大都拥有绚丽的色彩和飘逸的飞行姿态，十分引人注目，所以在生态环境监测评价中具有特殊的优势。

环境指示生物往往是指那些对环境干扰和环境状态的变化能够表现出预见性，而且易于观察和定量测定的环境生物，主要用于及时监测环境变化，以便进行早期预警。昆虫历来被生态学家视为一类重要的指示生物，因为相比鸟兽而言，它们更易被观察与获得，而且对原生环境的依赖性更高。利用昆虫对生态环境状况进行评价，具有直观简易、低成本、周期短、低消耗等优点。

根据不同种类的蜻蜓对水环境质量的敏感程度不同，人们可以较直观地评测

各种水体环境的质量或污染情况，因此，几乎所有的蜻蜓种类均可作为环境指示生物[3,4]。2009年，世界自然保护联盟（IUCN）出版的环境评价工具书《湿地综合评估手册》将蜻蜓作为标准湿地环境评价工具，这是目前世界自然保护联盟中唯一入选的昆虫类群[2]。

二、蜻蜓点水

南乡子（夏日作）

北宋·李之仪

绿水满池塘。点水蜻蜓避燕忙。

杏子压枝黄半熟，邻墙。风送花花几阵香。

角簟衬牙床。汗透鲛绡昼影长。

点滴芭蕉疏雨过，微凉。画角悠悠送夕阳。

初夏时节，池塘水满，绿水悠悠。蜻蜓轻盈点水，忽上忽下，飞来飞去，或许是在逃避燕子吧。邻家的杏树果实累累，压弯了枝头，微风送来荷花的清香。午后晴热，牙床小憩，即便身着薄纱，睡着竹席，也汗流浃背。雨打芭蕉，疏雨飘过，天气微微转凉。黄昏来临，悠扬的画角声伴着夕阳缓缓西下。落霞满天，夏日的一天就要过去，而内心的感怀如同蜻蜓点水荡起的层层涟漪，久久无法平息。

蜻　蜓

唐·韩偓

碧玉眼睛云母翅，轻于粉蝶瘦于蜂。

坐来迎拂波光久，岂是殷勤为蓼丛。

蜻蜓两只晶莹的大眼宛如碧玉，四片透亮的翅膀恰如云母，身材比蝴蝶还要轻盈，细长的腹部比蜜蜂还要细弱，显得轻盈洒脱，风姿绰约。诗人不禁想问：适才（坐来）迎着波光上下飞舞了那么久，这样殷勤可是为了水中的蓼丛（生长在水边或水中的一种草本植物）啊？

诗人未必知道：蜻蜓点水，或频繁对蓼丛"献殷勤"往往意味着雌蜻蜓在产卵。有的种类的蜻蜓，在雌蜻蜓产卵时，雄蜻蜓也没闲着，它在雌蜻蜓的上方，用尾尖勾住雌蜻蜓的头，拖着雌蜻蜓在水面上飞，让雌蜻蜓把卵产到水边的水草上，有时需要把卵直接插入到植物的纤维组织中。

三、蜻蜓飞飞

卜　居

唐·杜甫

浣花流水水西头，主人为卜林塘幽。

已知出郭少尘事，更有澄江销客愁。

无数蜻蜓齐上下，一双鸂鶒对沉浮。

东行万里堪乘兴，须向山阴上小舟。

在浣花流水的西头，主人让我在林塘边有个幽居之处，没有俗事缠身，可以在澄净的江水边漫步，消磨时光。只见江上蜻蜓成群结队，上上下下，水中鸟儿成双成对，一沉一浮，它们相互呼应，相宜相称。如果顺着浣花溪，到绍兴乘舟东下，就可以东行万里，抵达那遥远的东吴。

"无数蜻蜓齐上下"写出蜻蜓灵动自由的飞翔姿态。蜻蜓的翅膀由发达的翅肌和气囊组成。前者能使翅快速地扇动，后者贮有空气，可以调节体温，增加浮力。同样都是两对膜翅，蜻蜓与蝉、蜜蜂的翅膀相比较，它的两对宽大的翅膀不是折叠在背后，也不是直立在后脊上，而是保持平行伸展，很像一架"老式"飞机。飞翔时，这两对翅相互交错地上下扑动，其中总有一对翅具有足够的提升力，不仅有利于起飞、降落，还能做现代飞机做不到的高难度动作，既可以上下翻飞、垂直起降，还可以倒飞或悬浮在空中，真可谓随心所欲、游刃有余。

蜻蜓翅膀的重量只有 0.005 克，最大蜻蜓的身长不过 12 厘米左右，但飞翔的速度竟和世界女子百米短跑冠军的速度不相上下。在可信度较高的记录中，胡蜂、牛虻与一些蜻蜓，都有时速 50 千米以上的飞翔速度记录。而无霸勾蜓在追捕猎物时，其瞬间攻击速度换算为时速竟然超过 100 千米[5]。蜻蜓飞翔的速度在昆虫中名列前茅，而且它的"巡航"距离更是惊人。每年夏季，有成群结队的蜻蜓跨越多佛海峡，从英国的东海岸飞渡到东面的法国。还有一种身躯暗褐色、身长 3~4 厘米的海蜻蜓，

图2-8　蝗虫

每年 8 月从赤道附近飞到日本；人们还发现海蜻蜓在离开澳大利亚大陆约 500 千米的澳大利亚湾的海域上盘旋飞翔，从这里再飞回澳大利亚大陆，一来一去的旅程，就有 1000 千米之遥[6]。在跨海飞行中，它们必须忍饥挨饿，昼夜兼程，一往直前，一飞就是 1000 千米，看来，小小的蜻蜓不愧是空中的精灵，它们的确是用生命在飞行。

参 考 文 献

[1] 陈晓鸣，冯颖. 资源昆虫学概论. 北京：科学出版社，2009.

[2] 陈尽. 蜻蜓水陆环境它知道. 森林与人类，2013，10:10-13.

[3] 韩凤英，席玉英. 长叶异痣螅对水体镉污染的指示作用的研究. 农业环境保护，2001，20（4）:229-230.

[4] 黄小清，蔡笃程. 水生昆虫在水质生物监测与评价中的应用. 华南热带农业大学学报，2006，12（2）:72-75.

[5] 程宝绰，王振华. 小学生必读书库——昆虫世界的奥秘. 北京：知识出版社，1995.

第八节　蝗虫意象

蝗虫（图 2-8）属昆虫纲，直翅目。直翅目昆虫最知名的种类有：蝗虫、蟋蟀、螽斯等。全球除南极洲、欧亚大陆 55°N 以北地区外均有可能发生蝗害。蝗虫在干旱的季节产卵，虫卵不断积累，待到雨季集中孵化。因此，雨季一过，蝗虫就会铺天盖地而来，所到之处摧枯拉朽，留给大地的只有荒凉与肃杀。蝗灾与水灾、旱灾常相间或伴随发生而成为人类的三大自然灾害。因此，在中西方语境中，蝗虫都是灾祸、侵略与贪婪的象征。

早在公元前 2420~前 2270 年，世界历史就有蝗灾发生的记录。《圣经·出埃及记》中有约公元前 1300 年，蝗虫迁飞为害的记述。全世界产生危害最严重的蝗虫为沙漠蝗，它的最大扩散区可达 2800 平方千米，包括 65 个国家的全部地区或部分地区，约占全球陆地面积的 20%。正常扩散区可由非洲的西部、东非、中东的所有国家到土耳其、俄罗斯的东南部、伊朗、阿富汗、巴基斯坦和印度[1]。

在中国，有关蝗虫的记录可追溯到殷代甲骨文上的卜辞[2]。中国已知蝗虫有 800 多种，其中对农、林、牧业造成毁灭性灾害的蝗虫有 60 余种。我国历史上关于蝗灾（大多是东亚飞蝗）的最早记录是公元前 707 年，从周末春秋时代起，到新中国成立之前的 2600 多年中，蝗灾就发生过 800 多次[2]。

蝗虫有超强的繁殖力、坚韧的外骨骼、强大的取食能力（食性杂、食量大）、发达的跳跃足、强健的翅膀。其巨大的破坏性、群集性和迁移性令人望而生畏。大发生时每平方米蝗卵的最高密度达500~6000块。一大群蝗虫约有400亿只，一天可取食8万吨的食物，相当于40万人一年的口粮。通常，沙漠蝗迁飞的风速为18千米/小时，可不停地连续飞行17天，迁飞距离可达2000~3000千米[3]。其所到之处遮天蔽日，真可谓"黑云压城城欲摧"。

《诗经》中多次提及蝗虫，如《小雅·大田》有"去其螟螣，及其蟊贼，无害我田稚"。《大雅·桑柔》有"降此蟊贼，稼穑卒痒"，意为"天降害虫，吃光庄稼"。螟、螣、蟊都是危害农作物的昆虫。《尔雅》云："食苗心，螟；食叶，蟘；食节，贼；食根，蟊。"《春秋》记录了从鲁隐公五年到鲁哀公十三年，共发生15次虫灾，其中有10次是蝗灾。《汉书》《后汉书》《资治通鉴》等史书记载秦汉时期400余年中发生蝗灾64次，对蝗灾发生的时间、地区及发生的规模及危害情况都有详细的描写。《汉书·平帝纪》载："元始二年郡国大旱，蝗，青州尤甚，民流亡……遣使者捕蝗，民捕蝗诣吏，以石斗受钱。"这是我国历史上最早人工捕蝗的实例。东汉王充《论衡》中则较为详尽地记述了汉代的治蝗方法。唐代，最为著名的是开元年间宰相姚崇的捕蝗术：采用掘沟捕蝗、火诱扑杀的方法，仅在山东汴州就取得捕蝗14万石的辉煌战绩。

一、蝗虫之害

在《圣经》的首卷书《创世纪》中并未提到昆虫，但紧接着在其《出埃及记》中就出现蝗虫之名。经文中所指的蝗虫，现在定论为沙漠飞蝗，在《圣经》中共出现116处，出现于《出埃及记》《利未记》《马太福音》《马可福音》等篇章。《出埃及记10:15》描述了飞蝗入侵的惨状："因为这蝗虫遮满地面，甚至地都黑暗了；又吃地上一切的菜蔬和冰雹所剩树上的果子。埃及遍地、无论是树木、是田间的菜蔬、连一点青的也没有留下。"

千百年来，中国人对蝗虫的畏惧可谓深入骨髓，蝗灾也时常与社会动乱相伴而生，因此，蝗害的意义就延伸到社会学领域，产生了害虫意象群。其一是"蠹虫"（钻蛀性害虫），鲁国臧武仲曾批评御叔是"国之蠹也"，即国家的蛀虫①。晋国韩宣子认为战争是"财用之蠹"②，齐国晏子谈论政事时，揭露齐国国君的仓库里堆聚的东西烂掉生虫，即"公聚朽蠹"。其二是"蛊虫"，是带有诱惑性的害虫，受人迷惑，过度沉湎所引起的病就叫蛊。秦国有名的大夫医和为晋平公诊断病情时说"近女室，疾如蛊"（亲近女色，病同蛊惑）。其三是"蜮虫"，据说蜮山旁边有一个蜮民

---

① 参见《左传》（襄公二十二年）。
② 参见《左传》（襄公二十七年）。

国，蜮民国的人们把射来的蜮虫这样的害虫当成食物来吃，而蜮虫是一种生长在水中并且能够含沙射人，致人生疮而死的害虫[①]，《诗经·何人斯》记录在宫廷党争中，周朝卿士苏公骂暴公是"为鬼为蜮"[4]。古代典籍常常把害虫与社会的动荡、民生苦难、小人的祸害相提并论，如"王室实蠢蠢焉，吾小国惧矣"[②]，似乎国运不济与庄稼受灾都是昆虫害政的表现[5]。

《红楼梦》中林黛玉戏称刘姥姥是"母蝗虫"，一则是认为刘姥姥形象"土"，跟地头那黄褐色的飞蝗差不多，二则是认为其食量大。

怨诗楚调示庞主簿邓治中

东晋·陶渊明

天道幽且远，鬼神茫昧然。

结发念善事，僶俛六九年。

弱冠逢世阻，始室丧其偏。

炎火屡焚如，螟蜮恣中田。

风雨纵横至，收敛不盈廛。

夏日长抱饥，寒夜无被眠。

造夕思鸡鸣，及晨愿乌迁。

在己何怨天，离忧凄目前。

吁嗟身后名，于我若浮烟。

慷慨独悲歌，锺期信为贤。

诗人年逾五旬，饱经忧患，洞达世情。回首平生，曲折坎坷，艰难困苦，感慨良多。自念平生，年少时就立志为善，如今依旧僶俛（音敏免，意为勤奋努力），不敢有丝毫懈怠。青年时期（20多岁，弱冠之年），世道纷乱，30多岁，妻子病逝，家庭屡遭不幸，深感"天道幽且远，鬼神茫昧然"，为善为恶并无报应。归隐田园，又遇到"炎火屡焚如，螟蜮恣中田"，天灾屡降，气候反常，先是荒旱不已，螟蜮肆虐；接着又是狂风暴雨，铺天盖地，辛辛苦苦却颗粒无收，以致夏日挨饿，冬日饥寒，艰难困窘难以言表，只有以笔抒怀长歌当哭，期盼知己能理解我心伤悲。

飞　蝗

明·郭敦

飞蝗蔽空日无色，野老田中泪盈血。

牵衣顿足捕不能，大叶全空小枝折。

---

① 参见《山海经·大荒南经》。

② 参见《左传》（昭公二十四年）。

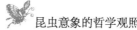

郭敦的诗是带血的呼号：飞蝗压境，遮天蔽日，老百姓苦不堪言，即便呼天抢地，拼命捕捉也是无济于事，只能眼睁睁看着整片庄稼化为乌有。

寓意诗（其一）

唐·白居易

婆娑园中树，根株大合围。

蠢尔树间虫，形质一何微。

孰谓虫之微，虫蠹已无期。

孰谓树之大，花叶有衰时。

花衰夏未实，叶病秋先萎。

树心半为土，观者安得知。

借问虫何在，在身不在枝。

借问虫何食，食心不食皮。

岂无啄木鸟，嘴长将何为。

园中果树枝繁叶茂，树干粗大，而小小的蠹虫侵入大树。蠹虫的身躯虽小，但它昼夜不息地蛀食树干。果树终于招架不住，花果凋零，叶子枯黄，树心也变成灰土。那可恶的蠹虫，不藏在树枝中，而藏在树干中。它不吃树皮，专门掏空树干。啄木鸟嘴儿虽长，但对蠹虫也是无可奈何。可见，在唐代，人们对钻蛀性昆虫的习性与危害状都已了如指掌。

清代蒲松龄的《蝗来》诗："禾头公然相牧牡，或言旬日遗虫生。"蝗虫在庄稼上交尾产卵的习性、经过10多天变成蝻（若虫）的生活史也得到生动准确的描述。

二、捕蝗灭害

捕　蝗

唐·白居易

捕蝗捕蝗谁家子，天热日长饥欲死。

兴元兵后伤阴阳，和气蛊蠹化为蝗。

始自两河及三辅，荐食如蚕飞似雨。

雨飞蚕食千里间，不见青苗空赤土。

河南长吏言忧农，课人昼夜捕蝗虫。

是时粟斗钱三百，蝗虫之价与粟同。

捕蝗捕蝗竟何利，徒使饥人重劳费。

一虫虽死百虫来，岂将人力定天灾。

我闻古之良吏有善政，以政驱蝗蝗出境。

又闻贞观之初道欲昌，文皇仰天吞一蝗。

一人有庆兆民赖，是岁虽蝗不为害。

据《旧唐书》记载，兴元年间，螟蝗蔽野，草木无遗，谷价上涨，人民饥馑欲死。这首诗即以此为背景而作。诗中认为兴元年间兵祸导致阴阳失调，蝗灾暴发是上天对君主长吏失政的告诫。

"惟太和元年，皇帝践阼，圣且仁，德泽为流布。灾蝗一时为绝息，上天时雨露。五谷溢田畴，四民相率遵轨度。事务澄清，天下狱讼察以情。元首明，魏家如此，那得不太平。"[1] 御用文人将"灾蝗一时为绝息"归结为皇帝"圣且仁"，显然是牵强附会。

长歌当哭，在白居易的《捕蝗》诗中，我们能够感受身为高官的儒家知识分子对于蝗灾的痛苦与纠结：既然有天人感应，那为何善政良吏无法感动上苍，如果大肆捕蝗，是否会伤及天地和气、阴阳调和？即便群策群力，昼夜捕蝗，却收效甚微。在白居易看来，"良吏有善政，以政驱蝗蝗出境"。课人捕蝗不是解决问题的办法，只有以善政驱蝗或许才是解决之道。

白居易的《捕蝗》中提到"文皇仰天吞一蝗"，指唐太宗吃蝗，是贤明君主与天下苍生同命运的政治表态。

唐朝刘叉在《雪车》诗中载："吾闻躬耕南亩舜之圣，为民吞蝗唐之德。未闻孽苦苍生，相群相党上下为蟊贼。庙堂食禄不自惭，我为斯民叹息还叹息。"饕餮一族的蝗虫自然是民生大患，而庙堂之上，那些贪官污吏更是国家的害虫，他们一边吃着国家的俸禄，一边蛀蚀着国家的栋梁，这与蝗虫又有何区别！

捕　　蝗

宋·郑獬

翁妪妇子相催行，官遣捕蝗赤日里。

蝗满田中不见田，穗头枥枥如排指。

凿坑篝火齐声驱，腹饱翅短飞不起。

囊提篙负输入官，换官仓粟能得几？

虽然捕得一斗蝗，又生百斗新生子。

只应食尽田中禾，饥杀农夫方始死。

郑獬的《捕蝗》生动再现了官民一致、男女老少齐上阵的灭蝗情景。在生产力落后的古代，人们不了解蝗虫危害的根本原因与发生规律，自然就没有办法有效治

① 出自缪袭《曹魏鼓吹曲》十二首。

理蝗虫，遇到蝗虫突发，只能使用树枝、扫把、铁锨等进行人工扑打，将蝗虫赶到挖好的沟内用土填埋。或用火焚烧，或者将蝗虫交到官府，换来微薄奖励。唐代还首次出现了一种不自觉地利用天敌灭蝗的记载，即利用雀群来吃掉蝗虫若虫。

次韵章传道喜雨

宋·苏轼

去年夏旱秋不雨，海畔居民饮咸苦。
今年春暖欲生蝝，地上蠕蠕多于土。
预忧一旦开两翅，口吻如风那肯吐。
前时渡江入吴越，布阵横空如项羽。
农夫拱手但垂泣，人力区区固难御。

……

从来蝗旱必相资，此事吾闻老农语。
庶将积润扫遗孽，收拾丰岁还明主。
县前已窖八千斛，率以一升完一亩。
更看蚕妇过初眠，未用贺客来旁午。

……

此诗写于熙宁八年（1075 年）夏日。"农夫拱手但垂泣，人力区区固难御。扑缘鬓毛困牛马，啖啮衣服穿房户。"蝗灾在宋代属于毁灭性农业灾害，一旦爆发，就会出现蝗飞蔽天、蝗虫成阵、凛不可挡、田禾俱尽、牛马惊惶、连室内的衣服也无法幸免，蝗灾甚至导致人食人的悲惨景象。

在组织百姓捕蝗的过程中，苏轼经常和老农交谈，向他们请教有关农作知识。老农告诉他，从来"蝗旱相资"，如果天降甘霖，旱情解除，蝗虫就会大批死亡。而且，只要过了桑蚕初眠的季节，蝗虫就不再生长。他们还说境内的常山祷雨最灵，往往有求必应。所以，次年春四月，在干旱最为严峻的时刻，苏轼淋浴焚香，举家斋戒，前往常山虔诚礼拜。

和赵郎中捕蝗见寄次韵

宋·苏轼

麦穗人许长，谷苗牛可没，
天公独何意，忍使蝗虫发。
驱攘著令典，农事安可忽。
我仆既胼胝，我马亦款砣。
飞腾渐云少，筋力亦已竭。
苟无百篇诗，何以醒睡兀。

初如疏畎浍，渐若决澥渤。

往来供十吏，腕脱不容歇。

平生轻妄庸，熟视笑魏勃。

爱君有逸气，诗坛专斩伐。

民病何时休，吏职不可越。

慎无及世事，向空书咄咄。

这首诗是熙宁九年（1074 年），苏轼在山东密州所作。"麦穗人许长，谷苗牛可没。天公独何意，忍使蝗虫发。"农人辛辛苦苦种下庄稼，好不容易看到丰收在望，可是苍天无眼，容许蝗虫爆发！读这些蝗虫诗，我们熟悉的睿智风雅、洒脱飘逸的苏东坡好像不见了，对于个人荣辱，苏轼"莫听穿林打叶声，何妨吟啸且徐行"，显现出淡定旷达的气度，而面对民生多艰，苏轼无法抑制内心的焦虑、忧伤与愤懑，他身先士卒，四处奔走组织百姓一起捕蝗，体现出民胞物与的热忱与悲天悯人的情怀。

雪后书北台壁二首（其二）

宋·苏轼

城头初日始翻鸦，陌上晴泥已没车。

冻合玉楼寒起粟，光摇银海眼生花。

遗蝗入地应千尺，宿麦连云有几家。

老病自嗟诗力退，空吟《冰柱》忆刘叉。

苏轼在密州的两年，蝗旱之灾持续侵扰着这片贫瘠的土地。苏轼长时间地处于忧心如焚的状态，无时无刻不盼望着瑞雪甘霖，因此在他的诗中也就非常自然地流露出对每一场雨雪的关注。城墙上，朝阳升起，鸦群躁鸣，雪泥满路，车来人往，行进艰难。大雪纷飞，天寒地冻，冻得两肩紧缩，浑身起鸡皮疙瘩，雪光闪耀，让人两眼昏花。这时候，他像"可怜身上衣正单，心忧炭贱愿天寒"的卖炭翁一样，即便冷得直打战，也希望大雪来得更猛烈一些，希望大雪将残留未灭的蝗虫埋入地下千尺，虫灾消解，让老百姓得以喘息。

明代科学家徐光启收集整理了战国以来 2000 多年的蝗灾资料，写出呈给皇帝的上表《除蝗疏》。徐光启发现，2000 年以来，151 次蝗灾发生的时间多在夏季炎热时节，而且蝗灾大多发生在河北南部、山东西部、河南东部及安徽、江苏北部。可见，蝗灾频发与这些地方湖沼密布有关。徐光启将蝗虫发生分为三个阶段并相应地提出了不同的防治方法。第一阶段，对"蝗虫卵""集众扑灭"，尤其要利用冬闲时挖除蝗卵，压低虫口基数；第二阶段，蝗卵已化为蝻时，到处跳跃，可用"开沟捕打"的办法；第三阶段，当蝻化为成蝗时，就要组织人力用绳网兜囊等捕杀。

此外，在"备蝗杂法"中，徐光启又提出了改变作物结构，种植蝗虫不食的作物如豆类、麻类、芝麻、薯蓣等；改旱地为水田；加强田间管理，实行秋耕破坏虫卵等农业防治方法[6]。

清代蒲松龄的《捕蝗歌》："我前建蝗策，顺风熏烟瓶。行者已有效，高渺胜旗旌。"则进一步提出用烟熏杀蝗，比单纯挂布片吓唬、驱逐蝗虫的效果好得多。

三、治蝗新篇

我国古代主要靠人力对抗蝗虫，以驱赶、捕捉、火烧、填埋等方式对付蝗虫，还提出通过挖掘蝗虫的卵的方式，达到减轻蝗虫数量的目的。虽然这些措施时常是事倍功半，无法从根本上解决问题，但这些做法为后来改造飞蝗发生基地、根治蝗害提供了很好的启示[7]。

我国在20世纪50年代提出了"改治并举"根治蝗害的方针："改"就是改造蝗虫发生基地：通过拦洪蓄水、疏浚河道，改造飞蝗发生地，使其不再适合飞蝗产卵孳生。同时，在不妨碍拦洪蓄水的原则下，开垦荒地，种植水稻，推行豆、棉、芝麻等经济作物轮作，结合深耕细作抑制飞蝗的生长和繁殖，压低飞蝗种群数量。"治"就是化学农药与生物"农药"配合使用：从国外引进蝗虫的天敌，经过人工扩繁，在蝗虫的发生基地释放，使之建立种群，成为蝗虫的自然控制因素。例如，我国从美国引入蝗虫专性寄生的原生动物（蝗虫微孢子虫），经人工大量繁殖后，释放到田间，蝗虫取食后即可感病死亡，而且该病可以在蝗虫种群中传播流行，成为蝗虫的长期控制因素。我国用蝗虫微孢子虫防治草原蝗害和农田飞蝗蝗害近900万亩，取得了良好的社会、经济和生态效益[8]。

传统的火烧、土埋、捕捉、五色旗恫吓等终归是扬汤止沸，无济于事。只有多元并举，综合治理才是控制蝗害的根本措施。当然，蝗虫属于迁飞性害虫，蝗害的有效治理还须借助现代信息技术，如地理信息系统、全球卫星定位系统和遥感技术应用于蝗虫动态监测，从而提升虫情测报和防治决策水平。

其实，只要种群得到控制，蝗虫本身也是一种重要的生物资源，蝗虫具备食用、药用、饲用价值。因此，在压低蝗虫基数的情况下，合理开发利用蝗虫生物资源，即可达到化害为利、化干戈为玉帛的目的[3]。

参 考 文 献

[1] 陈永林. 蝗虫与蝗灾. 生物学通报，1991，11:9-10.

[2] 史树森. 昆虫家族. 长春：吉林出版集团有限责任公司，2010.

[3] 昆虫与人类的关系.http://www.kepu.net.cn/gb/lives/insect/lepidopter/lpd1103.

[4] 陈智勇.先秦时期的昆虫文化.安阳师范学院学报，2010，1:63-67.

[5] 彭亚萍.蝗诗与蝗虫文化.南通航运职业技术学院学报，2008，7（2）:51-53.

[6] 夏经林.中国古代科学技术史纲:生物卷.大连:辽宁教育出版社，1996.

[7] 陈永林.改治结合——根除蝗害的关键因子是水.昆虫知识，2005，42（5）:506-509.

[8] 张龙.蝗虫的治理.大自然，2001，5:30.

第九节　蚂蚁意象

蚂蚁（图 2-9）属膜翅目，蚁科。蚂蚁的种类繁多，世界上已知的有 9000 多种，属 21 亚科 283 属，我国已鉴定的蚂蚁种类有 600 多种。

一、区区蝼蚁

在大多数人心目中，蚂蚁是渺小、纤弱、无奈甚至凄零的代称。例如，苏轼说"五月行人如冻蚁"。与蝴蝶、萤火虫、蝉相比，渺小的

图2-9　蚂蚁

蚂蚁在诗中亮相的机会寥寥无几，即便出现也大多是起陪衬作用。

迁居临皋亭

宋·苏轼

我生天地间，一蚁寄大磨。

区区欲右行，不救风轮左。

虽云走仁义，未免违寒饿。

剑米有危炊，针毡无稳坐。

岂无佳山水，借眼风雨过。

归田不待老，勇决凡几个。

幸兹废弃余，疲马解鞍驮。

全家占江驿，绝境天为破。

饥贫相乘除，未见可吊贺。

澹然无忧乐，苦语不成些。

"我生天地间，一蚁寄大磨"：小小的我就好像渺小的蚂蚁在大磨间爬行，一旦"大磨"转动，蚂蚁的境况可想而知。"区区欲右行，不救风轮左。"《晋书·天文志》称周髀家云："天旁转如推磨而左行，日月右行，随天左转，故日月实东行，而天牵之以西没。"蚂蚁行磨石之上，磨向左旋转，而蚁右去，磨转动的速度快，而蚂蚁的行动迟缓，因此，蚂蚁就不得不随磨向左转。"风轮"出自佛家《俱舍论》说，世界最下层为"风轮"，依虚空住而旋转。在此，朝廷的趋向就好比"风轮"（天磨）左行，而自己的志向好似蚂蚁欲右行，显然，区区蚂蚁是无法抵挡天磨转动的，面对残酷的现实，诗人只能发出无奈的慨叹。诗人志行仁义，不仅逃不脱饥寒，还时常担惊受怕、身不由己。放眼河山，如风雨飘忽，世事无常，亦难惬心。何不仿效陶渊明，弃官归田，虽不免饥寒，但与家临胜境相抵，还是值得。看来得失荣辱之间，只有淡然处之，才能获得安乐。

客舍苦雨即事寄钱起郎士元二员外

唐·卢纶

积雨暮凄凄，羁人状鸟栖。

响空宫树接，覆水野云低。

穴蚁多随草，巢蜂半坠泥。

绕池墙藓合，拥溜瓦松齐。

旧圃平如海，新沟曲似溪。

坏阑留众蝶，欹栋止群鸡。

莠盛终无实，槎枯返有荑。

绿萍藏废井，黄叶隐危堤。

闾里欢将绝，朝昏望亦迷。

不知霄汉侣，何路可相携。

这是一首反映唐代举子生存状态的诗作：黄昏时分，狂风骤雨，摧枯拉朽，地上积水横流。赶考的举子（客居他乡的行人）就像飞鸟一样惶恐，而蚂蚁与蜜蜂的境况就更加凄凉。"穴蚁多随草，巢蜂半坠泥"，蚁穴被大雨冲散在草丛中，蜂巢泡水零落成泥，"蚁"犹如此，人何以堪？！应试举子背负着十年寒窗的艰辛与光宗耀祖的梦想，跋山涉水，去往厮杀的考场。这期间，不知有多少风霜雨雪，悲欣交集。

我们经常形容一件容易的事情就像捻死一只蚂蚁，人们也常说"蝼蚁之命，何足挂齿"，"蚍蜉撼大树，可笑不自量"，在韩愈的诗中，蚍蜉（一种大蚂蚁）试图撼动大树，实在是不自量力。

二、小蚁大能

观蚁二首（其一）

南宋·杨万里

偶尔相逢细问途，不知何事数迁居。

微躯所馔能多少，一猎归来满后车。

（其二）

一骑初来只又双，全军突出阵成行。

策勋急报千丈长，渡水还争一苇杭。

　　杨万里的《观蚁二首》是少有的聚焦蚂蚁的诗作。第一首大约是观察蚂蚁搬家的感言：蚂蚁终日忙忙碌碌，疲于奔命，但两蚁偶尔相逢，仍要停下脚步，以触须代口，细细盘问路途情况，谨慎戒备的紧张心态表露无遗。诗人于是发出这样的感慨：蚂蚁常常搬家，到底所为何事啊，小小的身体能吃掉多少，何必要猎取储备这么多食物。

　　第二首是观察蚂蚁全体集合的"军事"行动：蚂蚁排成整齐的队伍浩浩荡荡向前方进发，前方急报，河水高涨，要想渡河，就只有以芦苇当船。

　　"蚂蚁没有元帅，没有长官，没有君王，尚且在夏天预备食物，在收割时聚敛粮食。"[①] 蚂蚁社群的合作与顽强令人击节叹赏。

　　诚然，蚂蚁的个体是脆弱的，但群体力量不容小觑，蚂蚁几乎完全没有视觉，或者最多能看一两英寸[②] 远。但它们凭借严密的组织纪律与精妙的团结协作，创造了动物界一系列令人叹为观止的"世界纪录"。

　　蚂蚁掌控着位于它的腹部入口处一个非同寻常的小口袋，这里有蚂蚁分泌的蚁酸、蚁茎之类的传递信息的气味物质，这种物质就是他们同心协力的信息导引。这种化学信息物质解释着蚂蚁的心理状态和道德伦理，解释着蚂蚁群体的壮举[1]。组织起来的蚂蚁能做许多让我们意想不到的事情。1829 年，英国派驻印度的一位陆军军官，首次发现蚂蚁会种植庄稼和收获粮食。每年它们都把大量的种子叼入巢内，待种子萌发后，就搬出巢外让它们在周围的土地上扎根生长。待植物成熟结了籽它们便开始收获，把种子搬入巢内作为粮食贮藏起来。

　　有一种蚂蚁叫切叶蚁，是种植菌类的专家。它们先用树叶制造肥料，用大颚把树叶切割下来，高举在头上，排成长队回巢，活像是一队举着战旗凯旋的战士。回巢后把树叶嚼碎，掺进唾液，施用在地下专门培养真菌的苗圃中。由于唾液中

---

① 出自《圣经·箴言 6:6-9》。
② 1 英寸 =2.54 厘米。

含有抗生素，而这种抗生素对其他所有杂菌都有抑制作用，唯独对它们培养的真菌无害，所以它们的苗圃从来不会"杂草丛生"，这比人类的除草剂要高明得多。真菌的子实体就是蚂蚁的美味食物。一个庞大的切叶蚁群体能够达到 800 万只。切叶蚁的巢穴可以深达 8 米，巢穴内自然通风，有效避免了有害病菌和疾病在地下城市的传播。

纺织蚂蚁可用树叶建巢。蚂蚁首先要选择 2~3 个叶片，然后把叶片连接起来。蚂蚁排着队，在一片树叶边缘上找好它们的位置，总共需要 100 来只蚂蚁稳稳当当地把树叶举起来，它们用上颚牙齿咬住相邻的树叶。如果它们不能直接接触，它们就脚爪互相连接，形成若干个活的链条或者桥梁，一只蚂蚁咬住相邻的叶柄，在蚂蚁的后胸与腹部之间，蚂蚁的大牙咬得如此之紧，直到能够抓住其他的叶片，然后连接起来。

放牧蚂蚁。蚂蚁放牧蓄养的"奶牛"是蚜虫。晚上它们把蚜虫放到树上，白天赶回来。蚜虫吸食植物的汁液，产生带有甜味的粪便 —— 蜜露。蚂蚁"挤奶"时，用触角轻轻敲打蚜虫的腹部，蚜虫就分泌蜜露。在野外，蚂蚁负责保护自己的"奶牛"，遇到别的天敌攻击，蚂蚁就群起抵抗。秋末，蚂蚁还会把蚜虫搬回巢中过冬，初春再搬出来。

在墨西哥南部的高山森林中发现了一种蚂蚁。它们居然懂得圈养和放牧一种罕见的蝶类幼虫，目的是取食它们身上的一种分泌物。这种蝶类幼虫以植物的嫩叶为食，牧蚁把成群的蝶类幼虫圈养在蚁洞中，每天晚上都把这些幼虫驱赶到寄主植物的顶叶上。为了安全起见，每次放牧之前，蚂蚁总是先到寄主植物上把甲虫、蜘蛛等蝶类幼虫的天敌全部杀死或赶走。拂晓时，它们又把蝶类幼虫赶回地面的洞穴中，然后用小泥丸把洞口堵住，并留下若干蚂蚁守候。在蝶类幼虫发育期间，蚂蚁们恪尽职守，尽到保护的"职责"，直到蝴蝶羽化，它们才放心地离开。更有趣的是，这种罕见的蝶类幼虫如果失去了蚂蚁的保护，即使把它们放在最适宜的寄生植物上，也不会有任何一个幼虫能活过几个小时。

能够从事农作、培菌、放牧等复杂的组织行为[2]，说明蚂蚁具备学习能力。为了生存，蚂蚁勇于去做一些尝试，当它们确认这种行为对种群有益的时候，就会通过信息素教授给同类，并形成代代相传的原始记忆。蚁后寿命很长，有足够的时间学习并积累经验。

研究证明，蚂蚁有着很强的几何能力，它能感觉出多个角度间的差异而选择一条正确的路径。因此，蚂蚁在自己的领地上从来不会发生"交通堵塞"。很多蚂蚁都能学会走迷宫，在具有一个错误的转弯的迷宫中，它能够找到正确的道路，显示出高度的记忆、学习和改正错误的能力。蚂蚁的计算本领也十分高明，一位英国科学家做过一个有趣的实验：他把一只死蚱蜢切成三块，第二块比第一块大一倍，第三块比第二块大一倍。在蚂蚁发现这三块食物40分钟后，聚集在最小一块蚱蜢处的蚂蚁有28只，第二块有44只，第三块有89只，蚂蚁的数量与食物的重量直接成正比，聚集在较大一块食物上的蚂蚁的数量差不多正好比较小的一块上的多一倍！

三、蚂蚁上树

独　酌

唐·杜甫

步屧深林晚，开樽独酌迟。

仰蜂黏落絮，行蚁上枯梨。

薄劣惭真隐，幽偏得自怡。

本无轩冕意，不是傲当时。

日暮时分，穿着草鞋漫步于密林深处，不时停下脚步，打开酒樽自斟自饮。看见翻仰在地的蜜蜂身上沾黏着落絮，成行蚂蚁爬上枯干的梨树。我（诗人）因才疏学浅而被弃乡野，本无意做个隐士，但隐居在幽静的僻壤，流连山水，正好自得其乐；我本无意居官显要，隐居草野并非自诩清高。

"行蚁上枯梨"，蚂蚁在枯梨树上爬来爬去，当然不是闲逛，它们是在寻找食物，而这些食物大多是植物的害虫。"一年好景君须记，正是橙黄橘绿时。"[1] 当我们品尝香甜柑橘的时候，恐怕不会想到，这里也有蚂蚁们的默默奉献。黄猄蚁就是柑橘的忠实卫士。早在1000多年前的晋代，嵇含的《南方草木状》与唐代刘恂的《岭表录异》就有类似记载："岭南蚁类极多，有席袋贮蚁子窠鬻于市者。蚁窠如薄絮囊，皆连带枝叶，蚁在其中，和窠而卖之。有黄色大于常蚁而脚长者，云南中柑子树无蚁者，实多蛀，故人竞买之以养柑子。"意为：交趾人用席囊储存蚁，在市上出卖。蚁巢像很薄的棉絮，连着树枝小叶，蚁在巢中，连巢一起卖出。蚁是赤黄色，比一般蚁大，南方柑橘树上如果没有这种蚁，果实就会被许多蛀虫（蠹虫）损伤，没有一个完整的了。

《南方草木状》不仅记载了黄猄蚁的分布、形态，还记载了蚁巢结构、分类特征和防治对象。这是世界上最早，也是最著名的关于生物防治的记录。在国外，直到18世纪才有生物防治的记录。黄猄蚁食量大，一棵柑橘树只要有了一巢黄猄蚁，就基本可以有效地抑制虫害的发生。果农还用树枝、竹片在树与树之间架桥，便于黄猄蚁的巡逻护卫。到现在我国南方一些柑橘园还利用黄猄蚁防治害虫，以

---

[1] 出自宋·苏轼《赠刘景文》。

虫治虫，既经济、省力，又符合生态环保，可谓一举多得。

蚂蚁是许多害虫的天敌，一群蚂蚁一天能消灭 2 万只害虫，一个夏天就可以消灭 100 万只害虫。蚂蚁每天都在致力于清理地球废弃物的工作。蚂蚁还能为多种植物传粉，特别是一些小型花朵的植物（如兰科植物）。蚂蚁的穴居生活可以改善土壤结构，增加土壤肥力。此外，蚂蚁还是一座微型营养库。蚂蚁体内含有 70 多种营养成分，蛋白质含量高达 42% ～ 69%，28 种游离氨基酸，还有多种微量元素。蚂蚁还是一种天然药物，药理实验表明，蚂蚁具有抗炎、平喘、镇静、护肝、解痉、镇痛、养颜和增强人体免疫功能等作用。早在明朝时期，李时珍在《本草纲目》中就有用蚂蚁治病和食疗的记载，我国很多地方早有食用蚂蚁的习惯。

四、蚁有"义"举

蚂蚁社会堪称母爱的共和体。虽然除了女王蚂蚁和少数雄性蚂蚁之外，所有的蚂蚁都是处女和不育的，但是它们的母爱却感人肺腑，每一只工蚁都顽强地履行它的责任，造福于种群。科学家曾经观察到一个失去了肚子的"工蚁"仍然会竭力去保护一个蚂蚁蛹，即便切掉它的两条后腿，仍然不能迫使它放弃蚂蚁蛹，它靠着剩下的四条腿行走，身后拖着它的内脏，仍然坚定地寻找着它的回家之路，直到把蚂蚁蛹或者幼虫安然送回到社区[2]。

湖北省随州广水市西原应山县城南郊，应山城关南门外有座石拱桥，名为"渡蚁桥"。原来应山县城南门外有一条濠沟，来往的行人到这里都要涉水才能到对岸。相传北宋仁宗年间，由安陆进京赶考的书生宋庠经过这里，看见一群蚂蚁正被流水从上游冲下来，宋庠见此，动了恻隐之心，顺手捡了一把茅草铺在水面上，让蚂蚁顺着茅草爬到了对岸。几天后宋庠进场应考，他文思敏捷，一挥而就，很快就做完了试卷。正准备上交时，忽然发现试卷上爬着一只蚂蚁，他顺手将蚂蚁拂去，不一会儿那只蚂蚁又爬在试卷原来的地方一动不动。宋庠感到好奇怪，当他再次检查试卷准备上交时，不由大吃一惊，原来自己一时疏忽，将前人"敦万骑于中营，方玉车之于乘"中的"玉"字，少写了一点而误写为"王"字，宋庠吓出一身冷汗，立即改正了这个字。后来宋庠中了头名状元。为了报答蚂蚁的"补点"之恩，宋庠在当初蚂蚁过河的地方修了一座桥，名为渡蚁桥[3]。

古代另一则蚂蚁报恩的故事见于《古小说钩沉》与《艺文类聚》。故事梗概是：富阳县董昭之乘船过钱塘江时，看见江心有一只蚂蚁，爬在一片短芦苇上十分惶恐，董昭之不顾船中人竭力反对，执意用绳系住芦苇，把蚂蚁安然带到岸上。当晚，董昭之梦见一个穿黑衣的人带着几百个随从前来道谢，说自己是虫王，君若有难必前来相救。10 多年后，董昭之被劫盗案牵连入狱，忽然想起蚁王之梦，便取几只蚂蚁在手上祷告，晚上就梦见黑衣人前来告知：赶紧到余杭山，天子将大赦天下。醒来，蚂蚁已经将其枷锁啮开，董昭之出狱后，到余杭山，果然遇难成祥。

在福建也有蚂蚁报恩的故事：清朝福建全省士子的科举考场称贡院，位于今福建鼓东街道湖东路一带。贡院前有一个小巷叫"能补天"[4]。这独特的地名来源于一段传奇故事。据传，约在清代中期，浦城县有一位寒士名邝继聪，很有文才，那年来榕参加乡试（省考），由于家境贫寒住不起大客栈，就租住在离贡院较近的"广丰境"小客店。有一天，天降暴雨，满地积水，只见地上一群蚂蚁在水中挣扎，邝继聪顺手扔下一根竹枝，蚂蚁得救。考试期届，邝继聪入贡院会试。主考官连夜阅卷，当拆开试卷后，发现邝继聪文采飞扬，再详细一看，主考官摇头连呼：可惜！原来试卷中有一"天"字，上面却少了一横，"天"字变成"大"字。按旧考制，再好的文章，如有笔误一律不予录取，于是就把此卷列为废卷。但考官很欣赏他的文章，又把邝继聪的试卷提出，奇怪！发现"大"字没了，现出完整的"天"字。仔细察看，原来是蚂蚁为他添上一笔，将蚂蚁抹去，还是"大"字，只好又把试卷搁置一旁。次日，主考官又拿出邝继聪的试卷，意想不到的是，蚂蚁又把"天"上的一横补上，考官颇为疑惑，便传邝继聪前来查问，邝继聪这才记起救蚁之事，如实禀告。考官见邝继聪的文章与人品上佳，而且蚁能补天，此乃天意，就录邝继聪为举人。就这样，邝继聪所住的地方就叫"能补天"。

这些蚂蚁报恩的故事，生动阐释了"莫因善小而不为""遇难当助、知恩当报""善有善报"的传统理念。中国人给蚂蚁冠以"义"名，确实是对蚂蚁的最高礼赞。

五、道在蝼蚁

我有一次被仇敌追逼，不得已藏匿在一所破屋中，我在那里枯坐了几个钟头。那时我万念俱灰，在绝望中，我看见一只小小的蚂蚁，背着比它大数倍的谷粒，尽力向墙上拖。我曾数过，它跌下来了69次；可是它并不气馁，第70次它到达了高墙的顶上，我终身不能遗忘这无声的教诲。[6]

小小的蚂蚁体现出不屈不挠、锲而不舍的精神，堪称励志的楷模。我们或许难以想象，小小的蚂蚁竟能"举"起一块比自身重52倍的小石头并把它搬出洞外，科学工作者甚至发现，蚂蚁所能拖运物质的重量，最重时竟然可以超过自身体重的100倍！而体重约3吨的大象，能拖动的最大重量仅仅是自身重量的5倍。蚂蚁力大无穷，源于蚂蚁脚爪里的"肌肉发动机"。"发动机"由几十亿台微小"发动机"组合而成，它们能把化学能直接转变为机械能，一般生物化学能需要经过伴随发热的氧化分解转化为动能，而热能至少会消耗一半的化学能，蚂蚁省了热能消耗，发动机的效率自然高多了[2]。

　　"千里之堤，溃于蚁穴"①，这里的蚁应该是指白蚁，白蚁与蚂蚁不是同类，白蚁是等翅目，而蚂蚁属于膜翅目。千里长的大堤，往往因小小蝼蚁而崩溃。可见，"小"与"大"之间的辩证转化往往惊心动魄，告知我们"欲制物者于其细"的哲理。

　　蚂蚁其重不足毫克，却是昆虫界的大力士，小小的身躯凭借精妙的组织协调机制，汇聚成巨大的力量。大与小、强与弱、个体与种群、适应与超越、利己与利他、施舍与图报、动物本能与后天习得……这看似矛盾的一切，居然在小小的蚂蚁身上达到完美的辩证统一。从东方到西方，蚂蚁的寓言与励志故事脍炙人口、深入人心。"俯下身子看蚂蚁，就可以得到智慧"②，蚂蚁以其至轻的身躯告诉我们至重的人生哲理：团结起来力量大，生命因相互拥有而精彩。

参 考 文 献

[1] 莫里斯·梅特林克. 花的智慧. 潘灵剑译. 哈尔滨：哈尔滨出版社，2004.

[2] 程宝绰，王振华. 小学生必读书库 —— 昆虫世界的奥秘. 北京：知识出版社，1995.

[3] 渡蚁桥. http://baike.haosou.com/doc/6034006-6247009.html.

[4] 能补天巷. http://baike.baidu.com/view/7861682.html.

[5] 丽蒂·伯德. 荒漠甘泉. 陈刚译. 北京：中国广播电视出版社，2011.

---

　　① 出自《韩非子·喻老》。
　　② 出自《圣经·箴言 6:6》。

第三章　昆虫价值论

自然不仅是科学的源泉，也是诗、哲学与宗教的源泉。

——〔美〕哲学家霍尔姆斯·罗尔斯顿

一只实际存在的苍蝇比一只可能存在的天使更重要。

——〔美〕作家爱默生

如果我们能够和一只蚊呐交谈，我们会认识到它们以同样的尊严在宇宙中飞行。

——〔德〕哲学家尼采

蜜蜂也赋有一种神圣的能力和部分神圣的心灵；因为弥漫整个物质的上帝，遍在于大地、海洋和天空深处。因此，人和牲畜，牧人和野兽，在出生时全部承受了有灵气的生命，一切都投向苍穹，驻留在自己专有的星座上。当其解体时刚又返回上帝这里，没有死亡，一切都是不朽的。

——〔美〕约翰·托兰德《泛神论要义》

　　"价值"是一个类名词，它可以作为任何有正面意义的谓语。也就是说，任何对人类有正向意义的事物，都可以认定为价值。根据霍尔姆斯·罗尔斯顿的论述，自然有 8 个方面的价值：经济价值、生命支撑价值、消遣价值、科学价值、生命价值多样性与统一性价值、稳定性与自发性价值、辩证（矛盾斗争）价值与宗教价值 [1]。

　　根据价值理论，价值既是客观的存在，也是主观的反映。一方面，主观价值以客观价值为基础，是对客观价值的反映，客观价值决定和制约着主观价值，主观价值围绕客观价值上下波动；另一方面，主观价值具有一定的相对独立性，可以对客观价值产生一定程度的反作用（对客观价值的诱导、强化或限制）[2]。昆虫的客观价值主要体现在经济价值、生态价值、科学价值三方面；主观价值包括文化符号、审美、旅游休闲与生态教育价值等。

　　自然（昆虫）的价值也可以分为直接价值与间接价值两个方面。直接价值是人类赖以生存的各种生命资源的汇集和未来农林业、医药业发展的基础，为人类提供了食物、能源、材料等基本需求，如产丝、食用、饲用、药用、工业原料等；间接价值是指昆虫维系生态系统的功能，如生态支持、授粉、环保、生物防治等，生态价值是科学创造的源泉、文化创建的根本。人类文化的多样性很大程度上起源于生物及其环境的多样性。

　　自然不仅是一个包罗万象的生命基因库，也是内涵深刻的文化基因库。自然不仅是科学的源泉，也是诗、哲学与宗教的源泉 [1]。那些飞鸟虫鱼、奇花异草，都能给予我们非常深刻的教育。这种价值虽由我们感觉到的自然表象所引发，但却不在这些表象本身，而是深藏于这些表象的背后。我们只有努力寻求自然现象所指向的真实，寻求具体事物所体现的普遍规律，才会发现这种价值 [1]。

　　昆虫的经济价值是显性的，生态支撑与文化价值是隐性的。已经被人类意识到的价值是显性的，而那些"深藏于这些表象的背后"意味深长的隐喻，应该是隐性而深远的价值。

第一节　直接价值

　　资源昆虫是指昆虫产物、虫体本身或昆虫行为可直接或间接产生经济价值或药用价值，满足人们对某种物质的需求或精神享受的一类昆虫。例如，蚕、蜜蜂、白蜡虫、五倍子蚜虫、紫胶虫等都是著名的资源昆虫 [3]。

一、经济价值

　　蚕丝是我国古代早期发明之一，是我国传统的重要出口商品，据历史考证，约在 5200 年前，中国人就开始养蚕并用蚕丝纺织制衣。我国对白蜡虫的利用始于 13 世纪，对紫胶虫的利用最早记载于张勃（265—289）的《吴录》中 [2]。

食用与饲用昆虫：主要指蛋白质含量高，营养丰富，无异味、无毒副作用的昆虫。我国食用昆虫的历史非常悠久，尤其在少数民族地区，食用昆虫的习俗由来已久。据统计，全世界有 3650 种昆虫可供人类食用 [3]。

药用与保健：昆虫含有丰富的蛋白质（20%~70%）、氨基酸（30%~60%）、脂肪酸（10%~50%）、糖类（2%~10%），以及微量的激素、矿物质、维生素等对人体有保健作用的活性物质 [4]。昆虫所含的脂肪，大多是不饱和脂肪酸，对降低血脂和改善血液循环有诸多裨益。昆虫还有大量有益于人类的微量元素，如蚂蚁含有铁、铜、锌、锰、硒等多种微量元素，其中含锌量约为猪肝的 2 倍，蚕蛹的含铁量约为大豆的 4 倍。

蚕蛹含有 18 种氨基酸，其中多种为人体所必需的铜、铁、锌、硒等微量元素。另外，蚕蛹中还含有比普通肉、蛋类高 10 倍的胡萝卜素、核黄素等，是独特的滋补佳品。蝗虫含丰富的蛋白质、氮基酸，还含有人体所必需的多种活性物质，如腺苷三磷酸、辅酶 Q 及几丁质等，具有降压减肥、降低胆固醇等作用。

昆虫蛋白资源不仅可以作为食品，还是一种上好的饲料。蛆（家蝇类幼虫）不仅可以养鸡、鱼、猪等家禽、家畜，还可以制成饲料添加剂，其营养价值完全可以与鱼粉相媲美。

二、药用价值

我国地域广阔，物产丰饶，药用昆虫资源十分丰富，以昆虫入药，治疗疾病的历史悠久。《诗经》中就有蜂、蚕入药的记载。2000 多年前的《神农本草经》中记载药用昆虫 21 种，《名医别录》中又增加了原蚕、土蜂、大黄蜂、白蜡、芫菁、蜻蛉、桑蠹虫及夜行虫等 8 种。明朝李时珍在《本草纲目》中记载虫药 74 味。此外，《本草纲目拾遗》《名医别录》《伤寒杂病论》《金匮要略》《时后方》《千金方》《外台秘要》《本草衍义》等医学著作均记述了当时应用的虫药种类，并对其形态、药性、功效，以及采集加工方法、收采季节等方面进行描述与讨论 [5]。

1953 年出版的《中华人民共和国药典》中记载药用昆虫和产品 10 种，列入《中药志》的药用昆虫有 18 种，后经系统整理研究，列入《中国药用动物志》中的药用昆虫有 143 种。由此看来，我国有文献可考的药用昆虫达到 200 多种。1999 年出版的《中国药用昆虫集成》（蒋三俊编）列出药用昆虫 14 目 69 科 239 种，收入古今药方 1700 余篇。

药食同源、以毒攻毒是中医的重要理论基础，在医药、保健领域广泛采用的

药用昆虫有冬虫夏草、蟑螂、斑蝥、九香虫、螳螂等。蟑螂等昆虫富含抗菌肽。这些抗菌肽能增强人体免疫力，抑制肿瘤细胞和肝炎病毒。昆虫体内和虫卵中还含有一些类脂物质，其中磷脂就具有加强记忆力、降血脂、预防心血管疾病、防止和治疗脂肪肝与肝硬化、延缓机体衰老等功效。

近年来，对昆虫毒素的研究也取得长足进步。应用较广的昆虫毒素类物质有以下几类：蜜蜂毒素可用于结缔组织病，如风湿及类风湿关节炎、红斑狼疮；变应性疾病，如哮喘、肠炎及结肠炎，以及心血管系统疾病，如高血压、脉管炎等；斑蝥素对小白鼠水肿及细胞肉瘤有抑制作用，对原发性肝癌、乳腺癌、食道癌及肺癌有一定疗效；蟾蜍毒素可以解毒、消肿、通便，用于治疗疮疡肿毒、痔疮、便秘等；青腰虫素和蚁类毒液具有不同程度上的抗菌、抑癌、驱虫作用；蟑螂提取物 AF2 可治疗原发性肝癌；独角仙对实体瘤（如 W-256 癌瘤）有较高的抑制活性。此外，蚂蚁、蜜蜂和胡蜂等体内也发现了抗癌活性成分[6]。

几丁质又名甲壳素、甲壳质，被欧美学术界认为是继蛋白质、脂肪、糖类、维生素、无机盐之后的第六生命要素，是一类重要的功能性因子。几丁质及其衍生物具有良好的保健功能，如对消化系统的保护、减肥和去脂、高血压的治疗与预防、增强免疫功能、延缓衰老等。昆虫生殖速率高、生物量大、分布广泛，堪称天然食品与药品的宝库，开发与应用前景广阔[7]。

随着现代生物技术的不断发展，以及对昆虫学、药理学等研究的不断深入，我国药用昆虫的研究取得了较大进展，特别在拓展药用资源谱方面有了重大突破：对土鳖虫、五倍子蚜、紫胶虫和冬虫夏草等药虫进行人工饲养或扩大繁殖；对药用昆虫的有效化学成分及药理研究也取得重要进展，明确与分离出多种昆虫体内的活性物质、激素、毒素等；合成部分活性物质如斑蝥素等，并已能用部分药理相似的化学物质（如去甲斑蝥素、斑蝥酸钠、羟基斑蝥胺和蜂针素、蜂肤等）来代替剧毒或副作用较大的昆虫活性物质（如斑蝥素和蜂毒等）。

昆虫还能分泌丰富的激素类物质，其中就有丰富的信息素（种间信息素）。性诱剂作为害虫综合防治的有效手段，已进入实际应用层面。

昆虫茶饮。苗族人利用谷雨前后采集的当地野生苦茶叶或化香树、糯米藤等野生植物的鲜嫩叶，经过自然发酵、腐熟，散发出扑鼻的清香气息，引诱化香夜蛾前来产卵。10 多天后，夜蛾幼虫便破卵而出，一边蚕食着腐熟清香的叶子，一边排泄着"金粒儿"。收集这些夜蛾幼虫的"金粒儿"（粪便）剔除残梗败叶，晒干过筛，加工后就得到有独特药理与保健功效的"化香蛾金茶"，即"虫茶"。

虫茶茶饮馥郁甘洌，醇香沁人心脾，有清热解毒、健脾养胃、帮助消化、顺气解表的药用价值，早在明朝李时珍的《本草纲目》中就有记载。据说从乾隆年间起，虫茶就被作为向朝廷进贡的珍品。蚕砂与虫茶类似，是家蚕的粪便，是祛风除湿、镇静止痛之良药[8]。

参 考 文 献

[1] 霍尔姆斯·罗尔斯顿. 哲学走向荒野. 刘耳，叶平译. 长春：吉林人民出版社，2001.

[2] 价值 .http://baike.haosou.com/doc/1755614-1856438.html.

[3] 严善春. 资源昆虫学. 长春：东北林业大学出版社，2001.

[4] 杨世平. 台湾资源昆虫产业漫谈. 大自然，2006，3:4-6.

[5] 刘高强，魏美才，王晓玲. 昆虫资源利用及其产业化进展. 生命科学研究，2002，6（4）:170-172.

[6] 刘卫星，魏美才，刘高强. 昆虫源生物活性物质及其开发前景. 食品科技，2005，1:48-51.

[7] 吴逸群，马兰，于东帅. 药用昆虫的价值与研究. 湖北农业科学，2013，24:5966-5969.

[8] 满达，白音夫. 动物粪便药材的应用. 中国民族医药杂志，2008，6:48-50.

第二节　间接价值

一、生态价值

每一种昆虫都有自己的本体价值与生态价值，昆虫对地球生态系统能量转化与物质循环起着举足轻重的作用。从生态的角度讲，自然界的所有昆虫都是资源，它们参与生态系统循环的价值都是无可估量的。

从人类利益的角度讲，昆虫的生态价值主要体现在以下三个方面。其一，环保昆虫，指处理垃圾等废物的一类昆虫，如鞘翅目的粪金龟、蜣螂，双翅目的苍蝇等，它们以动物尸体、动物粪便、腐烂植物为食，可以净化环境、减少污染。其二，授粉昆虫，指昆虫在取食花蜜的过程中，为植物传授花粉，携带种子的传媒作用，如蜜蜂、蚂蚁、蝴蝶、蛾类等。全球范围内，昆虫的授粉行为每年带来的经济价值估计会有 1900 亿美元，相当于全球农业总产值的 8%。保守估计昆虫授粉行为每年给美国经济贡献 570 亿美元[1]。其三，天敌昆虫，指寄生于或捕食农林害虫、抑制害虫危害的昆虫，如草蛉、瓢虫、寄生蜂类等，是农作物虫害生物防治的生力军。

二、科学价值

科学仿生。萤火虫、苍蝇、蜻蜓、蝴蝶、蚂蚁在仿生科学研究领域都有着卓越的贡献。20 世纪，萤火虫启发科学家发明了冷光源，在含有易爆性物质的矿井、弹药库使用冷光，解决了照明的安全性问题。目前，以研究萤火虫为重要代表的

生物发光技术在国际上成为前沿显学，得到极大关注。美国的萤火虫开发研究已涉及外太空探索、癌症治疗等科学前沿。

科学实验。实验昆虫指用于生物学、遗传学、法医、仿生学等科学研究的昆虫。果蝇是著名的实验昆虫。美国遗传学家摩尔根通过试验和计算，绘制了果蝇的基因图谱，提出染色体遗传理论和基因连锁学说，推进了孟德尔的遗传学说。1933年，摩尔根因此获得诺贝尔生理学和医学奖。摩尔根的学生缪勒（H.J.Muller）用X射线照射果蝇，成功地获得了大量白眼突变体，确定了性细胞对变异遗传功能的影响。1964年，缪勒获得了诺贝尔生理学医学奖。刘易斯（E.B.Lewis）利用果蝇的畸形翅膀，创立了控制胚胎早期发育的同源基因学说，于1995年也获得诺贝尔奖。由此，果蝇造就了诺贝尔奖三连冠的世界纪录[2]。

此外，昆虫还为有机化学、化学与物理交叉的结构学研究，提供了极好的素材；昆虫还是检验维生素的优良材料，并可望为新维生素的识别与生理学研究提供条件；人们可以在昆虫比较简单的真皮上非常清楚地观察生长、变态、愈合和再生等现象[3]。

蝗虫和乳草蝽是研究生态学、迁飞生理及生化和代谢的激素调控等方面的模式昆虫；蟋蟀是研究鸣叫功能和机制的最佳材料；太平洋折翅蠊常常被用来研究调控保幼激素和蜕皮激素的神经肽；芭蕉弄蝶大多用来研究表皮特性；丽蝇的围蛹和初羽化成虫是研究昆虫表皮鞣化和黑化机制的好材料；伊蚊和黄粉甲是研究昆虫直肠水分再吸收和水分盐分平衡调节的模式昆虫；蜚蠊和蚊、蝇是神经电生理和生化，以及分子生物学的上佳试验材料；小菜蛾作为世界性害虫分布广泛，生活周期短，便于人工饲养，繁殖快，是研究昆虫抗药性机制的好材料[2]。

三、环境监测价值

环境特别是水体污染已经成为全球重大问题。人类生产活动产生的各类有害物质不断地排放进入自然水域，长期的积累使得水污染更加严重。要减轻或者消除水体污染，最好的方法是减少污水的产生与排放，并在排放之前对污水进行净化处理。但是对已经形成的水体污染，不仅要有系统的污染治理，还要对水环境进行有效的监测。长期以来我们所采用的基本是水体采样的理化监测，由于污染的严重性及多样性，理化监测已经不能合理有效地解决这些问题。目前，生物监测已经在水质监测方面崭露头角。生物监测是通过分析水生生物在污染环境中所发生的特异变化来判断水体污染状况。

水生昆虫与水环境（温度、矿物质、有机质和pH等指标）关系密切，不同的昆虫有不同的适应性。因此，水体昆虫的种类大体上就可以反映出水体的污染状况；

水生昆虫的群落结构变化也直接反映着水质变化的程度。水生昆虫已成为水质生物监测的主要指示生物。

　　蜻蜓目昆虫种类多、分布广、容易获得，是重要的水环境监测昆虫。水生的蜻蜓幼虫，对水体中汞和镉都具有富集性，随着水体重金属含量的增高，其体内重金属的含量也随着增高，因此常常被用作水体重金属污染的指示生物[4]，研究人员通过研究长叶异痣蟌对水体镉污染的指示作用发现长叶异痣蟌对镉具有富集性，可以作为水体镉污染的定性指示性生物[5]。

　　萤火虫、蝴蝶、蜻蜓等观赏昆虫不仅对季候极其敏感，对生态环境的变化也十分敏感。蝶类早已被科学界公认为生态环境变化与生物多样性的指示物种，也是保护生物学的首选研究物种，许多保护生物学理论，尤其是集合种群理论都来自对蝴蝶的研究[6]。科学家通过建立一个公共监控系统、跟踪昆虫生活史来研究气候变化的规律，研究、评估温室效应对生态系统的影响。

　　因此，蝴蝶、蜻蜓、萤火虫等环境敏感昆虫不仅是生态与环境研究、污染检测的对象种群与指示物种，还是环境优越的"最佳代言"与"活广告"，也是潜力巨大的生态旅游资源。

参 考 文 献

[1]TED 自然资源也有价（1）.http://video.sina.com.cn/p/edu/news/2013-04-23/144662338577.html.

[2]V.B. 威格尔斯沃思 . 昆虫与人类生活 . 龙长祥译 . 北京 : 科学出版社，1983.

[3] 王荫长 . 邮票上的实验昆虫 . 昆虫知识，2008，45（5）:826-831.

[4] 韩凤英，席玉英 . 长叶异痣蟌对水体镉污染的指示作用的研究 . 农业环境保护，2001，20（4）:229-230.

[5] 黄小清，蔡笃程 . 水生昆虫在水质生物监测与评价中的应用 . 华南热带农业大学学报，2006，12（2）:72-75.

[6]Thomas J A.Monitoring change in the abundance and distribution of insects using butterflies and other indicatorgroups.Philosophical Transaction of the Royal Society of London Series B:Biological Sciences，2005，360:339-357.

第三节　文化价值

　　文化资源作为资源的一种形式，是在人类社会发展历程中逐渐形成的，它具有鲜明的精神内涵和明确的社会功用性。"观乎人文以化成天下"（《周易·贲》）就是中国古代对"文化"的一种理解。随着经济全球化进程的推进及全球文化的融通，非物质性的消费日益成为一种趋势，文化与经济的关系越来越密切。文化在成为

国家综合国力重要组成部分的同时，也逐渐成为一种重要的商业资源[1]。

一、文化符号

"凡物都有一个名称 —— 符号的功能并不局限于特殊的状况，而是一个普遍适用的原理，这个原理包含了人类思想的全部领域。"[2] 蝉、蝴蝶、蚕、蜜蜂、蟋蟀等昆虫意象不仅是格物致知的科学符号，也是情感载体与文化符号，其符号意蕴主要有以下几点。其一，季节的符号："盖阳气萌而玄驹步，阴律凝而丹鸟羞，微虫犹或入感，四时之动物深矣。"① 蝴蝶是春天的使者，蝉是夏天的歌者，蟋蟀低吟则意味着秋天降临。其二，生命短暂："朝菌不知晦朔，蟪蛄不知春秋。""寄蜉蝣于天地，渺沧海之一粟。"古人从昆虫短暂的生命历程感发生命脆弱、时光匆匆的慨叹。其三，化生变化：昆虫的变态、蜕变、化蛹、羽化等生命现象，暗合了生命的化生流幻，与事物的内化转化。其四，重生意蕴：昆虫的羽化、飞升寄寓着古代先民对生命再生、循环、生生不息的期许。

二、审美价值

外形美（图 3-1）。爬动的小虫似乎很不起眼，但如果就近端详，或者在放大镜聚焦之下，它们绚丽多彩，体态各异、造型独特，极富对称、均衡、和谐、灵动的外形美与多样统一的韵律感。蝴蝶是外形美的杰出代表，蝴蝶以头、胸、腹组成的直线为对称轴，其结构匀称，翅膀上的图案与颜色也是对称的。而且蝴蝶的后翅与前翅，无论是宽度的比值，还是长度的比值，都符合黄金分割比例[3]，加上其艳丽的色彩，轻盈洒脱、婀娜多姿的飞翔姿态，极富视觉美感。

蜻蜓、豆娘长着一对明亮的大眼睛，轻盈洒脱的飞行姿势引人注目、惹人爱怜；鞘翅目的甲虫常常具备金属光泽与鲜明的对比色，在日光的照耀下，更显得绚烂夺目、熠熠生辉，堪称"活宝石"；大拟叩头虫（鞘翅目拟叩头虫科）形体色彩构成十分有趣，它的体色通身为黑色，但是唯独前胸背板呈现橙红色，艳丽的光泽与强烈的色彩对比，有惊艳之美。半翅目的椿象，它们的翅膀质地一半是革质，一半是膜质，就好像套了件马甲。大红星椿象通身大红色，尾端的一个大黑点显得格外醒目；麦克齿蛉（广翅目齿蛉属）的脉序看起来十分随意，却极富律动感；蜣螂头顶、前胸、背板长而弯曲的角状突，构成了蜣螂头部突兀怪异之美，蜣螂能够无中生有地推出一个大粪球的举动，颇有些魔幻色彩。

---

① 出自刘勰《文心雕龙·物色》。

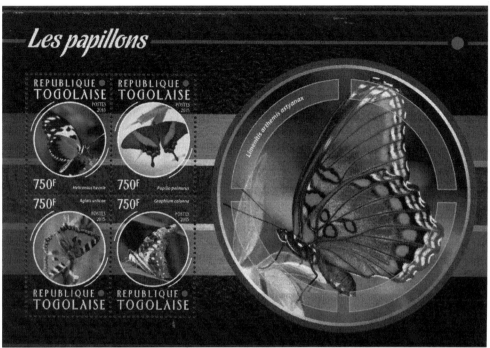

四个小圆从左到右，从上到小依次为：红裙幽袖蝶（*Heliconius hecale*）、小天使翠凤蝶（*Papillo polinurus*）、荨麻蛱蝶（*Aglais urticae*）、青凤蝶（*Graphium colonna*）。右边大圆型：拟斑蛱蝶（*liment arthemis astyanax*）

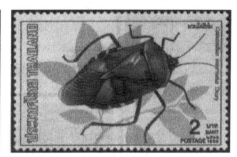

瑞士邮票：皇蜻蜓（*Anax imperatorr*） 卢旺达邮票：突眼蝇（*Diopsis* sp.） 泰国邮票：红显蝽（*Catacanthus iucarnatus*）

立陶宛邮票：红锹甲（*Lucanus* spp.） 土耳其邮票：绿色虎甲（*Cicindela campestris*）

越南邮票：金斑虎甲　　　多哥共和国邮票：紫天牛　　巴布亚新几内亚邮票：犀牛甲（*Rhinoceros beetle*）
（*Cicndela aurulenta*）　　（*Purpuricenu skaehleri*）

图3-1　昆虫的外形美

　　世界之大，无奇不有。突眼蝇的眼睛就堪称一奇，它的眼睛不是长在头壳上，而是长在头上伸出的两根长柄上。这两根长柄的长度，竟然超出它自身长度的1.5倍，就像触角一般。

　　昆虫的拟态也具备审美效应。拟态是一种生物在形态、行为等特征上模拟另一种生物，从而使一方或双方受益的一种生态适应现象。许多昆虫的色彩与环境融为一体，枯叶蝶因静止时形如枯叶，惟妙惟肖而得名。竹节虫栖息在树枝或竹枝时，活脱脱就是一支枯枝或枯竹。许多甲虫受惊后落在地上，还能装死不动，就像一个形体表演艺术家。而广翅蜡蝉的幼虫拟态更为优雅，它的尾部呈放射状展开，白色的花冠好似一朵盛开的小白花，也像一小朵柳絮，在微风中荡漾。

　　生活在圣弗朗西斯科湾的女艺术家JoWhaley用相机聚焦昆虫世界，展示昆虫世界的惊艳之美：在她的镜头下，圣甲虫充满一种角斗士般的尊严和雄性气概，云斑天牛周身布满非洲部落花纹，带着神秘气息；天堂凤蝶放大100倍后如同一个震撼人心的图腾符咒[4]。

　　动态美。螳螂体态健美，举止优雅。绿色的翅膀就像是一套燕尾服，再加上它那迷人的小蛮腰，像是一位彬彬有礼的绅士，螳螂前足发达，举起前肢的动作像祈祷的教徒。《后汉书·袁绍传》中，"运螳螂之斧，御隆车之隧"，说的是螳螂的一对发达的前足，形如刀斧，左右开弓，运通神速。"游蜂高更下，惊蝶坐还起"[①]，描述了蜜蜂从高处俯冲的飞行姿态，以及蝴蝶在花丛中竖起双翅，如同坐在花上的生动形态。

　　"剑埋犹有气，蠖屈尚能伸。"[②]尺蠖只有两对腹足，它是一伸一屈像拱桥一样爬行前进的。尺蠖以曲为伸，就像君子能屈能伸；而苏轼笔下的天牛："两角徒自

---

① 出自唐·李端《鲜于少府宅看花》。
② 出自北宋·苏舜钦《寒夜答子履见寄》。

长,空飞不负厢,为牛竟何益?利吻穴枯桑。"天牛幼虫钻蛀树干危害桑树实在可恶,而天牛成虫长着一对长长的触角,似乎也有几分可观之美。

三、娱乐价值

娱乐性(观赏性)昆虫主要是指体型较大、色彩艳丽、形态奇特、鸣声动听、好斗成性及具备发光特性的昆虫[5],主要类群有:鳞翅目的蝴蝶、蛾类;蜻蜓目的蜻蜓、豆娘;鞘翅目的步甲、虎甲、瓢虫、萤火虫、独角仙;同翅目的蝉;直翅目的螽斯、蟋蟀;螳螂目的螳螂;竹节虫目的竹节虫;等等。观赏昆虫有独特的外形与质感、惟妙惟肖的拟态、悦耳的鸣叫、独特的生活习性、奇妙的变态历程等生物学特性,也有环境敏感性、栖息地的多样性等生态学特性。

蟋蟀是典型的娱乐性昆虫。畜养鸣虫(善于鸣叫的昆虫)在我国有着悠久的历史。五代时期王仁裕《开元天宝遗事》载:"每至秋时,宫中妃妾辈皆以小金笼提贮蟋蟀,闭于笼中,置之枕函畔,夜听其声。庶民之家皆效也。"宋陶谷《清异录》也记载唐代长安城里有人养鸣蝉取乐,在宋代斗蟋蟀已经形成一种较为特殊的文化形态,而后逐渐被融入中国传统文化的体系,而捕捉、繁殖、出售鸣虫,造办鸣虫器物已经成为一种专门产业[6]。

蝉在晋、两汉时期就被饲养用于娱乐。陶毂的《清异录》记载了唐代长安有赛蝉的风俗,称为"仙虫社"。《益州方物记》记载:"金龟子,体绿色,光若金,里人取之,以佐妇钗环之饰。"《癸辛杂识》也有"甲能飞,其色如金,绝类小龟,小儿多取以为戏"的记载。这表明金龟子在七八百年前已经用于装饰品和赏玩。陈常器有"吉丁虫,甲虫也,背正绿,有翅在甲下;出岭南宾澄诸州,人取代之,令人喜好相爱"。可见,几丁虫也被用于观赏与装饰[4]。

蝴蝶的观赏价值和美学价值世人皆知,从我国的文学、艺术、诗歌、绘画、服饰中处处可见蝴蝶的影响。观赏昆虫在国际市场上的年交易额达几千万美元,甚至上亿美元,主要以蝴蝶工艺品为主。著名作家冯牧的《澜沧江边的蝴蝶会》生动描述了云南西双版纳橄榄坝的"蝴蝶会"奇观:"草坪中央几方丈的地方,聚集着数以万计的美丽的蝴蝶,它们互相拥挤着、攀附着、重叠着。站在千万只翩然飞舞的蝴蝶当中,我们觉得自己好像是多余的了……我完全被童话般的自然景象所陶醉了。"[7]

蜜蜂采蜜、蝶憩香花、蜻蜓点水,昆虫与环境的和谐共存是生态美的生动体现。生态美的实质是生命间相互支持、互惠共生,与环境融为一体的和谐性。如果说昆虫的旅游价值是一棵树,那树的根底就是昆虫本体的生态价值,昆虫的生态美是其旅游休闲价值的核心要素。因此,从生态文化建构角度,品赏昆虫—认知生态—

生态审美—学习领悟昆虫的生态智慧—提升公众的生态理念，在保护自然资源的同时发展生态旅游、传播生态文化，是开发昆虫旅游资源生态教育价值的上佳选择。而昆虫文化、昆虫习俗、昆虫节庆都具备旅游经济、科普教育开发价值。

四、历史考证价值

中华民族有着绵延千年的文明历史，"过去作为一个整体，在每个瞬间都跟随着我们……而我们正是通过自己的全部过往去产生欲望，去发出意愿，去做出行动……这样'过去'与'历史'就成了文明所必不可少的构成要素，它形成记忆，影响人的当下行动，并最终以生命冲动的形式表现出来"[8]。

历史研究主要依赖史料文献与考古记录，由于社会动荡、流变频发，历史资料的收集、记录、保存都有许多缺漏。而大量的文学作品（诗词歌赋），不仅为我们描绘、呈现了生动形象的昆虫意象，也无意中透露了当时农业生产、政治经济、文化心理、生态环境、习俗风尚乃至害虫防治等丰富的信息。"诗史互证"（陈寅恪），诗歌不仅可以与现存的史料相互印证，也可以用来弥补史料之不足。例如，大量的农事、养蚕、捕蝗诗歌，生动反映了社会经济、乡村习俗、风土民情、害虫防治的情况。

大量的咏虫诗歌直接体现了当时的社会图景，映射出时代心理与社会变迁，如咏蝉诗在唐代最为兴盛，从初唐、中唐到晚唐，虽都不乏感伤之作，但总体基调大不相同。初唐虞世南的《蝉》清新疏朗，充盈着初唐气象；"穴蚁苔痕静，藏蝉柏叶稠"，中唐时期贾岛的蝉声低沉婉转，给人以虫吟草间的冷僻之感[9]；"五更疏欲断，一树碧无情"，晚唐李商隐的《闻蝉》趋向一种绝望与悲凉之境。从昆虫意象中，我们可以探寻祖先对自然的认知与心路历程，考察社会变迁、风俗民情、历史事件与社会发展。

总之，昆虫文化是中华传统文化的有机组成部分，凝聚着农耕民族的情感积淀、民族记忆与文化心理，研究昆虫文化能够帮助我们更全面、立体地了解昆虫、了解社会、了解生态。

参 考 文 献

[1] 李艳. 美与物 —— 论艺术产业中的审美与经济. 北京：北京大学出版社，2012.

[2] 恩斯特·卡西尔. 人论. 甘阳译. 北京：西苑出版社，2003.

[3] 周详，石娟. 略析观赏昆虫的构成美. 自然杂志，2011，33（1）:48-52.

[4] 昆虫哲学物语. http://blog.sina.com.cn/s/blog_48ebba670100pjln.html.

[5] 杨伟，周祖基. 观赏昆虫刍议. 四川林业科技，2000，21（3）:39-41.

[6] 昆虫文化源远流长.http://www.cnkcw.net/ygtm/Show.asp?id=1281.

[7] 庄志民.旅游美学新编.上海：格致出版社，2011.

[8] 朱鹏飞.直觉生命的绵延：柏格森生命哲学美学思想研究.北京：中国文联出版社，2007.

[9] 陈妍."虫吟草间"再审视——论贾岛诗歌中的生命体悟.西安电子科技大学学报：社会科学版，
2006，16（3）:117-120.

第四章　昆虫哲学

一个有生命的小不点，一粒能欢能悲的蛋白质，比起庞大的无生命的星球，更能引起我的无穷兴趣。

——〔法〕法布尔《昆虫记》

令人着迷的是事物的复杂程度，而不是它们的绝对大小……一颗星星比一只昆虫简单。

——〔英〕物理学家马丁·里斯

昆虫世界是大自然最惊人的现象，对昆虫世界来说，没有什么事情是不可能的，一个深入研究昆虫世界的奥秘的人，他将会为不断的奇妙现象惊叹不已，他知道在这里，任何完全不可能事情的都可能发生。

——〔荷〕生物学家C.J.波理捷

一只蝴蝶是小的，轻的，微不足道的，和花朵加在一起就大了，重了，成了春天的最爱……

——白连春《我和你加在一起》

在历史的长河中，身躯强大的恐龙与许多大型动物相继灭绝，然而卑微的昆虫却是最早在地球上定居的动物，也是最繁盛的动物类群[1]。在昆虫的繁盛背后蕴含着深厚的生存与生态哲理，体现着隽永的人文内涵。

第一节　生存哲学

昆虫的生存策略是在长期的自然选择与学习中获得的，也是与环境协同进化的结果。昆虫的生存策略可谓十八般武艺，样样俱全，令人叹为观止。

一、高繁殖率

首先，大多数昆虫是典型的繁殖对策生物（R 对策）。例如，非洲白蚁的蚁后一天产卵 1.5 万粒以上，且持续数年。因此，即便环境多变，敌害众多，自然死亡率高达 90% 以上，昆虫也能维持种群数量的稳定水平。

昆虫的高繁殖率不仅能保持种群数量增长，也产生一些变异，昆虫生活周期较短，比较容易把对种群有益的突变保存下来，并通过变异淘汰敏感个体，保留适应环境选择压力的个体。

二、个体微小

一个蚂蚁群体可多达 50 万个个体。小麦吸浆虫灾害大发生的年代，一亩地有吸浆虫 2592 万之众。一棵树可承载 10 万个蚜虫。在阔叶林里每平方米的土壤中可有 10 万只弹尾目昆虫。由于个体小、食量小，一粒米能养几只米象，一片菜叶能供应上千只蚜虫取食，一小滩积水能容纳成百上千只孑孓（蚊子幼虫）。[2]

昆虫的食性非常广泛，不同类群的昆虫具有不同类型的口器，如咀嚼式（蝗虫）、嚼吸式（蜜蜂）、舐吸式（苍蝇成虫）、刺吸式（蝉成虫）、虹吸式（蝴蝶、蛾类成虫）5 种。口器的多样性不仅避免了同类对食物的竞争，同时缓和了昆虫与取食对象的矛盾。

三、信息发达

昆虫种群内部、种群之间的通信联系是由微（痕）量的化学物质（信息物质）决定的，对昆虫来说，信息就是存在。

"有缘千里来相会"，对于蛾类，这个"缘"就是性信息素。吸引异性的"性引诱素"是保证昆虫延续后代的重要物质，是昆虫最重要、最高效的信息素。借助发达的感官系统，梨天蚕蛾的雄虫竟能闻到远在 8 千米以外雌虫所散发的特殊气味，兴冲冲地赶去幽会。1959 年，Butenandt 等科学家经过 20 余年的努力之后，最终成功地从 50 万只雌性处女蚕蛾中分离出 12 毫克性外激素蚕蛾醇（bombykol）的衍生物，并确定了其结构，研究表明，1×10^{-12} 微克的蚕蛾醇即可使雄性蚕蛾兴奋。

雄蛾之所以对性信息素如此敏感，是因为它们触角上生有数千个化学感受器。一些雄蛾的感受器是羽毛状的，就像雷达一样左右上下不停地摆动，搜索、接受来自四面八方的同类气息。据科学家们验证，家蚕雄蛾的一根触角上，约有 1.6 万个毛状感觉器。雄性舞毒蛾可感受到 500 米以外雌蛾释放出来的气味。一种天蛾能感受到几里 ① 以外同种异性的气味，其敏感程度足以达到单个分子的水平。[2]

当性信息素分子作用于这些感受器的时候，就等于接通信息，雄蛾便顺着气味的气流去寻找雌蛾，谈婚论嫁，交尾成亲。如果把雄蛾的触角切除，那就是"无缘对面不相识"，即使雌蛾近在咫尺，雄蛾也置若罔闻。还有的雄蛾在求偶时通过化学信号告诉雌蛾他有多少植物毒素（嫁妆），而这些植物毒素可用于卵的防御（膜），雌蛾通过这一信号来决定是否与它成亲。

蛀食松树的小蠹甲在发现一棵适口的松树之后，便释放聚集信息素，呼朋唤友，招引其他的小蠹甲前来会餐。随着信息释放量的不断增加，招引来的个体就越来越多。当小蠹甲达到了一定密度后，它们便停止分泌聚集信息素，并开始分泌一种抗聚集信息素，这种物质可以有效地阻止新个体的到来。

在社会性昆虫中，还有一种化学通信物质，称为死亡信息素，它是一种油酸。每当一只蜜蜂或一只蚂蚁在巢中死去，就排放出一滴油酸，这种物质可以刺激工蜂或工蚁把同伴的尸体拖出巢外。如果把死亡信息素涂在活蜂或活蚁身体上，那么它们也会被同伴不分青红皂白地拖到蚁巢外的尸堆上去。

昆虫体型虽小，却拥有极其发达的感知器官与感知能力，它们的感官主要有触角、感觉毛、复眼，它们可以看到人眼看不到的光线，听到人耳听不到的声音，嗅到百米之外的同伴的气味[3]。

触角兼有触觉、嗅觉和味觉功能。昆虫的触角上密布着数以千计的大小不一、形状不同的微型"鼻子"，即嗅觉器。蝇类的一根触角上大约有 3600 个这种微型"鼻子"。蜜蜂可有 4000~30 000 个嗅觉器；一种金龟子雌虫有 35 000 个嗅觉器，而雄虫可达 40 000 个。而且每个嗅觉窝内都有很多神经末梢直接与脑神经中枢相连。除触角外，昆虫的下唇须、下颚须上也布有这种嗅觉器。蜻蜓和豆娘的触角极短，因为它们主要依靠视觉寻找食物和配偶。另一些昆虫的触角则很长，对昆虫的活动起着非常重要的作用。长角甲虫、蟋蟀和螽蟖生有很长的丝状触角，有的比身体还要长得多，它的主要功能是辨识异性。

---

① 1 里 =500 米。

工蚁的视力很差或完全丧失，当它们在觅食的路上相遇时是靠触角彼此抚摸头部而相互辨识的，此时起作用的不是视觉，而是触觉。触角也能嗅到从同伴身上散发出来的化学物质。很多昆虫都靠它们的触角寻找食物。例如，埋葬虫科的埋葬虫，触角呈独特的球棒状，其上生有大量的感觉毛，能够感知遥远的正在腐败的动物尸体。吸食花蜜的昆虫也是靠触角寻觅花朵的。因此，触角对夜间吃花蜜的昆虫（如长舌天蛾）来说就显得特别重要了。

　　昆虫的眼睛包括单眼和复眼，复眼由许多六角形的小眼组成，单眼有背单眼和侧单眼之分。除寄生性昆虫外，一般昆虫都有一对复眼，头顶上还有1~3个背单眼。视觉独特的昆虫能看见人类和绝大多数动物都看不到的紫外线，而有些花瓣可以反射紫外线，昆虫就能依靠这种独特的视觉，根据紫外线的变化找到花蜜和花粉。

　　蜜蜂的复眼是由成百个小眼组成的，每个小眼实际上是一个小的偏振光分析器。侦察蜂就可以选择面对蜂巢的角度，向其他蜜蜂传递它在单眼内的分析器所产生的明暗图形。许多昆虫和无脊椎动物的眼睛对偏振光都是敏感的，而人眼对偏振光则很不敏感。

　　蜜蜂的舞蹈也有传情达意的信息功能。侦察蜂靠飞舞的活跃性来传递食源储量多少的信息。如果食源相当贫瘠，即蜜源内糖的浓度低、数量少，或食源距离很远，那么它只是以懒洋洋的方式作短时的飞舞；反之，如果食源丰富，即蜜源内糖的浓度高、数量多，或食源的距离近，它的飞舞就会活力四射而持久。

　　蚂蚁也有针对食物消息的精巧通信系统。蚂蚁群体中虽然有成千上万个个体，但却只依赖少数的侦察蚁去寻找食物。而侦察蚁是靠摇摇摆摆的跑动和舞动触须的动作来透露它们的发现，召唤工蚁去采集食物的。

　　萤火虫的闪光信号十分复杂。雄性会发出一定频率的闪光，雌虫一般比较矜持，要隔一段时间才回应，雄虫也以一定频率的闪光回答并向雌虫靠近。在雌雄萤火虫的信息交流过程中，飞行形式的改变、闪光节律的变化及精确应答反应时间等控制程序都有独特的应用价值。有的雌性萤火虫能伪装并能闪出另外种类的萤火虫的信号，引诱雄萤火虫前来约会，并把它吃掉。

四、变态

　　昆虫的卵要经过几个发育过程才能蜕变为成虫。在发育过程中，昆虫表现出了不同的体态，这种发育过程称为变态发育。变态分为不完全变态和完全变态两种类型。

　　不完全变态：卵—若虫—成虫。昆虫的卵经孵化而成的幼虫被称为若虫，体态与成虫相似。若虫在生长过程中要经历几次蜕变，才能完全发育变为成虫。例如，

蜻蜓、豆娘就经历不完全变态的发育过程。

完全变态：卵—幼虫—蛹—成虫，在完全变态的过程中，昆虫会经历四个阶段。幼虫与成虫的差异非常大，幼虫还要经历蛹的阶段才能成为成虫。蝴蝶、蝇等昆虫的发育都要经历完全变态的过程。昆虫的变态发育，不同的生命阶段拥有不同的形式，这或许是昆虫应对环境变化的独门秘籍。

五、拟态与伪装

有些昆虫的幼虫为了躲避危险，经常在夜间觅食。例如，玉带凤蝶的幼虫为了避免被其他动物吃掉，白天藏在隐蔽的地方养精蓄锐，夜间则外出觅食。草蛉取食棉蚜并用它的蜡丝把自己的幼虫伪装成棉蚜的幼虫，从而使保护蚜虫的蚂蚁认为它是蚜虫而不发起攻击。取食松针的叶蜂幼虫受到攻击时会把松脂裂开，从而保护自己。

拟态的形成是长期自然选择的结果。拟态基本分恐吓和伪装两种。拟态昆虫使自己的形状和颜色都模拟成对被骗者而言是不可食的、有毒的、可怕的动物，以巧妙地逃避敌害的捕食。模拟对象有蚂蚁、蜇人蜂类、有毒萤类、有毒蝶类、蛇及蜥蜴之头、蝎子之尾、鸟蛇之眼等。另一种拟态是做出惊人之举，如鸮目大蚕蛾的后翅上长着一对似鸮鸮圆睁双目的大斑，白天静息时张开前翅，露出双斑，以恫吓小鸟等捕食性动物。食蚜蝇有似蜂的大眼和腹部黑黄相间的条纹，形态上起到类似蜂的作用。

模拟植物的昆虫较多，著名的有叶脩，酷似一片叶。拟态昆虫使自己与环境融为一体。保护色使昆虫身体的颜色与周围环境的颜色一致，以迷惑鸟类等天敌。迁粉蝶幼虫在铁刀木叶片上全身是绿色的；在叶上化蛹的，蛹也是绿色的；在枯枝上化蛹的，蛹即变成枯白色，与枯枝的色泽相同。竹节虫（竹节虫目竹节虫科）因形态像树枝，身体修长而得名，当它栖息在树枝或竹枝上时，活像一支枯枝或枯竹。

象鼻虫、金龟子等遇到突然惊扰，会跌落地面装死。这类昆虫在长期的进化过程中形成"神经休克"现象，昆虫落到地面后起隐藏的作用，1~2分钟醒来后，再动这类昆虫时就不会产生"昏厥"现象了。一种取食红花天料木的尺蠖幼虫，会把小花瓣咬断粘到体表，把自己装扮成与环境协调的小花朵。

大蚊的幼虫一般生活在潮湿的泥土中，取食土壤中的腐烂物质，有些种类也危害植物的根，成为水稻的害虫。在稻丛中常见到大蚊的成虫用前足抓住叶片，后面的两对足伸直、垂吊着，摇摇晃晃的身体像是在荡秋千。如果不去触动它，又好像一具干枯的虫尸，原来它是以装死迷惑敌人。

昆虫的拟态与伪装，如图 4-1 所示。

保护色：螳螂　　　　　　　　　　　　　　聚集性：缘蝽

拟态：小翼竹节虫　　　　　　　　　　　　警戒色：刺蛾

图4-1　昆虫的拟态与伪装
资料来源：宋小妹、张典兵等摄于武夷山的大安源

六、休眠与滞育

休眠与滞育都能有效帮助昆虫"逃避"不利环境，保留与延续种群。昆虫休眠常常是温度过高或过低、食料或氧气不足、二氧化碳过多等不良环境条件直接引起的。休眠时虫子停止生长，不利环境解除时便终止休眠，继续生长发育。另一种为滞育。滞育是在长期不良环境作用下形成并由基因控制的适应性反应，具有一定的遗传稳定性。当昆虫进入滞育后，即使给予好的环境条件也不能解除，需经过一定时间的光照、低温、高温、化学作用等刺激才能解除滞育，恢复生长发育。据研究，光周期的变化是引起滞育的主要因素。

七、逃逸

很多昆虫遇到敌害时，能够快速逃跑。蝉、蝴蝶、螳螂等受惊时都能快速逃走，遇到不合适的环境，它们依靠迁飞扩散，快速逃逸；实在不行还可以丢卒保车，

逃之夭夭。例如，蚱蜢被天敌捉住时，为了逃命自行断腿；大蚊比一般蚊子大 8~9 倍，是体形最大的蚊子，但它不吸血，足长超过身体的 2 倍以上，腿节十分脆弱，受到袭击时常先举足，被天敌咬住便弃足飞跑，以断足自救。竹节虫体断了 2 节后也能再生。

蚊、蝇、蝶蛾类昆虫足上的跗节是 DDT 等杀虫药剂极易通过的部位，当跗节的农药量累积达到一定浓度，就会自行脱落而避免危及虫体。生物学上把这种现象叫作"残体自卫"。

八、预警与防卫

昆虫强烈的色彩对比往往起到警戒作用，那些艳丽的花纹和醒目的色彩搭配，似乎在警告着敌人。例如，蜜蜂（膜翅目蜜蜂科）腹部为黑色和黄色相间的环带，头、胸及 3 对足为黑黄两色杂糅在一起的斑状点，都在起一种警戒的作用。

昆虫报警则是释放一种化学物质（多属于帖烯类），它能以此巧妙地告诉同类：灾难来临，马上行动。蚜虫（属同翅目蚜科）的体型很小，只能以毫米计算，但它们的报警能力却很强，当蚜群遇到天敌来袭时，最早发现敌害的蚜虫表现兴奋，肢体摆动，并及时释放出报警信息素，蚜虫群体接到信息后，便纷纷逃离或掉落到地上隐蔽。

南京农业大学和美国伊利诺伊大学的科学家研究发现，美洲棉铃虫能在芹菜受害启动防御系统时，"截获"信号而提前制造出合适的解毒剂。芹菜被美洲棉铃虫的幼虫啃食时，会产生茉莉酮酸酯和水杨酸酯等化学警报信号，促进植株内毒素的合成。美洲棉铃虫幼虫会"截获"这些信号，在植物产生毒素前，棉铃幼虫体内有 4 个称为"细胞色素 P450"的基因会被激活，制造出解毒剂，使棉铃幼虫继续取食芹菜[4]。

多数昆虫是在迫不得已的情况下主动出击的，因为进攻策略需要昆虫付出较大的代价，甚至是生命的代价（如蜜蜂的毒针）。有些步甲遇到天敌伤害时，会放出有声响和硫黄气味的气体进行攻击，并趁有毒雾的机会逃脱，这种步甲被称为放屁虫。而气步甲遇到外界刺激或威胁时，就会非常有针对性地向敌人"开火"。凤蝶幼虫遇袭时，前胸背中央"丫"形的臭角会骤然伸出并放出恶臭气体，驱散天敌；猫头鹰环蝶的翅膀有类似猫头鹰的眼斑，可以恫吓天敌；而穿翠凤蝶的头部类似眼镜蛇，让天敌望而生畏。

椿象被称为臭屁虫，椿象分泌的灼热刺激性液体能有效御敌；一种黄獠蚁遇袭时还会喷出腐蚀性毒液；有些昆虫能突然发光吓跑捕食者；还有些蝴蝶（眼蝶）和飞蛾的翅膀上长有眼状翅斑，在遭遇敌害时，它们就会把翅斑亮出来恐吓对方。

九、变异与进化

20世纪80年代，生物学家在南美的大森林中对一种白蝴蝶进行了多年的"变异"研究，终于发现：变异是为了种族的延续。原本健康正常的白蝴蝶，会养育出千万个后代，绝大多数是健康的白蝴蝶，但每一代中总会出现几只不太健康的变异出来的红蝴蝶。这些红蝴蝶颜色鲜艳，在森林中酷似一种毒蛾，所以也没什么动物愿意招惹它。红蝴蝶的生命力和生殖力都很差，但是代代都有这么几只，就是不绝种。有一年，南美原始森林中病毒流行，给蝴蝶种群带来了灭顶之灾，白蝴蝶都死光了，那些红的居然对这种病毒有天然抗性而得以幸存。第二年，这几只红蝴蝶养育了新一代白色蝴蝶，仍然是像它们的前辈那样白得可爱。第二年，大森林又回到原来的样子，满世界都是白蝴蝶，还是有少数红色蝴蝶形单影只地活着……好像一切都没发生过 [5]。科学家们在惊叹之余悟到了遗传的奥秘：在具有遗传可能性的系统中，基因突变导致的"变异""返祖"或"畸形"是物种存续的需要，也是物种进化的体现。

蜣螂因推粪球而闻名，根据伦敦大学和西澳大利亚大学研究者联合发表的一项研究报告 [1]，雄性粪金龟（蜣螂）最多可推动相当于自身体重1141倍的粪球。报告形象地比喻，雄性食粪金龟之强壮好比一名体重70千克的人能够推动80吨重物。科学家在研究雄性食粪金龟的生活习性后发现，争夺交配权是这一物种在进化过程中气力不断增加的主要动因。在交配时，雌性食粪金龟一般藏在隧道内，争夺雌性配偶的雄性食粪金龟须在隧道内两两对决，以各自的角顶牛，被推出隧道者淘汰出局。在争取交配权的"竞生"过程中，强者胜出，历经一代又一代的优胜劣汰，食粪金龟不断进化，成为昆虫界的大力士 [2]。

十、群集与社会性

群居性是昆虫在长期生存竞争过程中逐步形成的、具有遗传性的生存策略。昆虫群集在一起有两种情况：第一种是临时性的，如舟形毛虫（鳞翅目舟蛾科掌舟属昆虫）从卵块中刚刚孵化出来的低龄幼虫，营群集生活，但高龄以后分居；另一种是持久性的聚集，如东亚飞蝗，它们的群集性是受遗传基因控制的。群居型蝗虫的食道与肠内可产生群聚信息素，又称蝗酚，随粪便排出体外，这就使蝗虫周边空气中含有大量蝗酚，强化了蝗虫的群集 [6]。

直翅目、同翅目、鳞翅目、蜻蜓目昆虫时常群集迁飞，它们不约而同地一同起飞，一同降落，浩浩荡荡，一往无前。蝗虫迁飞时遮天蔽日，令人闻风丧胆，

---

① 英国《皇家学会生物学分会学报》2010年3月24日刊登。

② 2010年3月25日新华网。

而蝴蝶群集时，像飞舞的花海，令人叹为观止；蜻蜓、粉虱、摇蚊等小虫常常在低空群集飞舞，远远看去，像一股黑旋风。成群的白蚁落翅，亦可铺满地面一层。有些昆虫（如毒蛾、丹蛾、刺蛾、灯蛾等）的幼虫甚至会整齐列队，头朝一个方向，一起取食、一起静息，秩序井然，颇有军士风范。

最著名的群居性昆虫有蜜蜂、泥蜂、胡蜂、蚂蚁、白蚁等，它们筑巢同居，分工合作，即所谓社会性生活。社会性是群居的高级组织形式，也是昆虫与环境协同进化的选择。

十一、学习策略

学习能力广泛存在于动物界中，昆虫也不例外。例如，昆虫的觅食行为不完全都是出自本能，它们也需要通过学习辨别食物的气味。美国科学家利用一种气味加糖水（烟草天蛾的食物）及另一种气味而无糖水，来训练烟草天蛾寻觅特定气味。他们将微电极植入烟草天蛾的大脑，对其在训练前、训练中及训练后的神经细胞活动和进食行为进行监测。发现它们的神经系统发生了剧烈的重组活动，它们将气味进行编码处理以便于大脑理解，表明烟草天蛾能够学会辨别代表食物和非食物的气味。蜜蜂和蝇类可以经过"培训"形成条件反射。例如，把某种颜色的灯光与喂食相结合，经多次结合后，昆虫一受到灯光照射就会不由自主地伸出它的取食器官（舌或口盘）。

昆虫具有一定的认知能力，即根据自然环境的改变不断调整自己行为的能力。它们能够通过形成信息、记忆、再现等一系列步骤，处理来自周围环境的信息，然后运用它们，使自己的行为适应环境的压力和变化。例如，沙蜂在飞回地下巢穴时（巢穴内有它为后代准备好的猎物）是根据周围的地形地物来判断巢穴位置的。如果把洞口周围的景物弄乱，沙蜂就会感到迷惑不解，但很快它就会观察判断并熟悉新的景观。

印记是昆虫学习行为的一个特例，只在其生命早期的一个被称为"关键期"的短暂时间内发生。在关键期内，重复刺激，昆虫就会获得对某种刺激的记忆。如寄主植物的味道、巢穴的气味等，这种记忆就可以终生保留，并在需要的时候被重新唤起。如果在含有苹果提取物的人工饲料中饲养蝇，则雌成虫在寻找产卵地点时就会对苹果表现出极强的偏好。

刺激关联也是昆虫学习的一个主要类型。例如，黑芥子苷对菜粉蝶产卵具有刺激作用，可用黑芥子苷的刺激使其在不同颜色的纸上产卵，一旦产卵后，它就特别喜欢在此种颜色的纸上产卵，甚至在黑芥子苷不存在时，也趋向在此种颜色的纸上产卵。这种记忆至少可存留 1 天。因此，这种中立的刺激（颜色）就与有意义的刺激（黑芥子苷）联系起来了。

　　智利小植绥螨可以把寄主植物的化学信号与猎物联系起来，提高其捕食效果；一种捕食性的花蝽成虫可以把梨木虱取食诱导的挥发物与猎物联系起来，而在室内饲养没有接触到该挥发物的花蝽就没有这种关联意识；小花蝽成虫会还对其幼虫期所处环境的视觉刺激产生定向行为，可以对视觉信号进行联系学习，提高其对猎物的搜索效率；七星瓢虫也可以把气味和颜色的组合与猎物蚜虫联系起来，提高其搜索和捕食效率。

　　社会性昆虫的学习能力明显高于独栖性昆虫，如蜜蜂和蚂蚁的学习能力较强，行为也较复杂。例如，在一个蜜蜂群体内，蜜蜂个体各自高效地从事特定的工作，不同类别的蜜蜂对外部信号的学习能力也是不同的，对特定信号学习能力的专化不仅使蜜蜂个体在做特定工作时更加高效，群体也可以快速、高效地对外界变化做出反应。

　　科学家认为，蜜蜂的学习能力几乎可以与脊椎动物相提并论。有的科学家甚至认为，蜜蜂可能具有想象与思考等思维能力[7]。以蜜蜂为代表的社会性昆虫已经成为人工智能研究的对象与平台。

参 考 文 献

[1] 昆虫博览 .http://www.kepu.net.cn.

[2] 王林瑶 . 神奇的昆虫世界 . 武汉 : 湖北科学技术出版社，2012.

[3] 孙凡 . 昆虫的嗅觉与行为 . 哈尔滨 : 东北林业大学出版社，2009.

[4] 刘全义 . 美洲棉铃虫对植物内毒素的防御 . 中国棉花，2003，1 : 8-10.

[5] 见君 . 历史、艺术与禅韵 —— 中华文化与文明的脉络 . 北京 : 中国经济出版社，2007.

[6] 章士美，章志英 . 昆虫的群集性 . 江西植保，1992，15（1）:24-26.

[7] 昆虫的智慧 .http://www.5joys.com/cnews/n/585624958399.html.

第二节　生态哲学

　　在生态系统的进化过程中，处于同一生态系统中的不同物种之间，广泛地存在着竞争互利、寄生、合作、共生等多种复杂关系与内在机制，这种机制都使生命物种客观上超越了个体和物种的利益，融入宇宙大化的旋律。

　　生命有三个层面的含义：生命本体、生命之间的关系、生命与环境的关系。生态哲学就是基于生命之间、生命与环境之间相互支持、彼此依赖、共同进化的生存之道。生态哲学是将整个世界理解成一个有机的生命形态，用生态系统的观点和方法研究人类社会与自然环境之间的相互关系及其普遍规律的科学，也是对人类社会和自然界的相互作用进行社会哲学研究的综合科学 [1]。

一、对立竞生

在生态演化中，不同生物有机体往往需要通过竞争来求得生存，但是这种竞争是发生在广泛的合作背景之下的。因此，物种之间的竞争通常导致相互促进、协同进化，而不是你死我活、两败俱伤。在森林中，高大的乔木下也生长着矮小的灌木和更低等的草类、蕨类植物，它们错落有致，和谐共处，充分利用着环境提供的生存条件。

我们常常以丛林法则来指代自然界"弱肉强食"的无情法则，未必看到自然界"共存共荣"有情的一面。不同物种的生物也是相互依赖、相互制约、互利共生的，甚至捕食者与被捕食者的关系也有互利、和谐的一面。例如，蚜茧蜂寄生于蚜虫，二者表面上是对立关系，实际上，蚜茧蜂倾向于寄生于老弱幼小的蚜虫上，而处在繁殖期健壮的蚜虫个体较少被寄生；瓢虫捕食蚜虫，而捕食的对象一般也是幼小或有病的蚜虫，体弱的蚜虫得到自然淘汰，健壮的蚜虫就获得了更多的繁殖机会，反过来又对寄生、捕食者的技能提出更高的要求，提高了寄生、捕食者的能力，促进了彼此的共同进化。同时，寄生、捕食作用，限制了蚜虫过量繁殖，从而维护了蚜虫种群及其食物网的稳定性，保护了生态自然中的其他生物。

食物营养联系是自然生物物质循环的基础，是一种普遍存在的自然现象。通常食物链是：植物—植食性动物（主要是昆虫）—植食性动物有关的寄生性和捕食性动物—肉食性小动物—顶级大型肉食动物（如老虎、狮子等）。例如，水稻遭受螟虫、椿象、甲虫等多种昆虫的危害，这些害虫又被寄生蜂、螳螂、草蛉等天敌寄生或捕食，而螳螂、草蛉又被鸟类所食，鸟儿又成为食肉性动物的美餐，如此层层递进，建构出多元稳定的食物金字塔。

著名的"猫与三叶草"的故事就生动体现了事物间互相依存、相生相克，甚至风马牛不相及的事物间都有奇妙的关联。

"猫与三叶草"的故事：当时的英国盛产三叶草。在田野里长得特别繁茂的三叶草，是靠野蜂来传播花粉的。这种野蜂舌头尖长，可插入三叶草红色花朵中的花蕊管内采蜜，同时为三叶草传授花粉，使其生生不息。如果没有野蜂光顾，红三叶草的花朵开得再艳再旺也结不了籽，繁殖不了后代。奇妙的是，野蜂的多少，又决定于田鼠的数量。因为，田鼠常捣毁这种野蜂的蜂巢，偷吃蜂蜜和幼虫。显而易见，田鼠势盛，野蜂便衰败，红三叶草就不茂盛了。而田鼠又是猫的阶下囚，猫多田鼠必然少。达尔文由此得出结论：一个区域中有了大量的猫，田鼠就少了，随着田鼠对野蜂的干预作用弱化，可以使那个区域里的红三叶草长得特别好。在英国，红三叶草是牛的主要食物，于是，人们餐桌上牛肉的多少，又跟猫发生了联系。

—— 达尔文《物种起源》

伟大的生物学家赫胥黎也对此进行了有趣的演绎：为什么英国海军这么强大呢？因为当时英国有许多抱独身主义的老处女，她们日夜相随的宠物是猫。老处女多则养猫就多，大量的猫镇住田鼠，田鼠一少野蜂就自然多了，红三叶草随之兴盛，红三叶草兴盛，养牛业就不愁发展不起来。由此推论，英国海军之所以能称雄四海，实在是有赖于老处女们的帮助。老处女与海军，表面看风马牛不相及的事物，却环环相扣，彼此被无形的网牵系着 [2]。

在我国的蛇岛上，老鹰捉蝮蛇，蝮蛇吃小鸟，小鸟捕昆虫，昆虫吃植物……自然界中的生物共生在一起，彼此之间存在着竞争、捕食、寄生等相互依存、相互制约的生态关系。

1957 年，我曾参观苏联一处"生物地理群落"研究站，即相当于现在的"生态系统"研究站。在落叶栎林里，看到一棵棕树完全用网子网起来，与邻近未网的同一树种做对比观察。经过四年的试验，被网的那棵树变成光秃秃的，而未网的长得枝叶茂盛，欣欣向荣。这是为什么？因为昆虫可以通过网眼飞进去，而昆虫的天敌——飞鸟飞不进去。所以昆虫在网内自由自在地吃树叶，越吃昆虫繁殖越多，直到把叶子吃光为止。而露于自然界的未网的那棵树，虽也有昆虫吃树叶，但同时由于飞鸟也在不断地吃昆虫，这就保持了自然界的生态平衡状况。人们把树网起来，是破坏自然生态平衡的一种行动，就好像打死大量鸟雀破坏生态平衡一样。

—— 侯学煜《什么是生态系统》

"生物地理群落"研究站的实验 [3] 生动体现了生物间的共生共荣、相互制约关系。一种动物或植物如果没有天敌，会毫无约束地大量繁殖，最终会因为耗竭食物来源而灭亡。

在美国的一片森林中，生活着上千只鹿，尾随其后的便是以鹿为食的狼。人们为了保护鹿，便大肆地捕杀狼，不久，狼被打光了，鹿无忧无虑地生活在森林中。可惜好景不长，鹿群很快就发展成几万只，它们在林中随意啃食，渐渐森林植被不复存在，大地枯黄凋敝，鹿群的好日子也走到了尽头。先是食物匮乏造成鹿的大量死亡，然后是鹿缺乏锻炼，体能下降，疾病又乘虚而入夺走了无数鹿的生命。到 20 世纪 40 年代，森林中只有为数不多的病弱之鹿苟延残喘。可见，狼才是鹿的真正保护者，狼吃鹿，控制鹿的数量，从而保护了森林的生态平衡 [4]。

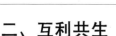

二、互利共生

互利合作指不同的生态环境中众多的物种常常以合作的方式去适应和改造自己所处的环境，是众多生命之间的相互合作与协调，造就了生态内在和谐机制。例如，曲纹紫灰蝶与蚂蚁建立共栖关系，举尾蚁舐食灰蝶幼虫身体背腺的甜液分泌物质，该蚂蚁则驱逐环蝶科的天敌，起到卫兵作用，冬天蚂蚁还把灰蝶幼虫或蛹运回蚂蚁巢，使其安全越冬，甚至容忍灰蝶幼虫悄悄取食蚂蚁，完成自己的发育。蚂蚁与蚜虫也时常结成命运共同体，蚂蚁取食蚜虫分泌的蜜，也帮助蚜虫占领植物的嫩芽，充当卫兵保护蚜虫，避免蚜虫遭瓢虫等天敌的捕食。

生长在墨西哥东部的巨刺金合欢与蚂蚁结成命运联盟，蚂蚁在巨刺中安家，叶尖的嫩苞是蚂蚁的食物，而蚂蚁为金合欢巡逻放哨，攻击一切取食金合欢的敌害，甚至剪除藤萝树苗之类遮挡金合欢的植物[5]。

蜜蜂蜂吻的曲度与长度常常与植物管型花冠的长度相适应，便于采蜜、传花、授粉。土蜂的吸管与红色三叶草的花蕊吻合。榕小蜂取食榕树，也专为榕树授粉，而且每一种榕树均有一套复杂的专化性的传粉机制，通常每种榕树只接纳一种榕小蜂。许多蝴蝶只吃一种特定的植物，也为这种专性植物授粉。例如，黑脉金斑蝶只吃马利筋（一种蜜源植物），马利筋花蕊的封闭式结构使其很难利用风力传粉，其花蜜必须通过蝴蝶的足沾染授粉器达到授粉的目的，马利筋的乳汁有毒，所以黑脉金斑蝶幼虫吸食了马利筋花蜜，也就把马利筋的强心柑毒素累积在体内，转化成防御敌害的武器[5]，这些都是昆虫与植物互利共生、协同进化的生动范例。

三、适者生存

所谓适生，在生态学中有两方面的含义：一是指生物通过适度变化而适应特定环境，获得生存与发展空间；二是指那些有利于生物在自然环境中生存和繁殖后代的任何发育上的、行为上的、解剖上的或生理上的特征。

任何一个物种，从生存的本能上，都趋向自我复制，竭力扩展种群。而事实上，物种分布总是局限于一定范围在，其种群数量常常稳定在一定阈限之内。这是因为：一方面，自然界给定的环境不都是适合某一生物种群发展的；另一方面，即使遇上了合适的环境，如果种群密度过高，对环境产生危害，就不再利于生存，这样就只能通过竞争等途径淘汰那些不适应环境变化的个体，使那些最具适应能力的生命个体得以保存下来，获得更大的生存空间。

昆虫无疑是自然界适生的典范。达尔文曾举例说明：非洲马德拉岛是一个孤岛，由于风大，一些甲虫的翅膀退化，这是生物适应环境的结果，也是生物与环境协同进化的结果[6]。高繁殖率与变异能力，强大的学习与适应能力，使得昆虫能够最大限度地适应环境，甚至是高温、极寒、干旱、饥饿、药剂等生存逆境。

四、生态哲学

生态学以雄辩的事实证明，任何物种都需要与其他物种相互依存，没有任何物种可以有机会独立生存下来，相互依赖性是生态学的一个最基本的真理[1]。适者生存、用进废退、互利共生、协同进化，在自然生态系统中，竞争与适生、进化与演化就这样不可分割地结合在一起，共同弹奏着生态的华彩乐章。

多元共生是在生物多样性基础上总结出来的一条重要生态原则。多元共生即意味着和谐共在，和谐共在的内在机制使多种生物体之间是对立竞生、协同共生、相互依赖、相辅相成的关系。地球生物圈中生命形式的丰富性和物种的多样性，对维持生态系统的动态平衡，以及生物之间、生物与环境之间物质、信息和能量的交换具有极其重要的价值。

多元共生不仅是自然的法则，也是社会的法则，这一点已经成为一个重要的现代环境价值理念为国际社会所接受。1992 年通过的《联合国生物多样性公约》就开宗明义地指出："缔约国意识到生物多样性的内在价值和生物多样性及其组成部分的生态、遗传、社会、经济、科学、教育、文化、娱乐和美学价值，还意识到生物多样性对进化和保持生物圈的生命维持系统的重要性，确认生物多样性的保护是人类共同关切的事项。"

广为传诵的北美印第安苏夸美什部落酋长的《西雅图宣言》更质朴地表达了这种人与自然和谐共在的生态哲学："我们是大地的一部分，而大地也是我们的一部分。""人不可能编织出生命之网，他只是网中的一条线。他怎样对待这个网，就是怎样对待自己。"

从儒家角度讲，"厚德载物"就是包容，就是允许万物随性发展。《中庸》云："唯天下至诚，为能尽其性。能尽其性，则能尽人之性。能尽人之性，则能尽物之性。能尽物之性，则可以赞天地之化育。可以赞天地之化育，则可以与天地参矣。"在这里，人虽然被赋予了"主体"的能动地位，但却是一个承担义务的"生态主体"。"尽性"的目的不是人类征服和改造自然，而是"赞天地之化育"，顺应事物发展的规律，有限度地发挥主体的创造作用。

从道家角度讲，庄子说："汝身非汝有也，孰有之哉？曰：是天地之委形也。生非汝有，是天地之委和也；性命非汝有，是天地之为顺也；子孙非汝有，是天地之委蜕也。"既然人的身体、生命、禀赋、子孙皆不为人类自身所拥有，而是大自然和顺之气的凝聚物，那么人类就应当尊重天地自然，尊重一切生命，与所有的生物为友，与所在的自然和谐相处。

从佛家的角度讲，"众生平等，慈悲为怀"是佛教伦理的核心原则。众生平等是佛教从佛性论、轮回观和解脱论角度来看众生而得出的结论。佛教认为一切众生悉有佛性，即都有成佛的可能性，成佛被佛教视为生命向上进化的最高形态。慈悲为怀：慈悲的根本精神是觉悟有情、普度众生，使其离苦得乐，获得解脱。因此，佛教认为人类应以慈悲之心护佑有情生命，不杀生、不破坏有情生命所依存的环境[7]。

对自然生态环境的体悟，触动的不仅是人类的感性认知，同时也触动着人类的理性思辨与哲学反思。在一个进化的系统中，生物多样性越丰富，联系网络越发达，就越容易形成互惠互利关系。现代社会生存模式也有对立竞生、互补共生与独立共存模式，不同产业、不同企业的生态位总是存在一定程度的同质化，同质化程度越大，竞争就越激烈，这是所谓的红海战略。同质化或重叠程度小，发展的领域就相对宽松，也就是"蓝海战略"。随着社会化、信息化程度的提升，社会的异质互补与相互依存的生态性就越突出，因此，生态位、生态哲学已经渗透到社会生活的各个层面。"不是东风压倒西风，就是西风压倒东风"的冷战思维与"你死我活，两败俱伤"的竞争（战争）模式已经逐渐淡化，代之而起的是协同进化、互利共赢的生态共生模式。

参 考 文 献

[1] 马兆俐.罗尔斯顿生态哲学思想探究.沈阳：东北大学出版社，2009.

[2] 李庆康，冯春雷，曾中平.二十一世纪科学万有文库第16辑.北京：中国国际广播出版社，1997.

[3] 司马文质.感悟自然.福州：福建少年儿童出版社，2012.

[4] 尹贵斌.反思与选择：环境保护视角文化问题.哈尔滨：黑龙江人民出版社，2008.

[5] 凯文·凯利.失控.东西文库译.北京：新星出版社，2010.

[6] 徐桂荣，王永标，龚淑云.生物与环境协同进化.武汉：中国地质大学出版社，2005.

[7] 张有才.论佛教生态伦理的层次结构.东南大学学报：哲学社会科学版，2010，12（2）：19-22.

第三节　时间哲学

从客观角度讲，时间属于自然的延续与历史的脉络，是可用物理手段加以测度的客观存在；从主观角度讲，时间有着丰富的人文内涵，承载着季候、机遇、境况、心境、轮回等丰富复杂的意蕴[1]。

"乾坤万里眼,时序百年心"① 形象地表明,中国人的时间、空间意识都与主体的认知、感知紧密相连,而中国人对自然、社会及对自身的认识也总是在一定的时空(宇宙)坐标中建构,对时间的理解也在集体无意识中加入了人生况味。正因为如此,"中国人的时间概念体现在语言和生活方式中,他们具有异常丰富的时间表达方式和某种渗透其言语及整个生活的时间概念和时间体系的逻辑"②。中华民族的时间观蕴含了一种绵延的时空哲学与深厚的生命体验,如"与时俱进""识时务者为俊杰""天时、地利、人和"等。

一、昆虫与四季

中国是世界上最早进入农耕生活的国度之一。大约在两万年前,中国农业已经初露端倪,到距今六七千年前的仰韶文化时期,原始农业已粗具规模。

远古时代,民间没有历法与计时工具,农事活动只能以"现象授时",即靠对天象(日月星辰的变化)、物象(昆虫等动植物的变化)和气象(寒暑冷暖的变化)的观察去安排农业生产[2]。

农作物生长与季候紧密相关,绵延千年的农耕文明铸就了中国传统的四时观念:春种、夏长、秋收、冬藏。早在卜辞(殷墟发现的甲骨文,刻在龟甲、兽骨上的占卜文字)中就出现了"春秋"之称,春秋战国时期开始出现春、夏、秋、冬四时之说。自此以后,四时既是天文历法、农事活动的重要依据,又延伸到宗教、道德、哲学、行政、军事等社会生活的多个方面。因此,四时既有自然属性,也有丰富的人文属性。四季循环,周而复始;阴阳交错,人事更迭。人伦与天理同构,主体融汇到客体(四时)的变迁之中,形成主客交互型[3]。

《诗经·蟋蟀》有"蟋蟀在堂,岁聿其莫",意为"蟋蟀进房天气寒,岁月匆匆近年关";《诗经·七月》有"四月秀葽(草木结子),五月鸣蜩(蝉鸣)……五月斯螽(蚱蜢)动股,六月莎鸡(蝈蝈)振羽。七月在野,八月在宇。九月在户,十月蟋蟀入我床下"。

《礼记·月令》对昆虫的季节性活动有细致的论述。孟夏之月:"蝼蝈鸣,蚯蚓出";仲夏之月:"螳螂生,蝉始鸣";季夏之月"蟋蟀居壁,腐草为萤";孟秋之月:"凉风至,白露降,寒蝉鸣";季秋之月:"蛰虫咸俯在内"。

古人也把昆虫的活动当成农耕活动的参照物。惊蛰意味着昆虫蠢蠢欲动;阳春三月,蚕虫已经开始活动,提示妇女采桑叶,准备好养蚕用具。《左传》(桓公五年)有"凡祀,启蛰而郊……闭蛰而烝",这里以昆虫的春出而冬伏作为对季节变换的

---

① 出自唐·杜甫《春日江村五首》。

② 出自法国汉学家克洛德·拉尔的《中国人思维中的时间经验知觉和历史观》,见路易·加迪:《文化与时间》,浙江人民出版社,1987年版,第32页。

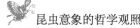

描述。《左传》对节气中的"惊蛰"有明确的说明："启蛰而郊，郊而后耕。"

正是因为古人意识到昆虫与季节的密切关联，所以在造字时就以昆虫为原型：据考证，殷代甲骨文中的"夏"字，就是一只蝉的样子，"秋"字则画成蟋蟀的样子，"春"的原意是虫子蠢蠢欲动。无独有偶，古希腊、古罗马的许多象形文字也取象于昆虫[4]。

庄子说："井蛙不可以语于海者，拘于虚也；夏虫不可以语于冰者，笃于时也；曲士不可以语于道者，束于教也。"① 井底之蛙无法想象海的博大，夏天的虫子也无法感知冰雪的寒凉，因为此时小虫或许已经死去，或者进入冬眠，时间对它们来说已经停滞。而庄子未必知道，昆虫不仅在冬天销声匿迹（冬眠），在夏季高温时段也会"缺席"，处于一种滞育状态，昆虫滞育往往是在不利环境到来之前，由某些季节信号，尤其如光周期变化的诱导而引起。

与人和其他哺乳动物不同，昆虫是变温动物，又称冷血动物。它们的体温在一定范围内随环境温度的变化而变化。温度不仅决定昆虫世代的长短、繁殖速率、繁殖方式，还决定昆虫的行为方式与生命形态。"人类和蚂蚁对时光流逝的看法大相径庭，对人类而言，时间是绝对的。对蚂蚁而言，时间是相对的，当天气变热，每秒钟变得非常短促；天气变冷时，每秒钟开始扭曲，无限延长，直到失去知觉进入冬眠。定义一项事件，昆虫不仅利用空间和时间，它们还加上第三种坐标——温度。"② 我们认识世界都需要一定的参照系与坐标系，参照系不同，对事物意义的理解与感知也不同，这就是世界的相对论。

虽然大多数昆虫的寿命很短，但它们都有时间观念。它们对日夜交替有着很明确的反应。蝴蝶白天活动，夜间休息，而蛾类正好相反。即使在白天，它们也有自己的活动时间和休息时间。这种活动的周期现象虽然与外界环境的影响有关，如日夜长短和温度的变化，但是，昆虫的活动周期也可完全不受外界环境的影响，而是靠体内的"生理钟"或"生物钟"进行自我调控。这种生物钟也决定着昆虫的羽化时间，很多昆虫的成虫都是在一天中的特定时刻从蛹中蜕壳而出的。借助某些不可思议的本能，昆虫不仅可以把地球的磁场和自转当成自己航行时的导航仪来使用，还可以根据北极方位的季节变化来估算时间的推移。

虽然生物钟的作用机理目前还不十分清楚，但激素似乎是决定昆虫昼夜节律与生活起居的主要因素。正是由于激素的作用，即使把蜚蠊饲养在永久黑暗的环境中，它也是在每天大致相同的时刻开始活动。

---

① 出自《庄子·秋水》。
② 出自艾德蒙·威尔斯《相对且绝对知识百科全书》。

二、昆虫与四时意象

"气之动物，物之感人，故摇荡性情，形诸舞咏……若乃春风春鸟，秋月秋蝉，夏云暑雨，冬月祁寒，斯四候之感诸诗者也。"（钟嵘《诗品序》）

"春秋代序，阴阳惨舒，物色之动，心亦摇焉。盖阳气萌而玄驹步，阴律凝而丹鸟羞，微虫犹或入感，四时之动物深矣……岁有其物，物有其容；情以物迁，辞以情发。一叶且或迎意，虫声有足引心。况清风与明月同夜，白云与春林共朝哉！"[①]

昆虫与四时相应构成的形象体系，以简明的方式体现人文时间的深邃内涵。在农耕文化的视域中，时间不仅意味着四时更替，也蕴含了中国人春华秋实、起承转合、悲欢离合、阴晴圆缺的人生况味。

春天是蝴蝶的舞台："黄四娘家花满蹊，千朵万朵压枝低，留连戏蝶时时舞，自在娇莺恰恰啼"[②]；"雨前初见花间蕊，雨后兼无叶里花，蛱蝶飞来过墙去，却疑春色在邻家"[③]；"篱落疏疏一径深，树头花落未成阴，儿童急走追黄蝶，飞入菜花无处寻"[④]，稚子、彩蝶、菜花，动静相携，相得益彰，构成春和景明的温馨画卷。

夏天是蝉的乐园："高蝉多远韵，茂树有余音"[⑤]；"蝉噪林逾静，鸟鸣山更幽"[⑥]；"白水满时双鹭下，绿槐高处一蝉吟"[⑦]。情景相融，人格化的昆虫意象倾注了诗人对自然万物的怜惜之情与温柔之情。

秋天是蟋蟀的歌厅："轮将秋动虫先觉，换得更深鸟更催"[⑧]；"雨中山果落，灯下草虫鸣"[⑨]。暮秋时节诗人用心谛听着大自然的"心率"，体验着草木秋虫与人同样的际遇，在枫叶流丹、晚蝉长吟中感知岁月流转与人世沧桑，由此获得生命的彻悟与慰藉。

三、时间哲学

天人感应：基于四时在人们生活中的重要性，《吕氏春秋》演化出了"天人感应""四时感应"的模式：春主生，故《孟春》《仲春》《季春》三纪讲人之生，论知任人之术，因身而及于心；夏主长，故《孟夏》论及音乐教化；秋主收及成，与刑杀有关，故《孟秋》《仲秋》《季秋》三纪均论兵；《孟冬》冬主藏，藏者葬也。

---

① 出自刘勰《文心雕龙·物色》。
② 出自唐·杜甫《曲江二首》。
③ 出自唐·王驾《雨晴》。
④ 出自宋·杨万里《宿新市徐公店》。
⑤ 出自宋·朱熹《南安道中》。
⑥ 出自唐·王维《辋川闲居赠裴秀才迪》。
⑦ 出自宋·苏东坡《溪阴堂》。
⑧ 出自明·陈继儒《小窗幽记》。
⑨ 出自唐·王维《秋夜独坐》。

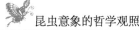

换句话说，春生、夏长、秋收、冬藏；天地万物都是依时至、依时去的，遵从这种秩序，天地才悠久，万物才生生不息，春夏秋冬四季轮回才能绵延不绝。社会仿效它的运行规则，就可以长治久安、万世太平。

司马迁在他的不朽著作《史记·礼书》的开篇说："太史公曰洋洋美德乎？宰制万物，役使群众，岂人力也哉？"意为：四季循环，轮回之礼是如此盛大、充实而影响久远，就像一种信誉、一种美德，主宰着万物的生成。因此，顺应自然就能顺应人情，教化众生，共谋社会国家长治久安的繁荣。这种礼，哪里是少数人力所能勉强制定的呢？换言之，社会运作也要尊崇自然法则，与时偕行，与时俱进，追求天时、地利、人和。

循环再生：中国人对时间的感知源于对农时、节令的认识，因而"循环"便伴随着时间概念一起进入人们的意识之中。"日出而作，日落而息"是昼夜交替；"寒来暑往，阴晴圆缺"是周期性的循环；"花开花落，春华秋实"是季节性的循环；昆虫的卵—幼虫—蛹—成虫—卵，是生活世代的循环。

"寄蜉蝣于天地，渺沧海之一粟。哀吾生之须臾，羡长江之无穷。"[①] 与卑微的昆虫一样，个体的生命终究是短暂、脆弱的。然而，种群交替，生生不息；岁月更迭，循环不已。同样，人类社会也是代代更迭，世代延续。"周虽旧邦，其命维新"[②]，在传承中变革，在变革中求新，古今交融，天人合一，这就是中华文明千百年生生不息、代代相传的奥秘所在。

"蜉蝣之羽，衣裳楚楚。心之忧矣，于我归处？蜉蝣之翼，采采衣服。心之忧矣，于我归息？蜉蝣掘阅，麻衣如雪。心之忧矣，于我归说？"[③] 蜉蝣朝生暮死，确切地说，蜉蝣成虫的寿命只有若干小时，一旦交尾产卵，即刻死去。

《淮南子》记述："蚕食而不饮，二十二日而化；蝉饮而不食，三十日而蜕；蜉蝣不食不饮，三日而死。"又说："鹤寿千岁，以极其游，蜉蝣朝生而暮死，尽其乐，盖其旦暮为期，远不过三日尔。"在这里，昆虫短暂的生命历程得到生动的描述与诗意的体现。"夫天地者，万物之逆旅也；光阴者，百代之过客也。"有限的生命原本是一种时间的储存。"逝者如斯，不舍昼夜"的时间总让人心生感慨：生命是短暂、脆弱的，更是无常的，所以针对时间的叹息，其实都是在慨叹人生的无常与生命的短暂。诚如东山魁夷所言："自从我更了解生命，我发现，只有无常和流转才是生的明证。"

生与死、短暂与永恒、有限与无限是困扰人类的永恒命题。在这个命题上，儒家精神认为悲剧意识的觉醒是价值建立的前提。"生年不满百，常怀千岁忧。""天

---

① 出自宋·苏东坡《前赤壁赋》。
② 出自《诗经·大雅·文王》。
③ 出自《诗经·曹风·蜉蝣》。

行健，君子以自强不息。""路漫漫其修远兮，吾将上下而求索。"……儒家发出人生无常、生命短促的悲观慨叹，并在确认人生悲剧的基础上，弘扬人的主体性与超越精神，试图以"短暂""有限"的个体，追求"立功、立德、立言"的"不朽"存在[5]。中国文化在对时间的无限追慕中，律动着一种崇高的人文精神，散发着无尽的人格魅力；中国人对时间的体认，达到审美的高度，呈现出一种回环往复的螺旋上升曲线。

四时之美："遵四时以叹逝，瞻万物而思纷；悲落叶于劲秋，喜柔条于芳春。心懔懔以怀霜，志眇眇而临云。"（陆机《文赋》）对时光流转、季节更替的审美体验，对天人合一的直觉和妙悟，早已成为华夏民族的文化精髓[6,7]。

诚如朱光潜所言："在观赏的一刹那，观赏者的意识应被一个完整而单纯的意象占住，微尘对于他便是大千，他意识不到时光的飞驰，刹那对于他便是终生。他在想象和幻觉的心境中做自由之关照，全身心拥抱世界，投入人生，与时偕行。"

"兴来醉倒落花前，天地即为衾枕；机息坐忘磐石上，古今尽属蜉蝣。"昆虫启迪我们，从弱小精微的小生命参悟大宇宙、大生命。在破茧成蝶、流变无常的象征背后，了解生命的矛盾冲突，以广博的智慧，从微小看到深远，从圆满看到缺憾，从缺憾中发现意义，从而以诚挚的同情、以拈花微笑的审美态度，感悟天地大美，感悟春华秋实，在顺应中消融时光。

参 考 文 献

[1] 程国蓉，丁守年．文化与时间 —— 对中国文化一次解读．宜宾学院学报，2006，6:57-58.
[2] 彩万志．中国昆虫节日文化．北京：中国农业出版社，1998.
[3] 路易·加迪．文化与时间．郑乐平，胡建平译．杭州：浙江人民出版社，1988.
[4] Hogue C.Cultural entomology.http://www.insects.org/ced1/cult_ent.html.
[5] 易存国．审美中国．南京：江苏人民出版社，2009.
[6] 董广杰，吴文瀚，宋正．走进美的殿堂 —— 中西审美文化透视．武汉：武汉大学出版社，2011.
[7] 许兴宝．春江花月夜 —— 宋词主体意象的文化诠解．北京：中国文联出版社，2000.

第四节　幻化哲学

古代先民面对昆虫精微的变态、羽化的生命历程，观察体验，感同身受，编织出经典的虫化与虫梦故事，经典的"蝴蝶梦""促织梦""蝼蚁梦"都是以虫态

反观世态。以虫眼透视人生，淋漓尽致地体现着人性与虫性的交融与对话，折射出古人朴素的变异、迁化与幻化的哲学思考。

一、虫化

虫化：在儒、道两家看来，"化"都是一个哲学范畴，变"化"是普遍存在的，是自然而然的内在转化、变化、顺化。

化生即不同物象互相转化。中国古神话中所呈现出的"化生"的意象是一个深厚蕴藉的符号，包含变化、迁化、循环、转化、流转之意。例如，盘古死后，整个脏腑骨络化成了江河丘壑；女娲和杜宇死了，他们的精魂相应地变成了精卫和杜鹃，继续着未竟之遗志……古代典籍中有关"化生"的描述俯拾皆是。

其中具备鲜明特色的是虫化故事。所谓"虫化"大抵有：昆虫化为他物，他物化为昆虫，此种昆虫化为彼种昆虫[1]。《诗经·无羊》中有梦见蝗虫变成鱼之说；《荀子·劝学》中有"肉腐出虫，鱼枯生蠹"。《列子·天瑞》中有蛴螬化蝴蝶、鱼卵化为虫之说；《易经》的"天地感而万物生"与王充《论衡》的"天地合气，万物自生"如出一辙，都提出和实生物的理念。王充在《论衡·无形篇》中还说："蛴螬（金龟甲幼虫）化为复育（蝉的幼虫），复育转而为蝉"，蛴螬与复育都在土里生存，到了成虫阶段才重见天日，古人未加仔细辨析将二者混为一谈。而"腐草化萤"（萤火虫是由腐草化生）之说更是源远流长。

或许，古人未必不知道其中有误，只是大而化之，笼统地将多变的昆虫作为一种象征来阐释世间万物循环往复与生生不息。化生之说，正是建立在这样朴素的哲学思想基础之上的。用这种观点去观察自然、解释自然，便产生了形形色色、光怪陆离的化生故事。在化生思维理念中，鱼变蝗、蝗变鱼、赤虫化蜂、蜂化促织，乃至人化蝶、蝶化妖，就似乎顺理成章、自然而然[1]。

《苗族史诗·古枫歌》这样叙述："砍倒了枫树，变成千万物。锯末变鱼子，木屑变蜜蜂，树心孕蝴蝶，树桠变飞蛾，树疙瘩变成猫头鹰……""蝴蝶是从树心变化来的，蝴蝶与水泡游方，产下十二个蛋，其中的一个才生出了人类的始祖姜央……"可见，在苗族先民的思维当中，人是从蝴蝶变来的，因为昆虫是比人类资历更老的物种，生命是由低级向高级演变的，而且在生命的产生、进化过程中，没有意志力的主宰，天地万物的化生是自然而然的流变过程。

二、虫梦

庄周梦蝶。5000 年的中华文明史留下了无数幻化之梦。而"庄周梦蝶"无疑是最具中国文化意味的经典之梦。蝴蝶梦其实是一个清醒的白日梦。试想春和景明，风和日丽，轻盈华丽的蝴蝶在花间流连，构成一幅生机盎然、自由闲适的春意图。在蝶梦中，庄子化为蝴蝶，人与蝶合二为一，以至于他对自己究竟是人还是蝶，产生了瞬间模糊。

南柯一梦。包括《南柯记》在内，汤显祖的"四梦"都是以梦境隐喻人生，以虚幻折射现实，以浪漫的艺术想象与绮丽的文笔表现深邃的人文精神。

《南柯记》写淳于棼梦入蝼蚁之槐安国为南柯郡太守事。剧情是：淳于棼有一天在门南一棵大槐树下喝醉了。恍惚间被人带进树洞，只见洞中晴天丽日，有一槐安国，正赶上京城举行选拔官员考试，他也报名。考了三场，文章写得十分顺手。等到公布考试结果时，他名列第一名。紧接着皇帝进行面试。皇帝见淳于棼长得很帅，又很有才气，非常喜爱，就亲笔点为头名状元，并把公主嫁给他为妻。状元郎成了驸马郎。婚后，夫妻感情十分美满。不久，淳于棼被皇帝派往南柯郡任太守。淳于棼勤政爱民，深受百姓爱戴。皇帝几次想把淳于棼调回京城升迁，百姓闻之纷纷涌上街头，挡住太守的马车，强行挽留他在南柯继任。淳于棼为百姓的爱戴所感动，只好留下来，并上表皇帝说明情况。皇帝欣赏他的政绩，就赏给他许多金银财宝，以示奖励。有一年，擅萝国派兵侵犯槐安国，槐安国的将军们奉命迎敌，不料几次都被敌兵打得大败。消息传到京城，皇帝急忙召集文武官员们商议对策。这时宰相想起了政绩突出的南柯太守淳于棼，于是向皇帝推荐。皇帝立刻下令，调淳于棼统率全国的精锐兵力与敌军作战。淳于棼接到皇帝的命令，立即统兵出征。可是他对兵法一无所知，与敌军刚一交战，就被打得落花流水，一败涂地。皇帝得知消息，非常失望，下令撤掉淳于棼的一切职务，贬为平民，遣送回老家。淳于棼想想自己一世英名毁于一旦，羞愤难当，仰天长啸，从梦中惊醒。他按梦境寻找大槐安国，原来就是大槐树下的一个蚂蚁洞，一群蚂蚁正居住在那里。

——明·汤显祖《南柯记》

"三径已荒无蚁梦，一钱不直有鸥盟。"[1] 在梦中，淳于棼从一介书生摇身一变成为显赫一时的驸马爷。他勤政爱民，治理有方，深受百姓爱戴与皇帝信任，可谓春风得意，怎料风云突变，顷刻间命运急转直下，美梦瞬间破灭，人生幻灭感油然而生！蚁梦意味着人生如梦，世事无常，生命注定是一个从生到死、由盛转衰的悲剧过程。而悲剧是人的具有极端冲突性质的悲剧意识所集结的产物，悲剧意识的觉醒是人类对自我存在意义的认识与反思。

促织梦。蒲松龄的《促织》以宣德皇帝好蟋蟀的故事为原型，讲述人虫幻化的故事，故事一波三折，引人入胜，发人深省。

《促织》中最重要的转折是成名的儿子把好不容易得来的好虫给废了，成名的

---

[1]　出自宋·张元干《兰溪舟中寄苏粹中》。

儿子"畏罪自杀"。在人、虫两空，山穷水尽之时，成名的儿子竟然又半夜复苏，身化促织，注入人之魂魄的促织虽其貌不扬，但骁勇善战，不管是斗虫、斗鸡都能克敌制胜，特别是能"闻琴瑟之声，则应节而舞"。人虫异化让成名的命运有了惊天逆转，成名家由此柳暗花明，不仅得到赏赐，还就此丰衣足食，成为殷实之家。表面上，《促织》的结果是老套的"大团圆"，实质上，作者是以荒诞的"大团圆"抒发自己对社会、对人生的"大绝望"。在昏聩的封建统治机器下，下层百姓受到官僚的层层欺压，在万般无奈之下，只有异化为促织才得以解脱，这一切好比"蝉翼为重，千钧为轻；黄钟毁弃，金釜雷鸣；谗人高张，贤士无名"①。在昏庸的皇帝心目中，个人享乐是重的，而江山社稷、黎民百姓是轻的，一个人的命运居然轻于一只小虫……个人的悲剧、家庭的悲剧蕴含着社会覆灭的内在动因。

甲虫梦。卡夫卡的《变形记》通过格里高尔在生活的重负之下无力把握自己命运的遭遇来表现人自身的异化。异化劳动和生活的重负造成了格里高尔个性的异化、自我的丧失。他谨小慎微、勤奋工作，只是为了保住这个赖以为生的饭碗。事实上，他已经沦为一架挣钱的机器。人性的扭曲、人自身的异化造成了他与人的本质的偏离，他像机器或动物一样，只是一味地应付外界。由于现实生活中的这种境遇，格里高尔感到孤独、焦虑、绝望，最终变成了一只大甲虫，正是这种人自身的异化，即精神异化的必然结果。

小说中描写到："住了五年的高大房间使格里高尔感到恐惧，他只好躲到沙发底下，觉得有安全感。只是空间稍矮，他身子太宽，不能完全藏到沙发下面。"因为长期的强制劳动已经使他不再信任外部的环境，如履薄冰的推销员生活使他对外界充满了恐惧，外在的日常生活不再能给他起码的安全感，所以他把沙发底下当作他的"避难所"，只有在这里，他才会感到放松和舒服。卡夫卡就是通过这样一个细节把弱势群体的生命窘迫感巧妙地传达了出来。在这里，卡夫卡通过人变成甲虫的荒诞梦境，表现人与人、人与世界、人与自然、人与自我的疏离，是人类孤独感、焦虑感、恐惧感、绝望感的形象写真[2]。虽然甲虫有坚硬的外壳，但却有非常柔弱、敏感的内心。在冷漠的外表下，隐含着难以言表的苦痛与失落。

三、虫化的哲学

经由文人妙笔的点化，昆虫的精微生命过程得到激活，成为化生、幻化的文化符号。"化生"的意蕴之中包含着人与自然的沟通、契合。所谓"天人合一"的思想也就滥觞开来，并就此变得圆融丰满，成为中国道德文化的核心意识或审美至境。

---

① 出自《楚辞·卜居》。

虫化意象有其丰富的内涵：其一，生命要从低级开始，蝴蝶（全变态昆虫）从爬动的幼虫逐渐长大，到老熟幼虫，从化蛹到成蝶；其二，生命有阶段性与形式，而形式融汇在生命过程中；其三，生命从低级到高级，从小到大，从爬动到飞翔，从丑陋到美丽，完全是一个因缘聚合、循环往复的自然流变过程，没有意志力的主宰，一切都是内在的转换；其四，"化生"是万物相互关联、相互转化，而万物的转换都遵循内在的规律，也体现了人与自然的沟通、契合。

变易的思想是儒家哲学的精髓。《易传》将《周易》中的朴素变易观上升为天地人伦的至理。"周虽旧邦，其命维新"，所谓"《易》者，易也"，儒家从变易的思想中获得与时俱进、生生不息的生存密码。

从道家思想的角度："方生方死，方死方生；方可方不可，方不可方可；因是因非，因非因是。"（《庄子·齐物论》）庄子的"道"永远处在变幻之中，既捉摸不定，又带有诗意的梦幻色彩，蝴蝶恰好是"变幻"的形象化隐喻。蝴蝶预示着一个已经发生转化或者启蒙的个人的完全的、彻底的形态、身份改变[3]。

"人生似幻化，终当归空无。""吾生梦幻间，何事绁尘羁。"道家不是消极看待"幻化"，消极地对待大化流行的节奏，而是追求随物迁化、随物赋形、顺化万物，寻求内在的转化。

如果说蝴蝶梦更多承载道家的齐物忘我的思想，而蚂蚁梦则是佛家"人生如梦"的真实写照[4]。从佛教的视角："一切有为法，如梦幻泡影，如露亦如电，应作如是观。"（《金刚经》）一切存在都只是刹那间顿现，一切都要归于虚无。生命就是一个"流幻"的过程，是一个注定要消失的过程。佛教从幻相（侧重于假而非真）、幻有（侧重于无而非有）、幻化（侧重于虚而非实）三方面看幻的特点。从性上来说，一切法都无实体，都是由因缘和合而生，又因为因缘离散而灭。世间的荣华富贵都是假象（幻相），幻是相对于无而言的，从存在形式看，万事万物及人们的心念，都是幻的存在，不是真有而是假有。佛家就是从幻灭的悲剧体认中，得到"觉悟"，看到生命的本质与内心，从悲剧意识中重新审视人的生命与价值取向。

四、虫梦的启示

梦是人在睡眠中（尤其是在快速眼动睡眠时期）神经活动的结果。梦也是一种潜意识心理活动，是意识的某一个层面活动的结果。如果把人的全部能量比作冰山，那么人能意识到的能量，仅仅是浮在水面上的冰山一角，仅占10%，剩下90%的潜能量都藏在水面以下[5]。

借助于想象的翅膀，"梦"可以翱翔于一切领域。丰富与无限性是"梦"的特点，超越时、空、地和一切事物的界线，则是"梦"的具体表现[6]。

　　梦是连接潜在能量的管道，人对事物追求的执着，常常是梦绕魂牵。梦想本身是虚的，但梦想所具备的号召力是现实的，人不仅是根据实在可能性在做事，而且也是按照梦想在做事，这样，人做事就包含了梦想的事实[4]。因此，梦想作为影响现实的力量，实际上已然成为现实的一部分，导引着现实的方向。那些改变人命运的梦境，并非来自神的赐予，而是来自自身潜在能量的激活，它通过梦境对现实发言[5]。

　　人变甲虫是荒诞之梦，其实质是人在异己力量的压抑下的人性异化，是人格的萎靡，是一种丑化。马克思认为："人同自己劳动产品、自己的生命活动、自己的类本质相异化这一事实所造成的直接结果就是人同人相异化，当人同自身相对立的时候，也与他人相对立。"进入 20 世纪，随着机器生产和现代化大工业的发展，人不知不觉被金钱、机器、生产方式等庞大的社会存在所压抑和驱使，逐渐成为金钱物质的奴隶而丧失自我，进而异化为"甲虫"，不得不靠冰冷坚硬的甲壳来抵抗来自外界的压力。卡夫卡曾带着忧伤的情绪说："生活的传送带不知要把人带到何处，人与其说是生物，不如说是物。"人异化为甲虫，是个人的悲剧，也是社会的悲剧，而社会悲剧何尝不是个体思想叠加累积，不断发酵，从量变到质变的过程[7]。

　　庄周化蝶是人与蝶的幻化，入则无痕，出则无迹，妙在自然而然。这种生命意识和时空感悟，恰恰体现了天人合一、物我不二的高远境界，是造就天人和谐的精神动源，也是人的超越与精神升华。

　　"蝴蝶"启迪我们：心随物转，境由心造，改变世界从心开始，以宽仁之心看待世界，世界就会得以改变；天地有大美，蝶梦了无痕，随物迁化，任运随缘，以深刻的同情体悟幻化与重生的多重意蕴，才能重新找回生活的原点。

参 考 文 献

[1] 孟昭连. 中国虫文化. 天津：天津人民出版社，2004.

[2] 郭淳. 从卡夫卡《变形记》看人性异化. 安徽文学，2010，10:18-19.

[3] 爱莲心. 向往心灵转化的庄子：内篇分析. 周炽成译. 南京：凤凰出版传媒集团.

[4] 邹强. 中国经典文本中梦意象的美学研究. 济南：齐鲁书社，2007.

[5] 邓在虹. 解析梦境世界. 合肥：安徽文艺出版社，2013.

[6] 傅正谷. 中国梦文化. 北京：中国社会科学出版社，1993.

[7] 姜建成. 科学发展观：现代性与哲学视域. 南京：江苏人民出版社，2008.

第五节　儒释道哲学

　　博大精深的中华文化孕育了厚重的哲学思想，儒、道、佛是对中国文化产生重要影响的哲学。透过灵动、隽永的昆虫意象，我们同样可以读出中国哲学儒释道互补的生动诠释与深刻内涵。

一、以虫比"德"

　　"儒，柔也，术士之称，从人需声。"[①] 后人据此解释"儒"为柔弱、柔缓。儒家崇尚致中和，崇尚天人合一、情景合一、心物合一、知行合一，儒学的核心价值观是自强不息的入世品格与刚健有为的笃行精神。因此，儒家意义上的"柔缓"并非"懦弱"，而是一种以柔克刚的生存智慧与人生境界。儒家强调道德教化与审美理想，"比德"是儒家诗性德育的重要形式，以自然物隐喻道德人格，具有潜移默化、直指人心的渗透力与影响力。在儒学视域，蝉、萤火虫、蟋蟀、蝴蝶、蚕都被赋予一种"人格美"而成为"比德"的载体。

　　"蝉"在古代文人的心目中是君子的化身，曹植在《蝉赋》中写道："皎皎贞素，侔夷惠兮；帝臣是戴，尚其洁兮。"意为蝉的贞洁品质可以与伯夷、柳下惠相媲美，是帝王与臣子的楷模和典范。西晋傅玄在《蝉赋》中写道："美兹蝉之纯洁兮，禀阴阳之微兮；含精粹之贞气兮，体自然之妙形……台群吟以近唱兮，似箫管之余音；清激畅于遐迩兮，时感君之丹心，"意为：美丽的蝉是纯洁的，它顺应阴阳造化，富含天地精气，体悟自然之妙。

　　陆机在《寒蝉赋·序》中以"蝉"来表达君子品格："夫头上有缕，则其文也；含气饮露，则其清也；黍稷不食，则其廉也；处不巢居，则其俭也；应候守时，则其信也；加以冠冕，则其容也。君子则其操，可以事君，可以立身，岂非至德之虫哉！"大意为：蝉头上有缕，是文采；餐风饮露，是清廉；无需筑巢，是节俭；应节守时，是信用……蝉以"五德"（文、清、廉、俭、信）被称为"才齐其美"的"至德之虫"。

　　初唐大书法家虞世南的《蝉》："垂緌饮清露，流响出疏桐。居高声自远，非是藉秋风。"这是一首典型的以"蝉""比德"的诗。以蝉寓人，蝉声远播，不是借助于秋风的传递，而是"居高"才能"致远"，表明品格高洁的人，并不需要某种外在的凭借（如权势、头衔、财富、地位等）。

　　"初唐四杰"之一的骆宾王，身陷囹圄，然志节不变。在《萤火赋·并序》中骆宾王借萤火虫抒写自己的人生宣言："况乘时而变，合气而生。虽造化之万殊，

亦昆虫之一物。应节不忒，信也；与物不竞，仁也；逢昏不昧，智也；避日不明，义也；临危不惧，勇也。事沿情而动兴，理顺物而多怀。感而赋之，聊以自广云尔。"

大意是：萤火虫应节而生，与节气同行，是"信"；不与其他物体相争，是"仁"；到了黄昏也不显晦暗，是"智"；不与太阳争辉是"义"；小小的萤火虫临危不惧，勇敢点亮自己的微茫之光，带给人光明和希望，是"勇"。诗人借萤火虫之"五德"，颂扬信、仁、智、义、勇的儒家道德规范。

萤 火 赋

唐·骆宾王

……类君子之有道，入暗室而不欺；同至人之无迹，怀明义以应时。处幽而不昧，居照斯晦；随隐显而动静，候昏明之进退。委生命兮幽玄，任物理兮推迁。化腐木而含彩，集枯草而藏烟。不贪热而苟进，每和光而曲全。岂知熔金而自烁，宁学膏火而相煎。陋蝉蜩之习蜕，怵蝼蚁之慕膻。匪伤蜉蝣之夕，不羡龟鹤之年。抢榆飞而控地，抟扶起而垂天……

诗人借萤火虫来抒发自己的道德理想与心迹：萤火虫好似君子，即便身处暗室，也不做苟且之事；居于昏暗之所，却放射出光辉；萤火虫不自耀，像至人那样行不留迹，怀义节以应时；萤火虫在幽暗之中，也不使自己蒙昧无知，随隐而动，遇显而息，黄昏出现，日出即退，不贪热而苟合求进，只是发出和光而曲意保全自己。看来，萤火虫是将性命寄托在黑暗之中，随事物的变化而改变；萤火虫能够化腐草为光芒，在枯草中发光，却不点燃枯草。殊不知，熔金自烁（炼金时，金属的冶炼模具也在高温下熔化），膏火相煎（油膏点燃，火与油膏相煎），所以，我既厌恶蝉蜩那样习惯于蜕皮（委曲求全），也不像蝼蚁那样喜爱腥膻（趋炎附势），即便我的生命像蜉蝣一样短暂，也不羡慕龟鹤之长寿。小鸟碰树而投地，大鹏翻转翱翔蓝天，天地万物，各有玄妙，只要顺天适性，每个人都会有精彩之处。

萤

唐·罗隐

空庭夜未央，点点度西墙。
抱影何微细，乘时忽发扬。
不思因腐草，便拟倚孤光。
若道能通照，车公业岂长？

秋天的深夜，高高的墙边萤光点点，萤火虫只是卑微的小虫，光亮微茫，却敢于点亮自己的灯盏，发出自己的孤傲之光。虽然萤是腐草根及烂竹根所化，但车胤就是借助囊萤照明读书，道通文翰，成就自己的满腹经纶的。

"胤恭勤不倦，博学多通。家贫买不起油，夏月则练囊盛数十萤火以照书，以夜继日焉。"①"囊萤"是儒家自强不息的人格范本，是积极向上的精神写照。

北宋文学家黄庭坚称蟋蟀有五德："鸣不失时，信也；遇敌必斗，勇也；伤重不降，忠也；败则不鸣，知耻也；寒则归宇，识时务也。"

唐代陆龟蒙在《蠹化》一文中总结蝴蝶有四德：秀其外，类有文；默其中，类有德也；不朋而游，类洁也；无嗜而食，类廉也。

清代文学家张潮《幽梦影》有言："蝉为虫中之夷齐，蜂为虫中之管晏。"伯夷、叔齐是商朝末年孤竹君的两个儿子，因相互谦让王位而逃到周，周武王伐纣，他们曾经阻拦。周灭商后，他们"不食周粟"，在首阳山采薇为食，后饿死。而管仲、晏婴皆是春秋时期品德高尚的齐国名相。

谦谦君子，温润如玉，在东方的审美观念里，更倾向于"清静中和，温柔敦厚"之美，蝉、蝴蝶、萤火虫、蟋蟀是温柔可人的，是与时谐行的，它们个体虽小，但精神可嘉，因此古代文人以虫比德，对这些小虫报以悲悯与怜爱之情也就再自然不过了。

二、以虫悟"道"

道家强调道法自然、道妙自然。在道家看来，"道"与"气"是宇宙间万事万物共同的生命本源，因而道法自然；而"妙"是一种化境、一种玄机、一种生命历程中人与自然最奇妙的契合，道妙自然就是深得自然玄机[1]。

"昔者庄周梦为蝴蝶，栩栩然蝴蝶也。自喻适志与！不知周也。俄然觉，则蘧蘧然周也。不知周之梦为蝴蝶与？蝴蝶之梦为周与？周与蝴蝶则必有分矣。此之谓物化。"②庄周化蝶渗透了道家哲学"天地与我并生，而万物与我为一"的生命统一论。在庄子看来，真实与虚幻、梦与醒，乃至生与死之间没有明确的界限。虽然世间万物千差万别，但在"道"的层面上是齐一的，这就是著名的"齐物论"。

池上闲吟二首

唐·白居易

非庄非宅非兰若，竹树池亭十亩余。
非道非僧非俗吏，褐裘乌帽闭门居。
梦游信意宁殊蝶，心乐身闲便是鱼。
虽未定知生与死，其间胜负两何如？

---

① 出自《晋书·卷八十三·车胤传》。
② 出自《庄子·齐物论》。

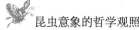

白居易兼有儒、道、释三家思想的色彩，禅与道是白居易晚期思想的重心。在白居易的生活情境中，没有庄园，没有宅邸，甚至没有兰花，只有修竹、林木掩映的小池一汪及 10 余亩田。白居易觉得自己既不是道士，也不是僧人，更不是俗吏！披着褐裘，戴着乌帽，闭门而居。"梦游信意宁殊蝶，心乐身闲便是鱼"①，蝴蝶在春天的旷野中款款而飞，是何等地自由与逍遥！而鱼在深渊中游来游去，是何等地任性与闲适！化蝶、化鱼都意味着道家的精神超越之境，有了这种生命体认，即便生死，也可以从容应对，怡然自得。

"蜗角虚名，蝇头微利，算来著甚干忙"②，在苏轼看来，为蝇头小利忙碌不停，实在不值。霁月难逢，彩云易散，名利得失自有因缘，何不放下自我，与蝴蝶共舞，"不知钟鼓报天明，梦里栩然蝴蝶，一身轻"③。

尺蠖赋

南朝·宋·鲍照

智哉尺蠖，观机而作，伸非向厚，屈非向薄。当静泉淳，遇躁风惊，起轩以旷跨，伏累气而并形。冰炭弗触，锋刃靡迕，逢嵚嵌蹐，值夷舒步，忌好退之见猜，哀必进而为蠹，每骧首以瞰途，常伫景而翻露。故身不豫托，地无前期，动静必观于物，消息各随乎时，从方而应，何虑何思？是以军算慕其权，国容拟其变。高贤圈之以隐沦，智士以之而藏见。笑灵蛇之久螫，羞龙德之方战，理害道而为尤，事伤生而感贱，苟见义而守勇，岂专取于弦箭。

尺蠖是尺蠖蛾的幼虫，尺蠖得名于："其行先屈后伸，如人布手知尺之状，故名尺蠖。"④

尺蠖的确有智慧，它能随机应变，进退自如，通晓（人情）厚薄，动静得宜，无懈可击，所以即便遇到冰炭锋刃的危险境地也能逢凶化吉。然而，其（在朝野中）积极进言被无端猜疑令人畏惧，不思进取沦为蠹虫又令人悲哀，因此，常犹豫不决，看来身不能预托，目的也不要预设，一切都静观其变，等待时机，方能无忧无虑。军务的筹谋在于权变，治国的法度也只有权变。灵蛇久蛰实在可笑，无休止的争战更不值得提倡，因为两者都不符合"刚柔行止之道"，都会伤害生民百姓。但如果见义而守勇，在应该发扬正义的时候都疑虑重重，那么屈伸之间也难以自圆。

《周易》有言："尺蠖之屈，以求伸也。龙蛇之蛰，以存身也。"比喻尺蠖以屈为伸。《晏子春秋》以"尺蠖食黄则黄，食苍则苍是也"比喻尺蠖的随机应变。性情耿直

---

① 庄子与惠子游于濠梁之上。庄子曰："儵鱼出游从容，是鱼之乐也。"惠子曰："子非鱼，安知鱼之乐？"庄子曰："子非我，安知我不知鱼之乐？"惠子曰："我非子，固不知子矣；子固非鱼也，子之不知鱼之乐全矣！"庄子曰："请循其本。子曰'汝安知鱼乐'云者，既已知吾知之而问我。我知之濠上也。"

② 出自宋·苏轼《满庭芳》。

③ 出自宋·苏轼《南歌子》。

④ 出自《尔雅义疏·释虫》。

的鲍照在朝廷屡屡受挫，他反躬自省，为尺蠖作赋，希望自己效仿尺蠖见机行事、不急不躁、能屈能伸、委曲求全的心机智巧，在朝廷中谋得一席之地。然而，江山易改，本性难移，表面的隐忍并不能掩盖他内心的冲动，他终究敌不过孝武帝的猜忌与蠹虫们的谗言诋毁，而败下阵来。

"跻捉道嫂屈，道典腾能伸。"一味退让，是没有骨气；一味刚强，是不讲策略；只有刚柔相济，能屈能伸方是智者所为。古代山居隐士以归隐的方式谋求闪亮登场，就像尺蠖以屈为伸，颇有些道家风范。可见，道家之学不仅是人性与天道和谐的自然哲学，更是以柔克刚、以退为进的生命哲学。

盖齿以刚克而尽，舌存以其能柔；强梁者不得其死，执雌者物莫之仇。无咎生于惕厉，悔吝来亦有由。仲尼唯诺于阳虎，所以解纷而免尤；韩信非为懦儿，出胯下而不羞。何兹虫之多畏？人才触而叩头。犯而不校，谁与为仇？人不我害，我亦无忧。彼螳螂之举斧，岂患祸之能御？此谦卑以自牧，乃无害之可贾。将斯文之焉贵？贵不远而取譬。虽不能触类是长，且书绅以自示。旨一日而三省，恒以祗畏。然后可以蒙自天之吉无不利。①

这段话的大意是：牙齿因为坚硬而早早脱落，柔软的舌头则伴随人的一生；仲尼唯诺于阳虎，韩信忍受胯下之辱，都是为了自保；当人们接触到叩头虫的时候，它就频频磕头"求饶"，因为磕头的动作，人们认为伤害它会不吉利，故而不忍伤害之（这种"自保"策略恐怕连叩头虫自己也是始料未及啊）；螳螂高举双斧，岂能抵挡飞来横祸。道家认为，人无法与自然和命运抗争，只有顺应自然，以求自保。

昆虫的拟态是为了保护自己，专家们的这个看法非常准确，但总是缺少了一点什么。我曾多次和环境界的朋友讨论过，大家认为，保护自己以求生存之道回答了为什么拟态，却忽略了更有意味的另一层次的思考：它因何能拟态？极而言之，人跟昆虫比，在这方面人只能学得昆虫的一种技巧：装死。但，怎么想象人能拟态成树叶、花朵、枝干等等呢？我们不能不承认，昆虫之所以拟态，是因为它能拟态，在大自然的怀抱里它要虔敬、顺服得多，它的色泽本来就是自然色泽的一部分，它全无人工的痕迹，所以它能拟态。[2]

昆虫之所以能够通过"拟态"融化在环境中，是因为在大自然的怀抱里它要虔敬、低调、收敛、顺服得多。

"天下之至柔，驰骋天下至坚。"在这个地球上，很多强悍、庞大的飞禽猛兽都相继灭绝，而"低调"的昆虫却成为地球最为繁盛的类群。昆虫大多无法直接与环境抗争，它们主要采用高繁殖对策，以变态、变形、拟态、休眠、滞育、假

---

① 选自《艺文类聚·九十七》。

死等方法，以柔克刚，迂回前进，最大限度地利用环境，以牺牲当下、牺牲个体的方式获取种群的繁衍，体现出善柔自保的道家人生哲学。

三、以虫参"禅"

禅者以富有生趣的昆虫及它们奇妙的生命演化过程作为启示与象喻，表达敏锐的内心体验与哲学思考。

佛家强调圆融之境，圆是相对于缺而出现的，因此佛教中强调的圆融即"充满、充足"之意，体现佛道浩瀚无边与生命意义的圆满。

禅悟在本质上是一种心灵境界的升华，是超越时空因果，整体性的直觉顿悟。因此，对禅宗来说，启发和昭示我们的不是佛经，不是教理，不是逻辑，不是仪式，而是那些充满诗性智慧的自然景象。"青青翠竹，尽是法身；郁郁黄花，无非般若"，佛家将神秘的大自然化为最博大的道场，而蝉的高歌与蟋蟀的吟唱也似乎是天籁佛音。

朱光潜在《论诗》中说："禅趣中最大的成分便是静中所得自然的妙悟，诗人通过对大自然一点一滴的禅悟，对最终形成世界本真的认识和感悟。"[2] "观叶落花开，随缘自在，念蜉蝣朝生暮死，同体慈悲"，感自然真趣，悟幻化人生，在如梦如幻、流变无常的象征背后是禅宗时空互摄的特殊体验。

"公案"起源于唐末，兴盛于五代和两宋。禅宗公案（佛法故事）就是禅师以大量的意象创造来表征不可言说与不可思议的证悟境界，目的是通过意象式的默照兴会，启迪众徒，使其顿悟。在这些公案故事中，往往有昆虫灵动的身影。

飞蛾扑火。典故出自《心地观经·离世间品第六》。过去有佛，欲令众生厌舍五欲，而说偈言："譬如飞蛾见火光，以爱火故而竞入，不知焰炷烧然（燃）力，委命火中甘自焚；世间凡夫亦如是，贪爱好色而追求，不知色欲染着人，还被火烧来众苦。""渴鹿逐炎，徒使妄情炽，飞蛾扑火，皆因邪执亡。"佛家借此教化众生不要贪恋于五欲（财、色、名、食、睡），从而被欲火烧伤，引来众多苦恼。因此，佛家认为（人生贪爱心）"如羊马之于水草，蝇蚁之于腥膻，蜣螂之于积粪"，人为财死，鸟为食亡，贪念是第一等可贱可耻。

佛家认为，苦海无边，回头是岸。过分追逐名利，就像飞蛾扑火，自取灭亡。"处世不退一步处，如飞蛾投烛、羝羊触藩，如何安乐？鱼网之设，鸿则罹其中；螳螂之贪，雀又乘其后，机里藏机变外生变，智巧何足恃哉。"佛家认为，只有熄灭贪、嗔、痴，宽仁万物，善待众生，才是解脱之道。

蝇子投窗。这是宋代守端禅师所作的偈。"为爱寻光纸上钻，不能透处几多般，忽然撞着来时路，始觉平生被眼瞒。"其字面意思为：苍蝇为了走向光明而在糊贴着白纸的窗上钻来钻去，却一直没有出路。偶然间，撞到了原来从窗外进来所钻过的小破隙，它便飞了出去。言外之意：为了寻求解脱之道的佛学者进入教门对佛教经典进行钻研，如果只在字面上理解佛经义理，常常寻找不出切实可行的去路。

从佛教义理上看，光靠纸上的钻研是找不出真正的去路的，必须结合生命的来路，将现实世界和内心世界进行对照，才能找到出路。能够超越时空世界的思想精神，都是在人的存在意识与现实世界的相互印证中产生的。如果说，以超越时空世界的思想精神作为生命的解脱意义，是生命的"去路"，那么，人的存在意识、存在的本质意义和具体内容与现实世界相呼应，就是"来路"。这"来路"和"去路"，都源于个人的生命体验，每个人的生命历程与生命体验都是独特的，每个人都必须对自我静观默省，对内心详察细考，才能发现来路和去路。"终日驰求，蝇投窗纸，一朝觉悟，鸟出空门。"贪逐外尘，迷乱失落，就像蝇投窗纸；悟道觉悟，明心见性，就像鸟出空门。

"蝇子投窗"也生动印证了"理论是灰色的，生命之树长青"，读经典一定要结合时代特点，结合社会实践与个人体验、个人生命历程的实际状况，力求知行结合，囫囵吞枣，生搬硬套，就是"尽信书不如无书"，此为其一；其二，一切经典，一切公案都是为了表法，学佛之人一定要透过这些语言场景去体悟祖师想要表达的那个法，而不是停留在表面的语言相与文字相；其三，"蝇子投窗"也是玻璃天花板现象的一种体现，有些事情看似一片光明，实际上没有出路。

蚊子上铁牛。这是禅宗的常用语。禅宗用这个令人纠结的意象表达两层含义。首先，从逻辑思维与现实角度看，"蚊子上铁牛"是做"无用功"，但唯有抱着"只问耕耘，不用收获"的心态，不纠结于立竿见影的效果，才能平心静气坐冷板凳，踏踏实实下苦功夫。其次，"蚊子上铁牛"还意味着聪明人还必须放下自我，既不要刻意用力，也不要轻言放弃；既是在用力，同时也不要祈求结果；既不是等待，同时也要坚持；到最后竟然忘了自己是在用功，也忘了自己是在追求。内、外和主、客一起放下，才能进入悟境。有创意、有远见、有胆识的科学家或企业家，往往不执迷于外物，以"蚊子上铁牛"的傻劲，不懈努力，从而独辟蹊径；"功夫在诗外"，世间多少重大发明都是潜意识的"无"心之作！

米里有虫。这也是一个佛教用语。在一座禅寺里，典座（主厨）是很受尊重的职务之一，他们不仅要把简单的蔬食煮出味道，还要爱惜米、菜、油、盐，不可糟蹋。石霜禅师在沩山禅师住持的禅院担任典座。一天，他正在筛米，住持沩山禅师来了，对他说："不可抛散米粒，因为那是施主布施的。"石霜答道："一向不抛散。"沩山就看看四周，从地上拾起一粒米说："你说不抛散，那么这一粒从哪里来？"石霜禅师无言以对。沩山禅师接着说："莫轻这一粒，因为百千万粒从这一粒生。"石霜禅师问道："那这一粒从哪里生出来的？"沩山禅师笑而不答。

傍晚，沩山禅师又出现在禅堂说道："大家听着，米里有虫！一粒米能生千万粒，那一粒从哪里生的？当然从千万粒生的。""米里有虫"不仅意味着"一生万法""万法归一"，也意味着事物的循环转化。

"米里有虫"形象地说明：很少的食物足够维持昆虫的生活，一粒米能养几只米象，一片菜叶能供应上千只蚜虫取食，一小滩积水能容纳成百上千只蚊子幼虫生存，一粒米或一粒豆可满足一只米象或豆象完成它从卵、幼虫、蛹到成虫的全过程所需的食物。

作茧自缚。"渴鹿逐炎，徒使妄情炽，飞蛾扑火，作茧自缚，皆因邪执亡"，在这里，飞蛾扑火、作茧自缚都有自作自受的反面教谕。虚云老和尚在开示中对十二支缘起作了浅白的阐明："人之一生，所作所为，实同蜂之酿蜜，蚕之作茧。吾人自一念之动，投入胞胎，既生之后，渐知分别人我，起贪、嗔、痴念，成年以后，渐与社会接触，凡所图谋，大都为一己谋利乐，为眷属积资财。终日孜孜，一生忙碌，到了结果，一息不来，却与自己丝毫无关，与蜂之酿蜜何殊！而一生所作所为，造了许多业障，其所结之恶果，则挥之不去，又与蚕之自缚何异！到了最后镬汤炉炭，自堕三途。凡事虚幻，四大皆空，即便酿成了蜂蜜，那也不知为谁辛苦为谁忙，更多的时候是作茧自缚。"在佛学看来，人生的一切努力与挣扎都是轮回循环没有止境的烦恼，漫漫红尘是虚幻的，而功名利禄是短暂易逝的，只有任运随缘，因缘和合，才可能超凡脱俗。

"桑蚕作茧自缠裹，蛛蝥结网工遮逻。燕无居舍经始忙，蝶为风光勾引破——气陵千里蝇附骥，枉过一生蚁消磨。虮闻汤沸尚血食，雀喜宫成自相贺。晴天振羽乐蜉蝣，空穴祝儿成蜾蠃。蛣蜣转丸贱苏合，飞蛾赴烛甘死祸。井边蠹李螬苦肥，枝头饮露蝉常饿……"黄庭坚的《演雅》以蚕作茧自缚、蜘蛛结网、燕子营巢、蝇附骥尾、蚂蚁消磨、蜉蝣朝生暮死、飞蛾扑火，以及蜣螂处心积虑把粪便分成小球掩埋等"可怜、可惜、可笑"的意象比喻人生的无常、虚幻与迷狂，阐释佛家破除外逐，回头是岸的理念。

四、融会与贯通

"天地之大德曰生"（《周易》）。"道生一，一生二，二生三，三生万物"（老子《道德经》）。中国的哲学是以生命为中心的哲学，体现的是生生不息、连绵不绝、大化流行的生命精神[3]。儒、道、释哲学均体现出一种心灵境界与生命境界[4]。儒、释、道三家互补互融、对立相生的思维存在模式，形成了中国独特的心理结构与诗意哲学。

在入世与出世之间，儒家、道家、佛教存在着融合的可能和必然。一个典型的中国文人都是倾向于儒释道互补，达则兼济天下，穷则独善其身。因此，仕途不顺或落魄文人往往回归自然，退隐山野，在山野中愈合内心的伤痛。然"居庙堂之高则忧其民，处江湖之远则忧其君"，文人即便皈依佛道，其儒学思想依然根深蒂固。例如，孟浩然、柳宗元、李白、王维等大儒，即使他们归隐山林，参禅悟道，那颗登堂拜相的心仍未泯灭。

"大隐隐于朝，中隐隐于市，小隐隐于野"，真正的"隐"不在形式，而是一颗超拔的内心。归隐山林，寄情山水是生命意义的另一种转移，透过恬静、旷远的人生体验，在悲剧人生中得到解脱，从而达到儒家文化的另一教义，即天人合一，物我两忘，将人生体验上升到审美化境[4]。

"寄蜉蝣于天地，渺沧海之一粟，哀吾生之须臾，羡长江之无穷。"面对浩瀚宇宙，漫漫时光，人显得渺小而卑微，脆弱而短暂，但悲观的体认实质上包含着"飘飘乎如遗世独立，羽化而登仙"的内在超越，苏轼可谓儒释道完美融合的典型范例。

蜉蝣、蝴蝶、蜻蜓这些卑微小虫，尚且竭力完成生存与繁衍的种群使命，作为高贵的人类更应该"要以无生之觉悟，为有生之事业；以悲观之心态，过乐观之生活"（顾随）。在一个较大的心灵时空考量得失，培养涵容互摄、明心见性的心智，感悟回归，随物迁化。这就是活在当下，儒释道互补兼容的辩证法。

入世的世界固然积极、辽阔，而出世的禅境世界更有一份隽永与超脱。唯有拥有这两个世界，才能拥有圆融与富丽的人生。

参 考 文 献

[1] 翟云飞.儒道释生命哲学探析.辽宁行政学院学报，2008，10（10）:67-68.

[2] 徐刚.拯救大地.北京：中国文联出版社，2000.

[3] 方东美，李溪.生生之美.北京：北京大学出版社，2009.

[4] 吴海庆.江南山水与中国审美文化的生成.北京：中国社会科学出版社，2011.

[5] 佛教哲学的生态诠释与拓展.http://www.foyuan.net.

第五章　昆虫意象的现代诠释

一路稻花谁是主，红蜻蛉伴绿螳螂。

——宋·乐雷发

当人变得有了意识，分裂的病根就种在了他的灵魂中……他忘记了自己的起因和传统，甚至对从前的自己丧失了记忆。

——〔瑞士〕心理学家荣格

蚕吐丝，蜂酿蜜。人不学，不如物。

——《三字经》

返回自然的过程不仅包含着记忆，而且也包括"绝学"和遗忘。我们能参与自然界生命力内部共鸣的前提，是我们自己的内在转化。

——当代新儒学家杜维明

我们的任务不在于更多地观察人们尚未见到的东西，而是去思索人人可见却无人深思过的东西。

——〔德国〕哲学家叔本华

一部文明文化史，在一定意义上就是对经典不断诠释、不断推演、不断古为今用的历史。

昆虫的多样性直接关系到自然生态系统的平衡，而昆虫文化也是文化生态多样性中不可或缺的有机组成部分。传统文化需要与现代融通，需要激活式保护。挖掘中国经典昆虫意象的哲学内涵，研究昆虫文化的现代意蕴，有助于传统昆虫文化的激活式保护，焕发古老昆虫文化对当代人追求心灵环保、构建精神家园的独特意义。

昆虫意象给我们打开了一扇感知民族记忆与文化心理的"绿窗"，让我们在思辨中感悟，在感悟中得到启迪。经典固然是属于过往时空的闪光定格，但同时也是永远期待后人的理解与诠释的意义空间。从古今贯通的视角、从新的视域诠释经典昆虫意象带来新的交融。因此，从古今贯通、中西互观、科学与人文的立体坐标中诠释经典，"昆虫"就是一个文化交融、阐发价值、建构意义的平台，是文明与生态教育的载体，是永远向未来敞开的意义存在。

第一节　"归去来兮"—— 重温田园诗画

农业可谓地球上最古老与沧桑的产业。我国是一个历史悠久的农业大国，自古农桑就是立国之本。田园承载着中华民族世世代代鸿蒙的体验、深切的憧憬与执着的守望。对农耕民族而言，田园既是故乡的所在，也是精神的栖息与皈依之所。

"田园诗"研究学者葛晓音认为，（陶渊明的田园诗）以清新优美的风光、淳朴真挚的田家、悠闲宁静的生活为基本内容，构成理想模式，与世俗对立[1]。的确，以陶渊明为代表的田园诗人，安贫乐道，躬耕力行，在他们的山水田园诗歌中，洋溢着对土地的深情眷恋，对乡土的质朴感怀。透过山水田园诗我们不仅可以感受到田园景致、风俗民情，还可以感悟生态与心态和谐共振的美好境界。田园诗歌不仅有文学、美学、历史学价值，也蕴含着朦胧的生态文明意识。因此，从生态的角度来研读山水田园诗，对建设百姓富、生态美的新农村一定有独特的启示意义。

一、"一路稻花谁是主，红蜻蛉伴绿螳螂"

秋日行村路

宋·乐雷发

儿童篱落带斜阳，豆荚姜芽社肉香。
一路稻花谁是主，红蜻蛉伴绿螳螂。

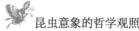

在夕阳的余晖中，有一群小童在村口嬉戏玩闹。炊烟袅袅，带来一阵阵豆荚、姜芽和祭肉的香味。从乡间小道望去：一望无际的稻子正在抽穗扬花，红蜻蜓与绿螳螂在稻田中穿梭巡逻，好似卫兵在守护稻花。这是一幅生态美、情境美、意象美和谐统一的美丽画卷。

西江月·夜行黄沙道中

宋·辛弃疾

明月别枝惊鹊，清风半夜鸣蝉。稻花香里说丰年，听取蛙声一片。

七八个星天外，两三点雨山前。旧时茅店社林边，路转溪桥忽见。

明月骤然升起，惊动了枝上的喜鹊。树叶簌簌作响，夜半清风，徐徐吹拂，送来声声蝉鸣。清风明月，稻花飘香，蛙鼓齐鸣，丰收在望。夜深了，明月隐去，万籁俱寂，星辰稀疏，"两三点雨"突然落下，雨虽不大，却让行走于山林中的诗人有些慌乱，得赶紧找到避雨之所，转过溪桥，突然间，见到以前投宿过的茅店就在乡村林边！

"稻花香里说丰年，听取蛙声一片。""一路稻花谁是主？红蜻蛉伴绿螳螂。"不仅让我们感受到田野的勃勃生机，也生动体现了害虫天敌对水稻丰收的重要意义，揭示了物种多样性对维持生态平衡的重要意义。

据统计，农业害虫每年给全世界造成数十亿美元的损失，防治害虫的经济与环境成本逐年提升。而农业害虫日益猖獗的最深刻原因是人为因素：大面积种植同一种植物，长时间使用化肥与农药，破坏了农田的生态平衡。长期使用化肥，容易导致土壤板结；农膜残片在土壤中蓄积，抑制了土壤的呼吸透气；农药在喷洒过程中，至少有99%以上的农药进入空气、土壤、水体中，真正到达靶标害虫的不到1%。更严重的是，广谱性农药在杀死害虫的同时，也杀灭了螳螂、青蛙等害虫天敌，反而为害虫的抗药性与再增猖獗创造了有利条件。许多害虫的体内产生了抗药性，足以应付敌杀死、呋喃丹等速效高毒农药。

预防为主，综合治理，生物防治，以虫治虫，维持稻田生态多样性是和谐的稻田的内在本质。稻田有着自然的天敌保护圈，蜻蜓、青蛙、蜘蛛及许多寄生蜂等，都是害虫的天然克星（图5-1）。一亩棉田中如果有600~700只螳螂，就可以吃掉71%的蚜虫、95%的棉铃虫、17%的红铃虫、70%的尺蠖[2]。蜻蜓的幼虫能捕食水里的害虫，蜻蜓对水质要求较高，稻田上空红蜻蜓飞舞的景象代表稻田水质好，生态环境优越。

树枝上充满了生命。螨和螨卵分布在树叶和细枝上。盲走螨（植绥螨科）来回运动，觅食较小型的螨。这儿有一只花蝽科昆虫，实际上可能是在吮吸一枚螨卵内容物时被其他昆虫逮住的。小型寄生蜂类（小蜂科、姬蜂科、茧蜂科）四处兴奋地窜来窜去，搜寻着冬尺蠖毛虫或稀有的苹绵蚜群。邻近的树上，山雀和其他鸟类在树枝间辛勤地搜索着什么。到处都是毁灭的力量，如果减小这些毁灭压力，更多的昆虫便会存活下来，各种昆虫种群也许就会增长到变成虫害的程度……总的来说：英国的农作物虫害远不及美国严重，其主要原因是我们向昆虫朋友和鸟类提供了捕食害虫的较好条件。在英国，田地是小块的，庄稼每年轮作；田地四周栽有篱状灌木，从而向发挥防护作用的鸟类和昆虫提供了栖身之所。但在美国，大面积田地上种植着同一种作物，也许在同一块地里一种多年，这就为形成危害庄稼的庞大害虫种群提供了理想的条件。[3]

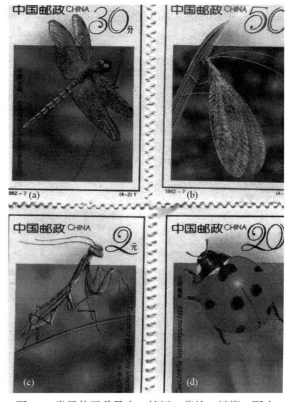

图5-1　常见的天敌昆虫：蜻蜓、草蛉、螳螂、瓢虫

从威格尔斯沃思的论述中也能清晰感受到农林和谐的内在机制。在我国，以虫治虫，以菌抑菌（治虫），对作物病虫害进行生物防治已经得到社会的认同。例如，利用白僵菌剂、绿僵菌剂、赤眼蜂等防治多种鳞翅目害虫；放养鸡群、鸭群控制草原上的蝗虫；利用鸭群消灭果园中的蜗牛，在棉田培养马蜂捕食棉铃虫；40日龄的雏鸭放入稻田能消灭多种水稻害虫。此外,还可以用物理的方法消灭害虫,如糖浆盘能诱杀地老虎成虫,杨树枝诱集棉铃虫蛾子,黑光灯诱捕多种夜蛾科害虫,用防虫网罩住蔬菜等也可以有效控制害虫[4]。

生态农业、有机农业是尊重自然规律的农业形态。田间肯定会有害虫存在,但只要保留环境中害虫的天敌,害虫也就无法爆发成灾,维持害虫、天敌、植物的相对平衡,容许少量害虫存在,不仅不会伤害作物,反而会促进作物的生长。

地球是动物、植物、微生物之间有机相连的联合体,存在着对立竞生、相辅相成的现象。利用生态机制,就能事半功倍,维护平衡。例如,韭菜与大白菜套种,可使大白菜免得根腐病;洋葱与小麦、黄瓜间作,可以减少黑穗病与枯萎病的发病率;大蒜能驱赶棉蚜、甘蓝菜青虫,并减轻马铃薯晚疫病和白菜软腐病;蓖麻

能驱赶大豆害虫金龟子;丝瓜能减轻红蜘蛛的危害;莴苣可以使菜白蝶闻味而逃。玉米间作大白菜,可减轻白菜软腐病、霜霉病、病毒病。玉米间作花生能减少玉米螟的危害;高粱地种旱芋,能减少高粱蚜;薄荷与棉花轮作,可防棉花枯萎病[5,6]。

二、"漠漠水田飞白鹭,阴阴夏木啭黄鹂"

积雨辋川庄作

唐·王维

积雨空林烟火迟,蒸藜炊黍饷东菑。

漠漠水田飞白鹭,阴阴夏木啭黄鹂。

山中习静观朝槿,松下清斋折露葵。

野老与人争席罢,海鸥何事更相疑。

山林茂密,在连绵阴雨中,山下的炊烟也显得姗姗来迟。女人已将藜黍煮熟,准备好饭菜,送给东边的耕田人。漠漠水田上白鹭翩翩飞翔,蔚然深秀的林间传来黄鹂婉转的歌声。我在山中修养,静观朝开午谢的木槿,在松林中采摘露葵充当素食。我如同山村野人已随俗不拘,心机深重的"海鸥"为何还要对我猜疑?

稻　田

宋·韦庄

绿波春浪满前陂,极目连云稏稏肥。

更被鹭鸶千点雪,破烟来入画屏飞。

水面绿浪层层,漫到前坡。极目远望,肥沃的稻田一望无际,伸到远方。忽然,雪白的鹭鸶鸟冲破烟云,飞入了这碧绿的画画,带给绿色的原野灵动的韵致。面对此情此景,诗人的心情一定是悠然宁静的。而鹭鸶的飞翔,透露出诗人在宁静之中的兴奋。

题夏氏庄

宋·张孝祥

平湖漠漠雨霏霏,压水人家燕子飞。

欲向东湖问春色,杏花无数点春衣。

平湖广漠,春水荡漾,细雨霏霏,燕子在傍湖人家的上空飞来飞去。我正想询问湖东那边春的消息,只见无数杏花纷纷飘落,粘着来往游人的衣襟。

"漠漠水田飞白鹭,阴阴夏木啭黄鹂。""更被鹭鸶千点雪,破烟来入画屏飞。""平湖漠漠雨霏霏，压水人家燕子飞。"这三幅田园诗画都有飞鸟相伴。飞鸟给田园带来了诗意与灵气，实际上，飞鸟也是田园的卫兵。

水田旁有林地，有了林地自然就会引来鸟类栖息。燕雀类是害虫最大的克星，在美国常见的一种白头翁近缘种，平常取食植物的果实、种子及小型动物，属于杂食性鸟类，其中动物占总食物的30%，以昆虫为主。它和麻雀一样，到了育雏期，需要蛋白质含量较高的动物来养育小鸟。一次就130只白头翁雏鸟的解剖结果显示，在整个胃内容物中，绿草、果实、种子等植物类只占6.4%，沙粒占4.3%，以昆虫为主的节肢动物占了89.3%。1894年，澳大利亚蝗灾发生时，引来上千只乌鸦，它们在短短一个月内便吃掉了上百万只蝗虫，平均一只乌鸦的胃中可发现约100只蝗虫[2]。

更有名的记录发生在美国中部的盐湖城，1847年7月，从伊利诺伊州被赶出来的170位摩门教徒，7天后转到犹他州的盐湖城附近开垦，但他们种植的谷类不久即受到昆虫的危害，作物被吃得精光。次年，第二批摩门教徒移民到此种植作物，又遇到同样的问题，再度面临饥饿危机，幸好此时栖息于附近湖沼的大群加州鸥飞来捕食虫子，挽救了作物。为了纪念加州鸥的捕食行为，1913年，在盐湖城中心竖立加州鸥的纪念碑[5]。遥想当年，我们把麻雀归为"四害"之一，兴师动众，试图赶尽杀绝，的确是冤枉了麻雀，因小失大，得不偿失。

"漠漠水田飞白鹭，阴阴夏木啭黄鹂"实际上也是在告诉我们林业是农业之母的生态哲学。"山上多种树，等于造水库"，丰富的山顶植被，为农作物提供了良好的生态环境，为害虫天敌提供了栖息场所，有利于减少病虫害肆虐，农林相互促进，相得益彰。眼见梯田开到山顶，休耕时一片黄秃秃，暴雨时泥浆俱下，水土流失；大面积种植同一种植物，农业经济结构单一，生态的多样性逐渐消失；加上长期使用农药、化肥、农膜，农业生态环境恶化。这是现代农业面临的最严峻的挑战。

夜宿田家

南宋·虞似良

露侵骆褐晓寒轻，星斗阑干分外明。
寂寞小桥和梦过，稻田深处草虫鸣。

凌晨上路，露侵行囊。天刚破晓，寒气袭人，天上星斗依然明亮。坐在马上，睡眼惺忪，走过静寂的小桥，听到稻田深处，传来草虫的鸣叫。这一切，好似梦幻一般。

水稻田本是一个生机盎然的世界，存在着一个以植物为中心的生命之网。水土肥沃、稻叶碧绿，还有许多昆虫在其中忙碌，如直翅目的稻蝗、同翅目的叶蝉、

鳞翅目的螟虫等，它们都食害水稻；又有膜翅目的各种赤眼蜂、姬蜂、茧蜂等寄生在植食性害虫的幼虫或虫卵里；还有许多种小蜂又把它们的卵寄生在茧蜂、姬蜂的幼虫或虫卵里……这里形成了许多以食物关系为纽带连接起来的链锁，交织在一起，形成网状食物链。这里既有水稻的朋友，也有水稻的敌人，还有朋友的敌人、敌人的朋友……在自然界，各种昆虫不是孤立存在和生活的，而是和它们周围的生存环境（包括无机的和有机的、无生命和有生命的）息息相关，昆虫与植物、昆虫与昆虫之间相互制约、相互依存、相互影响，存在着复杂的内在关联。

著名经济学家童大林指出："生态平衡，是当代科学技术发展在农业理论上提出的一个新概念。人类在地球上同自然界进行斗争，需要解决一个相互关系问题，建立人与自然界以及自然界内部的平行系统。一个人的机体需要平衡，不然就病倒了。自然界也是一样，破坏了生态平衡，人类就要受到惩罚……我们搞现代化农业，不能不建立生态平衡这个新概念，不能不恢复和建立新的生态平衡系统。"

地球需要海洋、森林、草原、湖泊，需要花鸟虫鱼、飞禽走兽，同样，耕地也需要生物多样性以维持生态平衡。退耕还林，退耕还牧，将农业区逐步改造为生态平衡的农林牧混合经济布局，虽然耕地面积可能要缩小一些，但多样性导致稳定性，农业的综合经济效益一定会得到提升。

三、"绿满窗前草不除，观天地生物之气象"

北宋著名理学家周敦颐有一个名句："绿满窗前草不除，观天地生物之气象。""离离原上草""天涯何处无芳草"……"草"总给人带来天地之间的自然"生意"。然而，在二元对立的思维导向中，杂草被当成庄稼的天敌，从而催生了蓬勃的除草剂工业。

果树是典型的人工林，依照传统的做法，往往将果园的杂草当成与果树争夺土壤养分的敌人。或者力图斩草除根，或者用除草剂一杀了之，这既破坏了果园生态，又耗费高昂的经济成本与环境代价。如果以共生的生态思维，在果园行间或全园套种矮秆豆科植物（白三叶、大豆、豌豆等），建立果园人工植被，就能达到稳定、持久的"以草治草"的目的。例如，四川省在柑橘园种植藿香蓟，给捕食螨提供了良好的栖境，因而控制了叶螨的发生[6]。此外，在茶园边栽种灌木护栏，可以吸引螳螂前来取食害虫；西瓜搭配葱可以减少瓜类病害；玉米、四季豆与南瓜"三姐妹"共生可以相互促进、共生共荣[7]。

推广以草治草，除了有效控制草害外，还有诸多好处：保墒抗旱，防止水土流失，调节地表温度；增加有机质含量，提高土壤肥力；改善果、茶园生态环境，提高果、茶品质；冬季生草覆盖使果园温度提高 1~2℃，树冠层温度提高 1℃左右，夏季可使温度降低 5℃左右，提高空气湿度 50% 左右，为果实生长创造良好条件；同时为害虫天敌提供食料与栖息环境，为生物防治创造良好条件；减少化肥、农药用量，减少劳动力投入和减少水土流失 [8,9]。

总之，只有厚德载物，善用和谐思维，充分借助自然与生物的力量，才能让农业焕发出应有的生机与活力，从而实现生态与经济共赢。

四、"舍后荒畦犹绿秀，邻家鞭笋过墙来"

田园春景

南宋·范成大

土膏欲动雨频催，万草千花一晌开。

舍后荒畦犹绿秀，邻家鞭笋过墙来。

春雨惊春，大地苏醒，草木青葱，百花盛开，大地披上了五颜六色的新装。邻家院中的竹子像顽童一样，悄悄越过墙来。北魏时期贾思勰的《齐民要术·种竹》曰：竹性爱向西南引。谚云："东家种竹，西家治地。"竹喜肥土，邻人栽竹，欲分享其笋，在墙根多壅沃泥，即可将鞭笋诱过墙来。

《诗经·周颂·良耜》中也有这样的句子："茶蓼朽止，黍稷茂止。"大意就是茶、蓼腐烂变成了有机肥料，农田有了丰富的有机肥料，大片大片绿油油的黍、稷长势喜人。

"落红不是无情物，化作春泥更护花。"（清·龚自珍《己亥杂诗》）龚自珍表达了自己对社稷的一片赤诚，也生动诠释了落红护花、落叶归根，有机腐殖质回田的循环理念。

工业化以来，随着石油农业（依赖化肥、农药）高歌猛进，土地也面临着严峻的威胁。现代机器耕作和化肥的使用，打破了植物腐殖质回归土壤的正常循环；垦荒造田，超负荷耕种，导致土壤酸化板结，地力下降。没有健康的土壤，健康的农作物就成为无本之木。

从 20 世纪 60 年代的"大跃进"到 80 年代的粗放式乡镇企业蓬勃兴起，从推广石油农业到近些年的污染企业的"上山下乡"，这一切的直接后果是使广袤的田畴变成面污染源，既污染了农作物，也污染了人的心灵。因此，农业要可持续发展必定要从单纯的工具理性回归到人文价值理性与生态价值理性。

五、"蝴蝶双双入菜花，鸡飞过篱犬吠窦"

寻 山 家

唐·长孙佐辅

独访山家歇还涉，茅屋斜连隔松叶。

主人闻语未开门，绕篱野菜飞黄蝶。

探访白云深处的山村民居，只见茅屋斜连，绿树环抱。主人还未前来，蝴蝶就蹁跹起舞，结伴相迎。想必这家主人一定是勤劳雅致之人，而房前屋后、篱笆墙边种植的农家菜一定是滋味醇厚、色泽鲜美。如此生趣盎然的田园人家，怎不让人心生向往！

四时田园杂兴（其二）

南宋·范成大

梅子金黄杏子肥，麦花雪白菜花稀。

日长篱落无人过，惟有蜻蜓蛱蝶飞。

初夏的江南，梅子金黄，杏子肥硕，麦花莹白如雪，而金黄的菜花已经开尽，显得稀稀落落，初夏农事正忙，农民早出晚归，所以村庄显得格外宁静，原本喧闹的篱笆墙边，悄无人迹，只有蜻蜓、蝴蝶飞来飞去，成了乡村的主人。田园静谧安闲，与蜻蜓、蛱蝶悠然相伴，简朴的乡村生活才是宁静与接地气的享受。

"梅子金黄杏子肥，麦花雪白菜花稀"，人们享受金黄的梅子与肥硕的杏子，或许不会想到花开，引来昆虫为之授粉，才有花落之后的果实肥硕。

晚春田园杂兴

南宋·范成大

蝴蝶双双入菜花，鸡飞过篱犬吠窦。

日长无客到田家，知有行商来买茶。

从窗户里望出去，看见那一畦一畦菜蔬长势正好，蝴蝶成双成对，在菜花上流连，菜园边鸡飞犬吠，各安其职，各得其所。待在家里，没有客人，来敲门的只有远道而来买茶的行商。可见，在宋代的江南地区，已经初步呈现农业的多种经营与农商结合模式。联系到当下的美丽乡村建设，也应该保护生态多样性，营造蜂喧蝶舞的生态田园，在发展乡村生态旅游的同时推进农产品电子商务，让农民就地推销农副产品，享受富丽美好的乡村生活，这才是农业可持续发展与留住乡愁的根本途径。

马克思曾经指出："农业生产的基本特点是自然再生产与经济再生产的有机结合。"长期以来，我们习惯以农产品的经济价值来衡量农业的价值，而忽视农业的生态价值，殊不知，农业的生态价值与人文价值要远远高于其经济价值。农业的生态价值是指农业不仅具有提供农副产品的功能，还在自然生态、社会生态（社会协调、政治稳定、文化传承、经济发展）方面具有重要功能。例如，水稻田就具备调节区域气候、涵养水土、净化水质、美化环境等生态功能。而流传千年的稻文化是传统精耕细作农业的核心内容，也是中国传统文化的重要组成部分。

　　农业的生态功能、经济功能与文化生态功能相互制约、相互依存并相互促进，形成一个有机系统。

　　一水之隔的台湾，在恢复乡村元气，发展现代农业方面做出了举世瞩目的成就。台湾农业蝶变之路基本可以概括为四个阶段：第一阶段是通过农产品产量提高来实现农业的经济效益；第二阶段是注重提高农产品质量，大力发展高经济价值的农产品；第三阶段是通过延伸产业链，大力发展农产品加工，提高农产品附加值；第四阶段是通过文化创意，生发农业的多重价值，如休闲农业、乐活农业与精致农业。开发农业多元价值的核心是"深耕文化"，将农业与文化创意相结合，推出具有生态、教育、体验、休闲、娱乐多元价值的农业旅游产品，获取更大的农业综合效益[10]。用现在的话来说，农业虽然是第一产业，但可以接二连三（连接第二产业，带动第三产业），从而升级为第六产业。

　　追求农产品经济价值最大化的石油农业早已失去往日的光辉。水土流失、地力下降（板结、酸化、有机质下降）、生物多样性减少，以及农产品污染（农残、重金属）、农村生活垃圾污染等生态问题不仅困扰乡村，也演变成了严峻的社会问题。因此，农业要可持续发展必定要回归其生态价值理性。生态既是农业生产力的基础，同时也是现实的生产力。

　　"上帝创造了乡村，人创造了城市。"[11]（英国诗人库伯）"城市有的是一张脸，乡村有的却是灵魂。"[12] 农业文明连接着春夏秋冬、风霜雨雪、花开花落、春华秋实，连接着原生态的文化与灵魂深处的归属感。改革开放以来，我国经济迅猛发展，然而经济的发展未必等同于社会的发展与文明的进步，发展不仅仅是一种经济行为，更是一种民族文化生态系统的调适和重建现象[13]。这种调适、重建的发展观就是回归生态家园，回归乡土情怀，树立生态理念，促进人类可持续生存和发展。

　　我国是一个以农为本的国度，农业、农村和农民始终是国脉所系。每个人的内心深处都潜伏着一片希望的田园。借鉴台湾经验，将农业转型升级为第六产业，充分彰显农业的产业、生态与文化价值，让更多的人回归田园，享受春华秋实，享受四季轮回与自然的宁静，从而获得灵魂的净化与心灵的回归，或许这才是亘古未有的大变局。

流传千年的田园诗歌之所以能够代代相传、历久弥新，是因为其农业生态的内在规律，符合天人之道。因此，现代循环农业、生态农业、休闲农业都可以从中找到些有益的启示。传统经典中蕴含丰厚的农业与生态科普资源，等待我们去挖掘、去深耕并付诸行动。

参 考 文 献

[1] 葛晓音 . 山水田园诗派研究 . 沈阳：辽宁大学出版社，1999.

[2] 朱耀沂 . 生死昆虫记 . 长沙：湖南文艺出版社，2007.

[3] 福冈正信 . 自然农法 —— 绿色哲学的理论与实践 . 黄细喜，顾克礼译 . 哈尔滨：黑龙江人民出版社，1987.

[4] V.B. 威格尔斯沃思 . 昆虫与人类生活 . 龙长祥译 . 北京：科学出版社，1983.

[5] 设乐清河 . 懒人农业第一次全图解 . 严可婷译 . 台北：果力文化漫游者事业股份公司，2003.

[6] 汪明，顾克礼 . 论中国特色自然农法：汪明论文书信集 . 北京：中国环境科学出版社，2002.

[7] 朱耀沂 . 生死昆虫记 . 长沙：湖南文艺出版社，2007.

[8] 李芳，陈伟河 . 杂草生物防治的概况及设想 . 福建农业科技，1998，2:28-29.

[9] 杨勇 . 果园生态控制与无公害生产 . 中国园艺文摘，2011，2:161-163.

[10] 李芳 . 回归与超越 —— 台湾农业的启示 . 终身教育，2013，3:57-60.

[11] 让 • 德维莱 . 世界名人思想词典 . 施康强，等 . 译 . 重庆：重庆出版社，1992.

[12] 丁来先 . 文化经验的审美改造 . 北京：中国社会科学出版社，2010.

[13] 张子程 . 自然生态美论 . 北京：中国社会科学出版社，2012.

第二节 "穿花蛱蝶" —— 生命哲学的审思

在中国文化语境中，"蝴蝶"是美好爱情与春天的象征，唯美、梦幻的"蝴蝶"寄寓着人们内心最美的情愫与最深的感怀。"复此从凤蝶，双双花上飞。寄语相知者，同心终莫违"，萧纲的"蝴蝶"质朴动人；"八月蝴蝶来，双双西园草"，李白的"蝴蝶"天然率真；"庄生晓梦迷蝴蝶，望帝春心托杜鹃"，李商隐的"蝴蝶"幽怨神秘；"羡他无事双蝴蝶，烂醉东风野草花"，周密的"蝴蝶"如痴如醉；"试扑流萤，惊起双栖蝶"，纳兰性德的"蝴蝶"哀婉悱恻；而"穿花蛱蝶深深见，点水蜻蜓款款飞""风轻粉蝶喜，花暖蜜蜂喧"，杜甫笔下的"蝴蝶"有着别样的生命温度与生命哲学意味。

杜甫的一生处于李唐王室由盛转衰的流变时期，与多数抱着儒家信念的知识分子一样，他立志"会当凌绝顶，一览众山小"，实现"致君尧舜上，再使风俗淳"的宏伟志向。然而,在开元二十三年和天宝六年,杜甫曾两次参加科举,均名落孙山。

不得已只得通过向皇帝献赋、向贵人投赠，才得到右卫率府胄曹参军的小官。"安史之乱"打破了杜甫平静的生活。潼关失守后，杜甫投奔肃宗，中途被安史判军俘获，押至长安。至此，开始了大半生孤苦无依、颠沛流离的难民生活，一代诗圣，终病死于湘水之上。

一、乐而不淫

江畔独步寻花

唐·杜甫

黄四娘家花满蹊，千朵万朵压枝低。

流连戏蝶时时舞，自在娇莺恰恰啼。

这是一幅明艳动人、至情至性的春景图：风和日丽，花开满枝，蝴蝶流连，娇莺啼唱，喧闹的春意扑面而来。诗人敞开心怀，感受蝴蝶的曼舞轻扬，体悟人与自然相互应和的曼妙境界。

弊庐遣兴，奉寄严公

唐·杜甫

野水平桥路，春沙映竹村。

风轻粉蝶喜，花暖蜜蜂喧。

把酒宜深酌，题诗好细论。

府中瞻暇日，江上忆词源。

迹忝朝廷旧，情依节制尊。

还思长者辙，恐避席为门。

春水漫漫,翠竹映沙；风和日丽,微风荡漾；花儿酣畅，蜂喧蝶舞。趁着大好春光，开怀畅饮，提笔作诗，或泛舟江中，细心品论，切磋诗艺。我（诗人）盼望府中主人将能有雅兴一同踏青游春，就连江边老翁也想念您这位大诗人啊。想当年，我们同列朝廷，至今我对您依然敬佩。汉朝的陈平即便穷得以席为门，但门外还有许多长者的车辙；我希望您能再度光临寒舍，但愿您的车驾不会避开寒门。

"风轻粉蝶喜，花暖蜜蜂喧"同样写出了杜甫自由灵动的思绪与奢华的内心世界，以及对春天、对生命的无限爱恋。

生命体验其实是生命的体悟与感知，是一种精神信仰与追求。我们的生命意趣在精神的深处隐藏着，无需外接，只需唤醒。仁者乐山，智者乐水，在丰富的自然体验中培养生命感性，获得情思意趣，与深邃的内心进行有价值的交流与沟通，是一种内在生命意识的觉醒，是一种真正的生命之乐。

二、哀而不伤

曲江二首

唐·杜甫

朝回日日典春衣，每日江头尽醉归。

酒债寻常行处有，人生七十古来稀。

穿花蛱蝶深深见，点水蜻蜓款款飞。

传语风光共流转，暂时相赏莫相违。

　　每天退朝归来，都要典衣沽酒，尽醉而归；因赊酒太多，以至于催债人如影随形；人生七十古来稀，对我而言余下的岁月已经不多。你看那蝴蝶在花丛中悠然穿行，时隐时现，轻盈的蜻蜓点着水面，款款飞行，春意盎然的蝴蝶和蜻蜓，好像特地来抚慰我的忧伤。不知道老病之身的我还可以和它们共处多久？我就希望蝴蝶、蜻蜓传话给那春天的风光，请它不要急于离开我。

　　需要典当春衣度日，连喝酒也需要赊欠，生活的窘迫或许还可以忍受，但时局动荡，百姓流离，而自己空怀一腔热血，报国无门才是杜甫内心最大的感伤。即便如此，世界在他眼里还没有变得灰暗，他对春天依旧有着敏锐的感觉与深切的爱恋，对同样卑微美丽的小生灵，还有一份怜惜与悲悯，优雅的蝴蝶与轻盈的蜻蜓似乎与人生的沉重、苦难、无奈形成鲜明对比。无论欢喜还是忧伤，无论顺境还是逆境，怀着一颗大爱丰盈的心灵，"诗圣"杜甫的诗永远流露出乐而不淫、哀而不伤的中和美。

　　"为什么我的眼里饱含泪水，因为我对这土地爱得深沉"①，诗人心中没有怨恨，只有悲悯，而感人心魄的悲悯意识，来自诗人内心对国家、对民族的一往情深，对未来的无限希冀。

　　子曰："贤哉回也！一箪食，一瓢饮，在陋巷。人不堪其忧，回也不改其乐。"虽然生活是如此清苦，但贤者心里仍然坦然快乐，这就是贫而不困。对杜甫而言，无论现实多么贫瘠萧索，内心依旧温润、依旧富丽。

小寒食舟中作

唐·杜甫

佳辰强饮食犹寒，隐几萧条戴鹖冠。

春水船如天上坐，老年花似雾中看。

娟娟戏蝶过闲慢，片片轻鸥下急湍。

① 出自艾青《大堰河——我的保姆》。

云白山青万余里，愁看直北是长安。

　　这首诗是杜甫在去世前半年多，即大历五年（770 年）春停留潭州（今湖南长沙）的时候所作：小寒时节，强撑病体，吃一点饭，靠着乌几，席地而坐。春来水涨，水天一色，舟行江中犹如行在碧海云天；虽然老眼昏花，看岸边景物犹如笼罩着一层薄雾，但还能看到蝴蝶翩翩飞过闲幔，鸥鸟轻盈飞过激流，自然万物往来自由，各得其所。而白云青山的万里之外，长安正是愁云笼罩。虽然是"老病有孤舟"，杜甫依然深切关注唐王朝的安危。临近人生的终点仍然矢志不渝，深刻诠释着杜甫"葵藿向太阳，物性固难夺"的人生信仰。

三、诗意栖息

旅 夜 书 怀

唐·杜甫

细草微风岸，危樯独夜舟。
星垂平野阔，月涌大江流。
名岂文章著，官应老病休。
飘飘何所似？天地一沙鸥。

　　微风吹拂江边的细草，夜晚的江上只有一根桅杆孤独高悬；星光低垂，大江辽阔，明月高挂，江水浩荡；我这一辈子难道是因为文章而留名？虽然心系社稷，但衰老的病体已是无法担荷，此刻的我就像在苍茫天地间飘飘忽忽的一只沙鸥……

　　这首诗是杜甫在垂暮与病痛中写就的，难以想象一个老无所依、贫病交加之人，内心还有"星垂平野阔，月涌大江流"的雄浑壮阔，还有"飘飘何所似？天地一沙鸥"的灵动豁达。

礼　物

〔波兰〕米沃什

　　如此幸福的一天，雾早就散了，我在花园里干活，蜂鸟停在忍冬花上。

　　这世上没有一样东西我想占有，我知道没有一个值得我羡慕，任何我曾经遭受的不幸，我已经遗忘。

　　想到故我今我同为一个人并不使我难为情，在我身上没有痛苦，直起腰来，我望见蓝色的大海和帆影。

（西川译）

　　这首平静的小诗不禁让人想到瓦尔登湖边的梭罗，想到走向荒野的罗尔斯顿，想到归去来兮的陶渊明，想到坐看云起的王维……在田园默默耕耘的普通人，为何有如此的自适与自信？诗中吐露两点：其一，"蜂鸟停在忍冬花（金银花）上"，蜂鸟吸食花蜜，同时也传花授粉，成就花的果实，就像蝴蝶访花、蜜蜂采蜜，这是一种相互濡染的精神境界，也是相互促进、相得益彰的生态之境；其二，"直起腰来，我望见蓝色的大海和帆影"，有接地气的生活，有耕种，有收获，还有远方，有大海，在此情境下，简朴的生活也是澄明、富裕的生活。

刘勰的"寂然凝虑，思接千载"表达的也是这种意味。或许，在我们内心深处、在我们生命的源头里蕴藏着一种本真精神，一种恒定而又宁静的美。纯洁、朴实才是我们生命的常态，在田园耕耘是人生的最好譬喻。

春　与　光

宗白华

你想要了解"光"么？你可曾同那疏林透射的斜阳共舞？你可曾同那黄昏初现的冷月齐颤？你可曾同那蓝天闪闪的星光合奏？

你想要了解"春"么？你的心琴可有那蝴蝶翅的翩翩情致？你的歌曲可有那黄莺儿的千啭不穷？你的呼吸可有那玫瑰粉的一缕温馨？

"不到园林怎知春色如许"①，和煦的阳光带给大地蓬勃的希望，明媚的春天带给人间生命的喜乐，要想体会光明，就要与疏林透射的斜阳共舞，与黄昏初现的冷月齐颤，与蓝天闪闪的星光合奏；要想融入春天，内心就要有蝴蝶翅的翩翩情致，有黄莺儿的千啭不穷，还要在呼吸之间拥有玫瑰粉的一缕温馨。总之，与自然对话、与生命沟通才能达到物质与精神之间的平衡，从而"得到生命的全部"。"返回自然的过程不仅包含着记忆，而且也包括'绝学'和遗忘。我们能参与自然界生命力内部共鸣的前提，是我们自己的内在转化。"[1]

"花须柳眼各无赖，紫蝶黄蜂俱有情"②，花红柳绿，蜂喧蝶舞，处处都是春天的蓬勃与生命的昂扬；然而，不管是无心的花柳，还是有情的蜂蝶，都似乎是反衬诗人的难言之痛与凄苦心境。

"庄生晓梦迷蝴蝶，望帝春心托杜鹃"③，与杜甫相比，李商隐的"蝴蝶"更有一种幽怨色彩，寄寓着诗人更多难言的情愫与微妙的感情，其共同之处在于，诗人都借"蝴蝶"抒写自己的人生际遇与人生感怀，在现实与梦幻的通道中消融自我、消融人间悲剧。

---

① 出自明·汤显祖《牡丹亭》。
② 出自唐·李商隐《二月二》。
③ 出自唐·李商隐《锦瑟》。

四、生命的哲思

中国人深邃博大的生命哲学常常以诗歌意象的形式在文化中濡染、浸润、延伸，而学术理论层面的"生命哲学"倒像是舶来品。莫里兹在他的 1827 年出版的《生命哲学论文第二版》一书中，第一次使用"生命哲学"一词。莫里兹的"生命哲学"将心理学上的认识同教育的要求联系在了一起，从而把实际哲学扩展到日常生活[2]。

西方著名哲学家柏格森的生命哲学对个体人的生命意义和价值给予高度重视，这种"生命意识"深刻地影响了中西文化的汇通与撞击，影响了近现代中国的思想进程。

柏格森的生命哲学在本质与基调上是刚健有为、奋发向上的。他的生命哲学与《易经》的"天行健，君子以自强不息"有着内在的精神契合，让中国人心生向往，发出会心的微笑。柏格森认为，"生命"至少具有以下三层含义：第一，生命只属于有机界，生命不是静止地存在于某个有机体之中，而是以生命冲动的形式，从一个有机体流动到另一个有机体，从而形成生命之流，而且"这生命之流，穿过它接连组织起来的那些实体，从这一代流到下一代，它已经分散于各个物种中，散布于一个个的个体里，不但没有丧失自身的半点力量，其力量反而不断强化，与它的前进成为正比"；第二，生命是连续不断、永不停歇的，作为活生生的生命，它永远不会停止，在持续存在的过程中，它不断积蓄能量，以延续生命冲动，因此，"生命的本质就在于那个传送生命的运动"；第三，生命是不断创造进化的，柏格森给生命下了简要定义："创造性的进化，这就是生命。"[2]

"蚕食桑而所吐者丝，非桑也；蜂采花而所酿者蜜，非花也。"（清·袁枚），蚕吃的是绿色的桑叶，吐出的却是晶莹的丝；蜂采百花，酿出的是蜜，百花似乎已经无迹可寻。司空见惯的现象蕴含着深刻的哲理：蚕吐丝，蜂酿蜜，源于自然而高于自然，这就是最生动、最简明、最仁厚的创造性转化，就是生命的价值。

孔子的生命哲学就是"仁者爱人"，夫子热爱生命、热爱生活，所有饮食男女的本能，若出于生命冲动与自然流行，如果能顺理得中、生机活泼，夫子都是赞同的。随性豁达的"浴乎沂，风乎舞雩，咏而归"就深契夫子心意。更重要的是，儒家崇尚自强不息，刚健有为，崇德利用，厚德载物。孔子言："其为人也，发愤忘食，乐以忘忧，不知老之将至。"在无怨无悔的不懈追求中获得快乐，会使人忘却个人烦恼，甚至忘了老之将至。儒家崇尚的是："为天地立心，为生民立命，为往圣继绝学，为万世开太平。"（北宋·张载）儒家认为生命的价值与意义就是"立功、立德、立言"之"三不朽"[3]。

"夫天地者，万物之逆旅也；光阴者，百代之过客也。"① 人生的悲剧感，是人

---

① 出自唐·李白《春夜宴从弟桃花园序》。

类与生俱来的共有意识。理想与现实、感情与理智、短暂与永恒这三大矛盾，是人类心灵的基本悲剧性的冲突[4]。从这个意义上说，人的主体性生成和发展，本身就是一个悲剧性的历程。人从生命诞生的那一天起就注定了自己的悲剧命运，如同一朵花盛开必将走向凋零一样，悲剧结局是人最根本的局限性。人生既有意气风发、春花浪漫的一面，更有艰难困苦、悲欢离合、荣辱沉浮、生离死别，人生有太多的不确定性与局限性，甚至伴随着无常、荒诞与孤独。世事无常，造化弄人，如何化解与弥合生命的悲剧，决定了每个人生命的格局与境界。

中国的生命哲学就是知白守黑、向死而生，将人生的苦难转化为滋养精神的养料，在迂回曲折的生命历程中体验人生的丰富与生命的美感，在审美观照与生命体验中开拓心灵的沃土，从而超越人生的困顿、苦难与烦恼，涵养精神人格与精神智慧。

当代世界，人的生存条件与物质生活已然产生巨大的改变。但人类所面临的基本的困境及其精神困惑却依然存在。人类命运的根基也没有发生质的飞跃，依旧无法脱离生命的原初的局限与人性的弱点。诚如叔本华所言：人的生命包含两大部分：主体意志（will）与欲念（idea）。意志是人存在的内在动力[5]。有意志，就有欲念，就会有矛盾，就会有失落与挫败，就跳不出意志与欲念的怪圈。

如果说物力维艰的时代，人面临的是生存困境，是生命不能承受之"重"，而衣食无忧的现代人面临的却是生命不能承受之"轻"。现实世界的弊端与缺憾比比皆是，或许每一个人都经历过内心苦闷、迷茫与煎熬。现代人道德颓废、空虚冷漠、内心失衡的原因错综复杂，除了与生俱来的悲剧意识，还有社会流变时期的种种现实困扰，更主要的是信念、价值的空没感与生命感性与生命意趣的失落。

"从前，人们认为他们生活在其中的世界，是一个富有色彩、声韵和花香的世界，一个洋溢着欢乐、爱情和美善的世界，一个充满了和谐而又富有创造性的世界，而现在的世界则变成了一个无声无色、又冷又硬的死气沉沉的世界，一个量的世界，一个像在机器齿轮上转动，可用数学方法精确计算的世界。"[6] 喧嚣的信息和无处不在的网络空间给我们带来全新的体验与感受，也造成了人的生存困境。

面对前所未有的物质诱惑与错综复杂的理性纠结，被驱使、被裹挟、被遮蔽已经成为越来越明显的生活事实。"媒介是人类身体的延伸，如果人类的身体因为媒介的配置而发生变异，如果人与机器的结合体正在形成某种新型的单元，那么，这种身体与机器组织的社会必将放大和引申上述的种种变异。"[7]

自然生态不仅有经济价值，更有着精神与文化价值，自然才是真正的心灵抚慰与疗伤之所。大自然的吐纳呼吸，演奏着天地为广宇的乐章。柳梢上蝉的吟唱，花丛中蝴蝶的蹁跹，水潭边蜻蜓的轻盈，生命意识赋予山水自然以生命意味，而在泛化了的山水生命之中人又格外品味到人自身的生命情调，格外真切地感受到灿烂生命隽永的意味。然而，现代社会，许多人即便身处桃花源，也未必能感受桃花源的宁静与悠然，只有把"桃花源"打造成"金银源"的内在冲动；大家都浇灌着玫瑰，却让幽兰枯死。物欲横流，导致现代人生命感性的丧失，而贫瘠萎缩的精神世界是无法支撑起生命创造性的转化的。

天地有大美，蝶梦了无痕，对蝴蝶的观照过程也是将物客体诗化的过程。以博大温润的心灵来观照自然，大自然中的一切都呈现出最本真、最优美、最和谐的一面。体验、感受自然之美，就等于接通了有限与无限、当下与永恒、个体与整体。个体是短暂的，人生不过是一场逆旅、一场春梦。然而，生命生生不息，文明代代相传，人只有把小小的自我、小小的欲望融化到社会洪流中，才能获得澎湃之势，就像一滴水汇入大海，永不会干涸。

对于生命的意义，柏格森的生命哲学提供了明晰的理性推演：生命的质量在于其自主性，在于生命过程中所迸发出的创造力、信念和人格魅力。而杜甫以其生花妙笔生动阐释了中国儒者的生命哲学，杜甫的"蝴蝶"体现着诗人奢华的生命感性与温润细腻的情感张力。

"蝴蝶"的生命哲学是从小到大，从丑到美，在蜕变中成长，直至破茧成蝶。"蝴蝶"的生命哲学启迪我们：以审美的态度面对挫折，以豁达的心境面对困顿，将苦难化为思想的养料，乐而不淫，哀而不伤，才能达到诗意的栖息。

参 考 文 献

[1] 杜维明 . 儒家思想 —— 以创造转化为自我认同 . 北京：生活・读书・新知三联书店，2013.

[2] 柏格森 . 创造进化论 . 肖聿译 . 北京：华夏出版社，2000.

[3] 费迪南・费尔曼 . 生命哲学 . 李健鸣译 . 北京：华夏出版社，2000.

[4] 伯特 . 近代物理科学的形而上学基础 . 徐向东译 . 北京：北京大学出版社，2004.

[5] 本杰明・艾尔曼 . 经学・科举・文化史 —— 艾尔曼自选集 . 复旦大学文史研究院译 . 北京：中华书局，2010.

[6] 董德福 . 生命哲学在中国 . 广州：广东人民出版社，2001.

[7] 赫伯特・马尔库赛 . 审美之维 . 李小兵译 . 北京：生活・读书・新知三联书店，1987.

第三节　"灯下草虫鸣"——静观的意蕴

"静观是在良知照耀下看清世界，而又重视这个世界的智慧喜悦。"（罗丹语）万物皆有生命；静观就是以生命体验来感知万物的，是生命通感在知性与诗性、情感与理智、社会与生态之间的流淌与莹润。

昆虫宁静的生命形态潜伏着生命与宇宙永久深层的意义。历代诗词名家以虚境的胸襟静观昆虫，从弱小的生命看到生命的精微流变，以诚挚的同情揭示生命之道的诗意体悟与审美观照，呈现生命充实、内在、自由的光辉。

一、万物静观皆自得

月　夜

唐·刘方平

更深月色半人家，北斗阑干南斗斜。

今夜偏知春气暖，虫声新透绿窗纱。

更深夜静，月色朦胧，天边的北斗星和南斗星微微横斜，守护在天际。地上人家一半沐浴在月光下，另一半被笼罩在阴影里。正是一天中最为寂静、寒凉的时刻。然而，就在这静谧的月夜，响起了一声声稀疏、稚嫩，但又是清脆、欢快的虫声。"今夜偏知春气暖，虫声新透绿窗纱"，在静谧的春夜，打开心灵的绿窗，从稀疏的虫声感知万物复苏、春回大地的暖意。与其说"虫声"与春天的契合，倒不如说"虫声"与诗人萌动的心应和，见微知著，贯通天地的元气之美与通感油然而生。贯通天地的通感是物我之间的双向交流，感于外而通于内，方能生成通感。在天、地、人通感的状态之中，我们的精神与心灵敞开着，向着自然，向着神性，向着古往今来、宇宙洪荒……

"诗人必有轻视外物之意，故能以奴仆命风月。又必有重视外物之意，故能与花鸟共忧乐。"[1] 能出乎其外，以奴仆命风月，必有超然智慧；能入乎其内，与花鸟共忧乐，必有通感之心，加上思维敏捷，融会贯通，诗在其中矣。

宁静的存在着眼于与天地万物的精神交流，这种交流是诗意的，更是审美的。人类的力量通常是无明、趋利、喧嚣、骚动的，而自然的力量才是悠远、宁静的。这种宁静的力量就像种子发芽、花蕾绽放，也像蜻蜓点水、蝴蝶羽化，是内在的转化与螺旋式上升，是融通天地的灵魂喜悦，是与内心自我对话的深邃韵致。

一　句　话

〔印度〕泰戈尔

我相信我有一句话要对她说，当我们的眼光在路上相遇的时候，但是她走过去了，而这句话，日夜地，像一只空船在时间的每一阵波浪上，摇荡。

那句我要对她说的话，它好像在无穷尽的追求中，在秋云里航行，又开放成

---

① 出自王国维《人间词话》。

夜间的花朵，在落日下寻找它失去的语言，它像萤火虫般在我心头闪烁，在绝望的朦胧中，寻求它自己的意义，那句我要对她说的话。

泰戈尔的诗总是充满着一种神圣的静观。印度古老的哲学典籍《薄伽梵歌》中直接就说：生命的最高礼物就是"我的宁静"。"静"就是一道能照亮存在与心灵的风景，是生命充实与意义的一个源泉[1]。而在通常的各种各样的"动"的形式中，人们认识本真的心性反而容易受到影响，在喧嚣的外欲驱使下，人们很容易被表面的浮华迷惑，也就失去更深邃、更有根基性的洞察力。曾几何时，中国人就在大大小小的"运动"中，举国迷狂，失去判断力与鉴别力。

秋夜独坐

唐·王维

独坐悲双鬓，空堂欲二更。

雨中山果落，灯下草虫鸣。

白发终难变，黄金不可成。

欲知除老病，唯有学无生。

一个人独自幽坐，感叹岁月流逝，双鬓泛起霜花。秋夜的佛堂显得格外空寂，不知不觉已到二更。在这清幽的山中，雨声淅沥，山果簌簌掉落。在昏暗的烛光下，蟋蟀的吟唱断断续续，如泣如诉。满头白发终究难再变黑，炼金炼丹术也不能成就长生不老的仙人。如何消解生死苦痛，只能学那佛家的无知无觉、无悲无苦、无欲无求。

"致虚静，守静笃，万物并作，吾以观复……归根曰静，静曰复命。清静为天下正。"① 静观就是脱离功利、物欲的精神审美，静观就是从五光十色的现象看到现象背后的实质，感知自然深处的原初与神秘，同时也体悟心灵深处的那份辽阔与深邃。"诗佛"王维将禅的静默与山水观照合二为一，达到"气和容众，心静如空"的"无我"与"心凝神释，与万化莫合"的禅悟境界[2]。

宁静不是寂静，更不是枯寂，宁静的心灵具有一种接近生命本质的彻悟，宁静是用心灵去感受自然的静谧与生命的律动的。"沉思带来宁静，宁静让你渗透整个世界。"[3] 在宁静的观照中，种种欲念被排除，种种杂念被过滤，智者透过静观与天地万物交流，享受山水之乐！

山　石

唐·韩愈

山石荦确行径微，黄昏到寺蝙蝠飞。

---

①　出自《老子》第45章。

升堂坐阶新雨足，芭蕉叶大栀子肥。

僧言古壁佛画好，以火来照所见稀。

铺床拂席置羹饭，疏粝亦足饱我饥。

夜深静卧百虫绝，清月出岭光入扉。

天明独去无道路，出入高下穷烟霏。

山红涧碧纷烂漫，时见松枥皆十围。

当流赤足踏涧石，水声激激风吹衣。

人生如此自可乐，岂必局束为人靰？

嗟哉吾党二三子，安得至老不更归。

　　沿着崎岖的山涧小径，黄昏时分，终于来到古寺。只见蝙蝠纷飞，山雨淅沥，芭蕉茁壮，栀子花开。在幽静的古寺中，辨析佛家壁画，享用粗茶淡饭，一切都是如此地自然随性。入夜之后，辗转难眠，百虫合唱，酣畅淋漓。静卧细听，万虑俱消。夜渐深沉，百虫安睡，虫声始"绝"。当百虫的合唱归于静寂，下弦月从山头升起，一轮明月朗照，照彻心扉。天刚破晓，晨光熹微，雾气弥漫，辨不清道路。朝阳升起，只见绿叶婆娑，山花红艳，涧水碧蓝，松枥参天，赤足踏在涧石上，任清冽的山风吹拂衣襟，顿时觉得豁然开朗，心情畅快。回想昨天以来的游山经历，归隐之心油然而生。人生在世，自在徜徉于山水之间是最大的乐趣，何必在浑浊的仕途中战战兢兢，受制于人呢？

　　德国哲学家齐美尔在《风景的哲学》中的一段文字：所谓自然就是事物之间无穷无尽的联系，形式的不断产生与消亡，在时间和空间存在的连续性上表现出来的大量统一[4]。在《山石》中，小径、蝙蝠、新雨、芭蕉、栀子、古寺、月光、虫吟……这一切都是如此随意亲切、自然而然，让人目不暇接、心驰神往。

晚日后堂

南朝·梁·萧纲

慢阴通碧砌，日影度城隅。

岸柳垂长叶，窗桃落细跗。

花留蛱蝶粉，竹翳蜻蜓珠。

赏心无与共，染翰独踟蹰。

　　傍晚的宫苑，帘幕的阴影投在华美的台阶之上，日影照在空寂的城隅。河岸旁，柳树低垂，绮窗边，桃花落下细微的花萼。蛱蝶（或许是蛾）的鳞片粘连在花瓣上，蜻蜓晶莹如珠的头（复眼），隐没在婆娑的竹影中。如此美景，无人共赏，更无知音相诉，只能以笔蘸墨，借景抒怀自得其乐。

春　日

南朝·梁·萧纲

年还乐应满，春归思复生。
桃含可怜紫，柳发断肠情。
落花随燕入，游丝带蝶惊。
邯郸歌管地，见许欲留情。

冬去春来，万物复苏，娇媚的桃花红得发紫，深情的柳叶青翠欲滴。落花点点，燕子疾飞，蝴蝶飞起，惊动吐丝的小虫（蜘蛛）。丝竹声声，令人心旷神怡。

"花留蛱蝶粉，竹翳蜻蜓珠"；"落花随燕入，游丝带蝶惊"，这些细微的景致是需要屏住呼吸才能观察到的。自然细微的情状跃然纸上，诗人宁静安闲的心境呼之欲出。宁静的世界有别样的魅力，静静的灵魂才能生出翅膀，飞向邈远。

秋日（其二）

宋·秦观

月团新碾瀹花瓷，饮罢呼儿课《楚词》。
风定小轩无落叶，青虫相对吐秋丝。

悠闲地待在家中，碾茶烹茗，课儿读书。在袅袅茶香中，听小儿吟诵《楚词》，心情格外疏朗。小轩窗之外，风停了，连一片枯叶也不见掉落，风停树静给了青虫绝好的机会，它们相对吐丝，自得其乐。

诗人以静观万物的恬淡胸襟与体物入微的感知能力捕捉到细微的生命现象。"静故了群动，空故纳万境"[①]，通过静观体悟到"我与生物圈的整个生命相连，我与所有的生命浩然同流，我沉浸于自然之中并充实着振奋的生命力，欣然享受生命创造之美的无穷喜乐"[5]。

正如宗白华先生所说："艺术心灵的诞生，在人生忘我的一刹那，即美学上所谓'静照'。'静照'的起点在于空诸一切，心无挂碍，和世务暂时绝缘。这是一点觉心，静观万象，万象如在镜中，光明莹洁，而各得其所，呈现着它们各自充实的，内在的，自由的生命。所谓万物静观皆自得。这自得的，自由的各个生命在静默里吐露光辉。"[6]

江乡故人偶集客舍

唐·戴叔伦

天秋月又满，城阙夜千重。

---

① 出自宋·苏轼《送参寥（禅）师》。

还作江南会，翻疑梦里逢。

风枝惊暗鹊，露草覆寒蛩。

羁旅长堪醉，相留畏晓钟。

秋高气爽，月满中天，城阙在夜色中显得凝重而安详。在此寂寥的清秋时节，你我能在江南相会，恍若梦中。秋风吹动树枝，惊动了栖息的鸟鹊；更深露凝，滴露于低吟的寒虫。你我客居他乡，应该开怀畅饮，一醉方休！天晓鸣钟，你我又要各奔东西，又不知何日再会！

牡丹亭·惊梦

明·汤显祖

袅晴丝吹来闲庭院，摇漾春如线。

停半晌整花钿，没揣菱花偷人半面。

迤逗的彩云偏。我步香闺怎便把全身现。

许多鳞翅目幼虫卵呈块状，孵化后，低龄幼虫先是聚集，后吐丝随风飘散。在和煦的春风中，昆虫的丝，如同千万根轻柔的细线飘摇荡漾，袅袅晴丝被微风吹进了寂静无人的庭院，也吹进少女荡漾的春心。

"花谢花飞飞满天，红消香断有谁怜？游丝软系飘春榭，落絮轻沾扑绣帘"①，这里的"游丝"大概是鳞翅目昆虫的丝，也可能是蜘蛛的丝。可见古代的大家闺秀对春天的小虫子没有任何嫌弃之感，而是怜爱有加。春天不仅属于花草树木，也属于昆虫等微小的生命。到园林中才能感知春色如许，从春天的小虫更能体悟生命的细微变化与隽永的意味。

"吾观风雨，吾览江山，常觉风雨江山之外，别有动吾心者在。"② 动吾心者，就是与自然契合的同情与通感。正如梁宗岱所言："当我们放弃了理性与意志的权威，把我们完全委托给事物的本性，让我们的想象灌入物体，让宇宙大气透过我们心灵，因而构成一个深切的同情，交流物我之间同跳着一个脉搏，同击着一个节奏的时候，站在我们面前的已经不是一粒细沙，一朵野花或一片碎瓦，而是一颗自由活泼的灵魂与我们的灵魂偶然的相遇，两个相同的命运，在刹那间，互相点头，默契和微笑。"[7]

二、静观昆虫

科学研究固然应该尊崇实证客观原则，不能以审美静观的态度来对待。但静

---

① 《红楼梦·葬花吟》。
② 清·周颐《蕙风词话》。

观理念同样可以延展到科学研究与环境监测领域。因为昆虫不是机器而是活生生的生命。如果我们仅仅把昆虫当成建构科学理性的工具，抱着急功近利的心态，试图以短、平、快的方式得出研究结论，这样的研究论文，其科学价值与人文意义可想而知。

法布尔的《昆虫记》被誉为"昆虫的史诗"，其可贵之处在于：带着同情意识对昆虫进行细微的观察与实证研究，诗意化、人格化、富有童真与生趣的阐述，对生命的同情与关爱，对自然的静观与敬畏给这部科普著作注入了灵魂。

古之善为道者，微妙玄通，深不可识。夫不唯不可识，故强为之容；豫兮若冬涉川；犹兮若畏四邻；俨兮其若客；涣兮其若凌释；敦兮其若朴；旷兮其若谷；混兮其若浊；孰能浊以静之徐清？孰能安以静之徐生？保此道者，不欲盈。夫唯不盈，故能蔽而新成。

——《老子·第十五章》

老子告诉我们：古代善于行道的人，幽微精妙，玄奥通达，难以认识。正因为难以认识，所以勉强地对他加以形容：他小心谨慎的样子好像冬天涉足于河川；如履薄冰的神情好像提防四周围攻；他拘谨严肃，好像身为宾客；和蔼可亲，好像冰雪在春风中融化；淳厚质朴，好像未经雕琢的璞玉；心胸开阔，好像空旷的山谷；浑朴醇和，好像混浊的洪水大水。试问谁能在动荡中静下心来？谁能在安定中涵养活力？唯独得道的人，才有这种能力。因为得道的人不自满，所以才能与万物同行，永远吐故纳新，与时俱进。老子告诉我们，只有怀揣敬畏之情、同情之心，才能参透自然的要义。

"从外部来观察对象，恰似对城市进行拍照，不管我们从一切可能的角度将城市拍成多少照片，不管这些照片如何彼此补充，它们也不能与我们生活于其中的城市相等。实在本身是完满的、流动的，而照片的集合是不完满的，是静止不动的。假如我们能直接进入对象内部，与对象沟通交流，融为一体，才能真正读懂城市。"[8]柏格森的论述告诉我们，要真正了解客观事物，就必须与它们沟通交流，取得情感上的共融。

直觉是一种神秘的内心体验，"直觉在我们与其他生物之间建立了同情性的通讯，并且扩大了它带给我们的意识，而将我们引入了生命本身的领域，这个领域互相渗透，进行着无穷无尽的创造。"[8]在这种体验中，主体和对象产生生命的互动，达到"理智的同情"，而"同情"也是我们了解其他人乃至其他生物的最佳方式。柏格森认为，在科学中其实也存在着直觉，那就是"感性直觉"，而"感性直觉"只是一种"单纯的直觉"，是低于知性的，故而无法把握生命现象，只能应用于数学与逻辑领域。"应当存在一种心灵的直觉，更概括地说，应当存在一种生命的直觉，虽然智力无疑会转移和翻译这种直觉，但这种直觉依然超越了智力。换句话说，应当存在一种超越知性的直觉。这种超越知性的心灵直觉，不但可以把握生命，更可以把握绝对。"[8]

"心灵直觉"实际上是一种"理智的同情"，就是与对象同情共感的能力，就是直觉在生命互动中产生的体悟。而刘克襄的观鸟学说就是在观测中加入逻辑思考与情感因素，比较贴近这种"心灵直觉"与"理智的同情"。刘克襄认为：接近自然的"观鸟"观察活动，应该是孤独、神圣的，"静静地进行、默默地记录资料，以近乎宗教性的虔诚心态步入自然，并从其中获得灵性的启悟与知性的饱满"。这样的"观鸟"活动其实可以使都市人学习如何接近自然、如何尊重自然。当我们发现正在喂育幼雏的鸟巢时，必须保持走入医院育婴房的心境。因为你正在观察一只鸟在进行生命中最重要的工作。不仅要保持一个适当的距离，也不能破坏现场的任何枝茎、草叶。你唯一要做的事，或许是把自己装扮得更难被成鸟发现，这是你对成鸟最大的尊敬。[9]

很多学者认为雌螳螂交配后吃雄螳螂是合乎理性的，雌螳螂获得雄螳螂的营养有利于哺乳后代。也有的观点认为雄螳螂含有后代的基因，因而更加有利于小螳螂的发育和生长。雌螳螂因此背上"黑寡妇"的恶名。事实上，并不是每次交配雌螳螂都要咬食雄螳螂的头部。1984 年，科学家里斯克（E.Liske）和戴维斯（W.J.Davis）虽然同样在实验室里观察大刀螳螂交尾，但是做了一些改进：他们事先把螳螂喂饱，把灯光调暗，而且让螳螂自得其乐，人不在一边观看，而改用摄像机记录。结果出乎意料：在 30 场交配中，没有一场出现"吃夫"现象。相反地，他们首次记录了螳螂复杂的求偶仪式：雌雄双方翩翩起舞，整个过程短的 10 分钟，长的达 2 小时。里斯克和戴维斯认为，以前人们之所以频频在实验室观察到螳螂吃夫，原因之一是在直接观察的条件下，失去"隐私"的螳螂没有机会举行求偶仪式，而这个仪式能消除雌螳螂的恶意，是成功地交配所必需的程序。另一个原因是在实验室喂养的螳螂经常处于饥饿状态，雌螳螂饥不择食，才会做出残忍的举动。[10]

昆虫不是机器，它也有生理与情感需求，保护螳螂的"隐私"，让螳螂放松身心，获得传情达意、相互取悦的机会，才能得到比较接近真实的结论与解释。因此，我们在观察昆虫的时候，应该尽量在自然环境中进行，尽量避免过度介入式、干扰式观测手段，望闻问切，以虫观虫，带着生命的同情、带着静观的心态，更能接近真相。

三、静观生态

淮河是国家重点治理的"三河三湖"工程之一，在 2004 年 8 月初却出现了惊人的一幕：淮河部分支流一场暴雨，使沿途各地藏污闸门被迫打开；5 亿多吨高指标污水形成 150 多公里长的污水带，"扫荡"淮河中下游。而淮河治污，国家投入了大量的人力、物力、财力，已花费了十年多的时间，其成果竟然是如此的"辉煌"！而在此之前国家有关部门的统计则成绩不小，据国家环保总局统计，主要污染物为70 万吨，10 年降低了约 50%，为"逐年下降"；而隶属水利部的淮河水资源管理局测定 2003 年污水排放量 123 万吨，接近治理前水平。然而事实是淮河"河蚌死了，野鸭死了，鱼虾全死光了"[11]。

在没有机器的年代，人们只能通过体验观察，以直觉与审美的态度来感知自然、感知季候。而现代社会，科技（机器）的力量无所不在，机器给人类生活带来极大的便利，也带来困惑。环保靠机器来监测环境，医院靠机器看病，沟通更是依赖机器（手机）。机器代替了感官，数字代替了感知，我们从一个极端走到另一极端。但机器监测也未必能客观反映现实，机器也是人造的，也只能在一定的阈值内反映客观，机器诊断，环境检测，数字偏差与人为造假比比皆是。

淮河治理，从机器监测的结果看可谓捷报频传，形势大好，但"河蚌死了，野鸭死了，鱼虾全死光了"。机器显示的结果固然是客观的，但监测方式、监测对象却可以人为操控，数据统计也可以人为介入。再者环境的变化是具有连续性与有机性的，而机器监测的结果却是间断的、机械的，因此，机器监测未必能全面、客观地反映环境的现实情况。

生物与环境是相互作用的统一整体，环境中各种条件的变化都会直接或间接地影响到生活在该环境中的生物，包括生物体的功能、种内及种间关系，甚至会破坏生态平衡，同时，生物也不断地影响和改变着环境。两者相互依存、协同进化，生物与环境的统一性是生物监测环境质量的科学基础。

昆虫能感知环境细微的变化，而且"昆虫不会说谎"，生物监测更具备直观性、连续性和敏感性，更能直观反应环境因素的情况。生物监测有利于降低监测成本，提高公众参与度与监测的公信力[12,13]。系统多样性是系统和谐的外在体现，昆虫的多样性是环境质量的最好表征：有"无数蜻蜓齐上下"的地方，水质一定不错；白天有蜂喧蝶舞，夜晚有萤火虫点灯的地方，环境肯定不差。

因此，从科学的角度，静观生态就是在理化监测的同时加入生物监测，在科学研究的过程中加入生命的同情与体验，有些时候，可以让昆虫活泼的生命来协助冰冷的机器，请昆虫为生态代言。

参 考 文 献

[1] 陈育德. 灵心妙语：艺术通感论. 合肥：安徽教育出版社，2005.

[2] 葛晓音. 山水田园诗派研究. 大连：辽宁大学出版社，1993.

[3] 欧·帕·盖尔. 世界十一大宗教论人生. 方舟译. 北京：文化艺术出版社，1989.

[4] 丁来先. 沉静之美. 北京：国防大学出版社，1999.

[5] 张毅. 唐宋诗词审. 天津：南开大学出版社，2013.

[6] 宗白华. 美学散步. 上海：上海人民出版社，1981.

[7] 梁宗岱. 诗与真二集. 北京：外国文学出版社，1984.

[8] 朱鹏飞. 直觉生命的绵延：柏格森生命哲学美学思想研究. 北京：中国文联出版社，2007.

[9] 刘克襄. 望远镜里的精灵：写给小朋友的观鸟书. 上海：上海译文出版社，2014.

[10] 方舟子. 性与死的统一.《三思科学》电子杂志，2002，3:12-15.

[11] 怎样解决环境问题.http://www.docin.com/p-510783206.htm.

[12] 韩凤英，席玉英. 长叶异痣蟌对水体镉污染的指示作用的研究. 农业环境保护，2001，20（4）:229-230.

[13] 黄小清，蔡笃程. 水生昆虫在水质生物监测与评价中的应用. 华南热带农业大学学报，2006，12（2）:72-75.

第四节 "艺花邀蝶"——走向绿色、诗性的教育

21 世纪即将到来之际，联合国教育、科学及文化组织属下一个研究小组曾忧心忡忡地在一份研究报告中预言：新世纪全球将面临两大资源枯竭的困顿：一是自然世界的生态资源；二是心灵世界的道德资源。殊不知，千百年来，中国的"诗教"传统通过诗歌把自然生态资源与道德资源融为一体，濡染、滋养了无数中国人的精神家园。

所谓"诗教"，本指《诗经》"温柔敦厚"的教育作用，孔子曰："入其国，其教可知也。其为人也：温柔敦厚，《诗》教也；疏通知远，《书》教也；广博易良，《乐》教也；洁静精微，《易》教也；恭俭庄敬，《礼》教也；属辞比事，《春秋》教也。"

《礼记·经解·诗大序》："诗者，志之所之也。在心为志，发言为诗。情动于中而形于言，言之不足，故嗟叹之；嗟叹之不足，故咏歌之；咏歌之不足，不知手之舞之，足之蹈之也……故正得失，动天地，感鬼神，莫近于诗。先王以是经夫妇，成孝敬，厚人伦，美教化，移风俗。"

林语堂在《吾国吾民》一书中提出了"诗是中国人的心灵宗教"的精深命题，并作了生动而深刻的阐述：

如果说宗教对人类心灵起着一种净化作用，使人对宇宙、对人生产生一种神秘感和美感，对自己的同类或其他生物表示体贴的怜悯，那么依著者之见，诗歌在中国已经代替了宗教的作用。宗教无非是一种灵感，一种活跃着的情绪。中国

人在他们的宗教里没有发现这种灵感和活跃情绪……但他们在诗歌中发现了这种灵感和活跃情绪。诗歌教会了中国人一种生活观念，通过谚语和诗卷深切地渗入社会，给予他们一种悲天悯人的意识，使他们对大自然寄予无限的深情，并用一种艺术的眼光来看待人生。诗歌通过对大自然的感情，医治人们心灵的创痛；诗歌通过享受俭朴生活的教育，为中国文明保持了圣洁的理想……最重要的是，它教会了人们用泛神论的精神和自然融为一体。春则觉醒而欢悦；夏则在小憩中聆听蝉的欢鸣，感受时光的有形流逝，秋则悲悼落叶，冬则"雪中寻诗……"

通过诗歌的创作和欣赏来实施对人的教育，在中外历史上都有着悠久的传统。古希腊著名哲学家柏拉图强调诗教的道德价值；亚里士多德则主张强化诗教的审美愉悦功能；古罗马诗人贺拉斯综合前两者，提出了"寓教于乐"的观点；德国著名学者歌德阐释了求知和道德兼顾的诗教价值观[1]。

改革开放以来，传统经典得到复兴，围绕诗教的现代价值，许多学者高屋建瓴，提出了他们的真知灼见[2]：刘鹏深刻揭示了儒家诗学理论的道德教育思想[3]；冯铁山以哲学关于"人是诗意的存在者""语言是存在的家"的原理为理论基础，结合中国传统教育中的诗教思想，提出诗意德育的理论命题[4]；邰东星旗帜鲜明地提出，放弃诗教导致中国教育的百年迷途，重建诗教权威是新时期中国人寻求人生依靠的必然选择，亦是挽救当前中国人道德危机的良方[5]。

我国社会正处在农业文明—工业文明—生态文明的发展进程中，生态文化不仅是对传统文化继承和扬弃的结果，也是中西方哲学互参，科学与人文相辅相成共同构建的文化体系。生态文明是自然与社会良性发展与可持续之道，民众的共识与参与决定着生态文明建设事业的成败，因而生态教育对当下的生态文明建设意义重大。

我国生态理念的教育推广之所以事倍功半，原因往往在于只重视对生态科学的知识性讲授，而忽视情志感怀与诗性传达，从而削弱了生态教育的穿透力与渗透力。传统诗教的价值认定主要聚焦在思想道德教育层面，诗教的生态教育价值与昆虫文化的富矿没有得到应有的重视与开发。与时俱进，继承诗教传统，弘扬中华诗教，不仅是生态文明建设的需要，也是时代呼唤与人类的共识。从传统昆虫文化的母题中汲取源头之水，传承"天人合一"的传统精髓，诗性感怀与生态教育有机结合，文化回归与生态修复相辅相成，必将有助于实现生态诗教。

"腹有诗书气自华"，中国人自古就以一种诗性的思维与诗意的态度来对待世界。[6]哲理是诗情之根，诗情是哲理之花。中华诗词最集中、最凝练、最精美地体现着人类原创性思维的诗意智慧，达到哲理与诗情的内在融合。诗教传统是从中国人的文化深层与民族文化的根性中生发出来的，因而也是最契合中国人心灵的教育形态。"春蚕到死丝方尽，蜡炬成灰泪始干""今夜偏知春气暖，虫声新透绿

纱窗""穿花蛱蝶深深见，点水蜻蜓款款飞"，形神兼备，情理交融，灵动深邃的昆虫意象蕴含深厚的生态诗教资源，是启迪智慧、生态教育、伦理道德、美学素养等全方位教化的良好载体。

中国诗歌史上有三颗伟大的诗心，那就是李白、杜甫和王维。他们被称为诗中的仙、圣、佛：李白代表旷达超然"天生我材必有用"的自由与本体意识；杜甫代表"葵藿向太阳，物性固难夺"，以天下为己任的使命感；王维代表云淡风轻"行到水穷处，坐看云起时"的禅悟境界。从诗仙，到诗圣，再到诗佛，又显示了个体生命历程的三个阶段：朝气蓬勃、意气风发的青年李白；沉郁顿挫、博大深沉的中年杜甫；淡泊宁静、超然脱俗的老年王维。人的一生中若有这些蕴含着不同人格精神和生命情调的诗心伴随，就会获得生命的完整性。天地皆文章，自然有妙趣，见微知著，以小观大，从感性到理性，应该成为生态教育的一种路径选择。

一、诗可以"兴"

"比、兴"是中国诗歌创作的基本方法，源远流长，可以追溯到《诗经》时代。《礼记·经解》曰："比者，以彼物比此物也。"朱熹认为："兴者，先言他物以引起所咏之词也。"钟嵘深刻阐发"兴"的含义："文已尽而意有余，兴也；因物喻志，比也；直书其事，寓言写物，赋也。宏斯三义，酌而用之，干之以风力，润之以丹彩，使味之者无极，闻之者动心，是诗之至也。"（钟嵘《诗品序》）

梁代刘勰《文心雕龙·比兴》篇说："且何谓为比？盖写物以附意，扬言以切事者也。故金锡以喻明德，珪璋以譬秀民，螟蛉以类教诲，蜩螗以写号呼，浣衣以拟心忧，席卷以方志固：凡斯切象，皆比义也。至如'麻衣如雪''两骖如舞'，若斯之类，皆比类者也。"比、兴：简而言之，就是托物起兴，以比喻的方法描绘事物，表达思想感情。以螟蛉（螟蛉有子，蜾蠃负之）来比喻教诲，以蝉高声合唱来比喻民怨沸腾（呼号），可见，古人使用昆虫意象，看似信手拈来，实则蕴含深意。

自然的悠远、博大、无私就像慈母的怀抱，以自然之物引发诗兴可以提升人的感悟能力、滋润人的心灵，对此，清代王永彬有诗意阐释："观朱霞，悟其明丽；观白云，悟其卷舒；观山岳，悟其灵奇；观河海，悟其浩瀚，则俯仰间皆文章也。对绿竹得其虚心；对黄华得其晚节；对松柏得其本性；对芝兰得其幽芳，则游览处皆师友也。"[①]

---

① 出自清·王永彬《围炉夜话》。

二月二日

唐·李商隐

二月二日江上行，东风日暖闻吹笙。
花须柳眼各无赖，紫蝶黄蜂俱有情。
万里忆归元亮井，三年从事亚夫营。
新滩莫悟游人意，更作风檐夜雨声。

二月二，到江畔踏青，春意渐浓，东风和煦，旭日温暖，呜呜的笙声也似乎带着融融春意。花蕾绽放，柳树抽梢，在东风旭日中"无赖"地显示出生命的活力；蜜蜂喧闹、彩蝶翩翩，在阑珊的春意中"有情"地透露着春天的消息。春江两岸，江水潺潺，春风浩荡，但对诗人来说，这一江春水却和风雨之夜屋檐的滴水声一样令人感伤。

面对良辰美景，诗人从蜂蝶的"有情"联想到现实的"无情"，从酣畅的春意联想到自己坎坷的经历。想到万里之外的故居，想到自己长期在外宦游（在柳家府邸担任幕僚，至今三年），对亲人、故土的思念油然而生。

在这里，诗人通过"兴"，抒发自己的情志，"兴"的本质是通仁之感，就是取象自然、润泽心灵的过程，诗"兴"是将小我融化到自然天地之中，在"有情"与"感性"的自然世界中消解、淡化现实世界的"无情"与"冷漠"。因此，"兴"不仅是用于触发联想，还是一个开放的、动态的、有生命力的结构，"兴"的形成、发展的过程，也正是中国诗歌特质及诗性思维显露并渐趋成熟的过程。

满江红·钱郑衡州厚卿席上再赋

宋·辛弃疾

莫折茶，且留取一分春色。
还记得，青梅如豆，共伊同摘。
少日对花浑醉梦，而今醒眼看风月。
恨牡丹笑我倚东风，头如雪。
榆荚阵，菖蒲叶。时节换，繁华歇。
算怎禁风雨，怎禁鹈鴂！
老冉冉兮花共柳，是栖栖者蜂和蝶。
也不因春去有闲愁，因离别。

请不要去折取晚春开放的茶蘼花，暂且留住这最后的一分春色。曾记否，青梅如豆，共伊同摘；年少时对花醉梦，此是何等情致！梦醒时分再看风月又有别样的感慨；可恨那娇艳牡丹笑我满头白发在春风中瑟瑟，春归时节，榆钱阵阵凋落，初夏来临，菖蒲叶子转老；春去夏来，昔日芳华都已消歇。鹈鴂又如何能禁得住

这满城风雨！春天枝繁叶茂，引来蜂喧蝶舞，如今花败柳老，而蜂与蝶依然忙碌，难道它们就不会有失落之感。

春秋末期，孔丘为克己复礼四处奔走，四处碰壁，有个年德俱高的隐士微生亩很不理解，问道："丘何为是栖栖者与？"这里把描述孔子的"栖栖"用于"蜂""蝶"，大概是以"蜂""蝶"自比，与孔子隔空对望，惺惺相惜。

"春听鸟声，夏听蝉声，秋听虫声，冬听雪声，白昼听棋声，月下听箫声，山中听松风声，水际听欸乃声，方不需生此世耳。""艺花可以邀蝶，累石可以邀云，栽松可以邀风，贮水可以邀萍，筑台可以邀月，种蕉可以邀雨，植柳可以邀蝉。"[1]经陈继儒的妙笔点化，花与蝶、柳与蝉相映成趣，顿时成为可观之美，这种比兴之美融合了人与自然相宜相亲之情。

二、诗可以"观"

《道德经》开篇云："道可道，非常道。名可名，非常名。无名天地之始；有名万物之母。故常无欲以观其妙；常有欲以观其徼。"可见，"道"与"名"的精微都借由"观"而得之。而且，要言说与体悟这种"道"，"观"就是一种基本的方式。

"观"在《说文解字》中是"谛视"的意思，而"谛"的意思就是"审"。"谛"又兼有物之谛和心之谛的双重含义，是指对外界事物的一种整体、澄澈的观照，同时也是对自己内心世界的观照。清代段玉裁《说文解字注》说："凡以我谛视物曰观，使人得以谛视我亦曰观，犹之以我见人，使人见我皆曰视。"换言之，人观物即物观人，观是观者的人格精神与被观者的本质特征的一种深度汇合，是心之本原与物之本原的透彻交融。

"一只蝴蝶是小的，轻的，微不足道的，和花朵加在一起就大了，重了，成了春天的最爱。"[2]蝴蝶双双在花丛中飞舞，相互依存，动静相谐，营造出一种优雅浪漫、悠然超脱的审美化境。

"山沓水匝，树杂云合。目既往还，心亦吐纳。春日迟迟，秋风飒飒。情往似赠，兴来如答。"[3]在诗人心目中，任何审美意象都是内心形象的外化表达，同时又是见于外物的影响与作用。正如海德格尔所言：诗意创作并不首先为诗人作成欢乐，相反地，诗意创作本身就是朗照，因为在诗意创作中包含着最初的返乡，人要见证什么？要见证人与大地的归属关系。这种归属关系也在于：人是万物的继承者

---

① 出自明·陈继儒《小窗幽记》。
② 选自白连春《我和你加在一起》。
③ 出自刘勰《文心雕龙·物色》。

与学习者。[①]

　　"舞蝶游蜂，忙中之闲，闲中之忙；落花飞絮，景中之情，情中之景。"[②] 蝶憩香花，蜻蜓点水，蜜蜂采蜜，蝉鸣柳梢，外在的美是感性的，而内在的美是和谐的，和谐是生命之间相互支持、互惠共生及与环境融为一体展现出来的美的特征，这就是生态美的实质。

　　不必说碧绿的菜畦，光滑的石井栏，高大的皂荚树，紫红的桑葚；也不必说鸣蝉在树叶里长吟，肥胖的黄蜂伏在菜花上，轻捷的叫天子（云雀）忽然从草间直窜向云霄里去了。单是周围的短短的泥墙根一带，就有无限趣味。油蛉在这里低唱，蟋蟀们在这里弹琴。翻开断砖来，有时会遇见蜈蚣；还有斑蝥，倘若用手指按住它的脊梁，便会啪的一声，从后窍喷出一阵烟雾。何首乌藤和木莲藤缠络着，木莲有莲房一般的果实，何首乌有臃肿的根……如果不怕刺，还可以摘到覆盆子，像小珊瑚珠攒成的小球，又酸又甜，色味都比桑葚要好得远。

　　　　　　　　　　　　　　　　　　　　——鲁迅《从百草园到三味书屋》

　　鲁迅生动地描绘了这种万物各安其位的生态美景：鸣蝉长吟，黄蜂采蜜，油蛉低唱，蟋蟀弹琴……栩栩如生的小动物各安其位，生气勃勃，它们与植物相伴相生，相映成趣。

　　乍一看这大山里的花草树木似乎杂乱无章，但仔细观察却发现秩序井然，不同的高度，不同的层次，不同的位置，生长着不同的植物群体，绝没有阴差阳错，偶然和例外。这使我想到高等灵长类的人类社会，却处处是颠颠倒倒、是是非非的混乱和纷杂。看来人类意识，一旦超越了自然法则，就必然会出现不合情理的荒唐和谬误。[7]

　　作家似乎颠覆了人们的"常识"，自然是井然有序的，文明的社会反倒是错乱的。无论以人的眼光，还是以自然生态的眼光，结论或许的大相径庭是。原始森林的确是参差不齐，杂花生树，但却是错落有致、稳定丰盛的，而人造森林整齐划一，却是物种单一、脆弱贫瘠的。原始森林提示我们必须摒弃人的审美误区，学会观察、尊重自然的"参差不齐"与"错落有致"。

　　从前，在非洲的岛国毛里求斯，有两种特有的生物，一种叫渡渡鸟，一种叫大颅榄树。鸟都会飞，但渡渡鸟不会。它身体硕大，行动迟缓，在岛上它没有天敌，可以无忧无虑地在林中建窝孵蛋，生儿育女。大颅榄树是一种珍贵的树木。它树干挺拔，树冠秀美，而且木质坚硬，木纹细腻，是难得的优质树种。渡渡鸟和大

　　① 出自〔德〕海德格尔《荷尔德林诗的阐解》。
　　② 出自明·陈继儒《小窗幽记》。

颁榄树似乎有一种天然的亲近关系。渡渡鸟喜欢在大颁榄树成林的地方生活，而在渡渡鸟居住的地方，大颁榄树也总是绿荫繁茂，新苗茁壮。

16、17世纪，带着来福枪和猎犬的欧洲人来到了毛里求斯。疯狂的杀戮将渡渡鸟逼到绝境，1681年，最后一只渡渡鸟被人杀死了，从此渡渡鸟永远离开了森林。奇怪的是，渡渡鸟绝种后，大颁榄树也日渐稀少。到二十世纪八十年代，毛里求斯只剩下13株大颁榄树，曾经是茂盛成林的名贵树种，眼看就要从地球上消失了。是什么原因使它患上了"不育症"？1981年，英国生态学家坦普尔来到毛里求斯，解开大颁榄树不育之谜。原来，渡渡鸟以树的果实为生，树的果实经过鸟的肠胃作用，种子的外皮可被消解，而只有经渡渡鸟取食，被脱去外皮的种子才能发芽，也就是渡渡鸟催生了大颁榄树的种子！可见杀死了渡渡鸟，也就扼杀了大颁榄树。[8]

渡渡鸟的故事告诉我们鸟类与植物之间相互依存的内在机制，利奥波德在《沙乡年鉴》中也指出：若依照普通的物理度量，无论是质量还是能量，松鸡在一英亩土地的生态系统中显得微不足道。但从系统中拿去松鸡，整个系统也就停摆了[9]。因此对生态美的深刻感知不能停留在外在的颜色、形状、对称性等感性直观形式方面，而要深入到生态规律和道德规范的高度。美是主观生命情调与客观的自然景象交融互渗的结果。"生态美是充沛的生命与其生存环境的协调所展现出来的美的形式，通过这种形式，生物与环境之间的交流融合、协同合作的关系透露出内在的'神性'，从而焕发出美的光辉。"[10]蝴蝶的多样性直接关系到自然生态系统的平衡，同时，蝴蝶也是环境敏感型动物。城市的扩张，森林的锐减，自然环境丧失或片断化及除草剂的广泛使用等原因，导致世界范围内蝴蝶种群下降，许多美丽珍稀的蝴蝶物种已经濒临灭绝。我国政府把濒危观赏蝶类列为国家一级或二级保护动物，如金斑喙凤蝶（*Teinopalpus aureus*）（图5-2），斯卡斯燕尾蝶被列入美国濒危动物物种名录（图5-3）。

图5-2　国家一级保护动物（金斑喙凤蝶）

热带雨林之所以美，不仅在于它莽莽苍苍、郁郁葱葱的气势，春花烂漫、秋叶静美的缤纷，更在于它营造了生命的乐园，涵容生命的相互依存、共生共荣；同样，大海之所以美丽，也不仅仅在于它水天相连、波涛汹涌的壮观景象，更在于它博大精微，包容万象，运化了地球的生命循环，保障了生命的维持系统。

英国浪漫主义诗人威廉•华兹华斯（William Wordsworth）告诉我们："生命力散发出天然的智慧，欢愉显示出真理，春天树林的律动，胜过

图5-3　美国濒危物种（斯卡斯燕尾蝶）

一切圣贤的教导，它能指引你识别善恶，点播你做人之道。"生态系统的多样性导致稳定性与丰富性，生态系统的整体性孕育了互补、平等、和谐、均衡的生态伦理，因此，以审美观照的态度去面对生态、面对自然，在自然的教堂中，接受精神的洗礼，有助于净化灵魂，提升人生境界，达到心智和谐。

三、诗可以"群"

"诗可以群"诞生于礼乐文化语境，表现为情与理、美与善、个体与群体的矛盾统一，也是知性、诗性、感性的有机融合。

孔子诗歌的价值和作用，是以"群"为核心的，"诗可以群"不仅突出了诗歌的作用，还强调了"诗"在协调人群与促进社会传播上的特殊意义。语言艺术的沟通、道德教义的提高，都重重地寄托于一个"群"字。因为唯有"群"才能消弭彼此的文化差异。因此，"群"表现为一种强烈的导引风俗、和谐交流、教化众生的愿望。[10] 唯有既蕴含怨情又具感兴的诗歌，才能可观而能群。故兴、观、群、怨的作用，最终是需要通过"群"来得以实现的 [11,12]。

四、诗可以"怨"

诗歌是任何人自身都有的音乐（莎士比亚）。从这个意义上讲,诗意是人的天性,失去诗意是人的异化,而人的异化是现代人内生性的焦虑、恐惧乃至厌世绝望感的真正缘由。进入 21 世纪以后，伴随着科技的高度发展，人类的物质生活得到极

大提升,人类也不知不觉被物化了。技术的发展给人们带来了前所未有的舒适方便,但它同时也主宰了现代人的生活,人与自然、人与人、人与自身都出现了诸多始料未及的问题和矛盾。

"科学技术的长足进步,在给人类带来巨大财富的同时,又潜藏着巨大的隐患。科技文明使人的理性畸形发展,感性能力受到压抑;只要按下技术的按钮就可以解决了,这就是马尔库塞指出的技术统治社会'单面人'的危险。"人类在不经意间沦为技术的仆人、机器的奴隶,人类也在无意间沦为大自然的刽子手,不知不觉患上了所谓的"现代病"。因此,生态、世态、心态三者之间有着密切关联;人与人、人与自然,乃至大自然内部都是相辅相成、相互运化的。对于生态危机,每个行为主体都需要反躬自省,在反思与自省中树立信念,在呐喊与躬行中积聚前行的力量,"知行合一"才是"诗教"的最高境界。

五、多识于鸟兽草木之名

据清人顾栋高的《毛诗类释》统计,《诗经》中出现的谷类有 24 种、蔬菜 38 种、药物 17 种、草 37 种、花果 15 种、树 43 种、鸟 43 种、兽 40 种、马的异名 27 种、虫 37 种、鱼 16 种。在《诗经》中,几乎每一种动物、植物都生动有致、生趣盎然,它们不仅是格物致知的认知符号,也具备文化象征意味与教化价值功能。因此,"多识于鸟兽草木之名",不仅是博学多闻,见多识广,认识更多的自然名物。这里的"识"不仅是格物致知,还有知觉、感悟的意思,而"名"则是指生物的表现形式与含义,即诗经所常用的兴比[13]。

钱穆先生在《论语新解》中阐释"多识鸟兽草木之名"的意义:"故学于诗,对天地间鸟兽草木之名能多熟识,此小言之也。若大言之,则俯仰之间,万物一体,鸢飞鱼跃,道无不在,可以渐跻于化境,而岂止多识其名而已哉。"简而言之,"多识于鸟兽草木之名"强调科学教育、人文关怀与道德教化相辅相成。

通过诗"多识鸟兽草木之名",认知自然,亲近自然,生发通仁之感,启迪心灵智慧。"仁者浑然与物同体"①;"万物之生念最可观,斯所谓仁也"②;"以己及物,仁也"③,所以,程颐不除窗前草,以观万物生意;而诗圣杜甫笔下蜻蜓、蝴蝶都饱含情意,气韵生动,温润可爱。

六、诗教的现代意义

诗教是人类认识世界的方式的综合化,诗教的本质是促进三个方面的和谐:

---

① 出自《二程遗书》(卷二上)。
② 出自《二程遗书》(卷二上)。
③ 出自《二程遗书》(卷二上)。

个人身心和谐、人与人和谐、人与自然和谐。从现代教育理论来看，"兴观群怨"就是美育；"迩之事父，远之事君"实际上是德育；"多识于鸟兽草木之名"类同于智育。所谓"兴于《诗》，立于《礼》，成于《乐》"（《论语•泰伯》）就是通过美育来实现德育与智育，让德育与美育融为一体、相互促进、相得益彰[14,15]。

诗教的教化力产生于对诗的形象领悟，诗的含蓄性可以引发感知力；诗的哲理性能够培养思考力；诗的空灵性可以激发想象力。领会诗的过程，就是情感受到陶冶、心灵受到感染的过程，亦即各种心理能力，诸如想象力、观察力、适应力、表达力都得到涵养的过程[16]。

现代教育过于重视学科知识的系统性、垂直性传授，文理分隔，泾渭分明，人才培养采用工程化流水线模式，模具铸造，批量生产。余秋雨认为，教育界倚重学历与填鸭式灌输知识的趋势有增无减，却把真正需要看重的文化素质、文化人格挤压掉了。

课程的知识观是站在"课程"的立场上客观地评述课程，过于强调知识的完整性与系统性，经常凌驾于学习者之上而忽视学习者的需要和发展。而知识本身的完备并不能直接转化为学习者理想的发展，相反却经常由于脱离了学习者的主观世界和内心体验而无助于他们的发展。余秋雨认为："大量的知识拥塞在一起，很容易造成精神短路，丰富的知识如果失去了正常的精神选择，将是一条极其危险的道路。"克里希那穆提同样认为："如果我们希望通过知识获得进步，那么我们就活在致命的幻觉中了。"[17] 因为"知识必然是肤浅的，它不会通向智慧"[15]。知识不仅没能阻止我们杀害动物、破坏地球，甚至犯下反人类罪，而且，知识还会为人类中一些渣滓的残暴行为提供有效的帮助。总之，当代教育面临的深层次问题是过于强调知识传承，从而导致科学知识与情志感悟的游离，着眼现实与仰望星空的分隔，简而言之，就是感性、知性、诗性的分离。

文化多样性告诉我们，如同生物界的多样性生成发展一样，文化系统也只有多元互补、共存，形成良性的"文化生态"，才能实现可持续发展，由此看来，"现代教育的失败，并不是由于它不传授知识，而是因为它缺乏道德、社会或思想的核心"。在这样的背景下设计出来的教学方案只注重学生的技能，因此，这样的教学计划只注重技术专家的理想，也就是培养"没有献身精神、没有观点，但却有大量技能到市场上去出售的人"[18]。

真正的教育是促进人的完善，无论是知识的获得还是经验的建构，其最终目的都是把静态的课程知识内化为学习者个体的经验和价值，促使学习者能够面对社会问题、适应或改进社会生活。诗教就是以诗的精神超越世俗的浮躁和喧嚣；以诗的精神激发求知欲，催化生命体验；以诗的精神感受自然的和谐与包容，唤醒生态伦理与良知。

七、走向诗性的生态教育

通过生态农业：当今社会，以生态理念为主导，将农业发展成为第六产业的风潮悄然兴起。台湾充分发挥农业接二连三的作用，将田园农庄进行升级改造，使其成为集休闲、文化产业、教育科普于一体的旅游区（图 5-4）。例如，台湾南投县埔里镇桃米社区，1999 年之前，桃米社区就像大多数的农村一样，主要靠出售初级农产品（竹笋）为生，尽管面临青年人外流带来的乡村凋敝，但社区生活还基本是平和安定的。而 1999 年 9 月 21 日发生的大地震打破了乡村的宁静，面对一片废墟，是从此离乡背井，还是重建家园？坚强的桃米人选择从危机中寻找转机，重新思考生活的意义与生命的价值。社区大学教授的宣传与推介让桃米人看到社区重生的优势所在，那就是桃米得天独厚的生态资源！桃米是个弹丸之地，却有 23 种青蛙（占全岛的 67.7%）、56 种蜻蜓（占全岛的 39.16%），此外还有 56 种鸟类及壮观的萤火虫聚会（萤河）。在有关学者与社区大学教授的帮助下，桃米人将社区重建的目标定义为："居民生活生态化，生态产业经济化。"桃米社区通过植物相[①] 的营造与湿地生态的保护，开发昆虫（蝴蝶、萤火虫、蜻蜓）生态旅游。村民栽种原生种蜜源植物，引来蝴蝶蹁跹；树立萤火虫、蝴蝶、青蛙等科普标牌，以图文并茂的方式介绍昆虫的生物学与生态学知识；建立萤火虫观赏点，便于游人观赏拍摄萤火虫的盛大聚会；在小湖上建起蜻蜓滑车，供游人嬉戏赏玩。在村口、山边的驳坎及村落的转角处，处处可见"青蛙""蜻蜓""螳螂"的立体雕塑与卡通造型，太阳能热水胶管也缠绕成蜻蜓与青蛙的造型。在社区会所的两面墙上，用木块镶嵌出巨大的蜻蜓与青蛙图案，用竹篾编出蜻蜓"雕塑"，再配以杨万里的《小池》"泉眼无声惜细流，树阴照水爱晴柔，小荷才露尖尖角，早有蜻蜓立上头"、范成大的《四时田园杂兴》"梅子金黄杏子肥，麦花雪白菜花稀。日长篱落无人过，惟有蜻蜓蛱蝶飞"，以及辛弃疾的《西江月·夜行黄沙道中》"明月别枝惊鹊，清风半夜鸣蝉。稻花香里说丰年，听取蛙声一片……"当我们体验了昆虫旅游的精彩后，再来重温这些隽永的昆虫诗歌，一种对神奇自然的慨叹，对蝴蝶、蜻蜓、萤火虫的爱怜不禁油然而生 [19]。

---

① 植物相：植物群与植物关系。

（a）2013年台湾南投县埔里镇桃米社区

（b）2015年台湾台中雾峰区　　　　（c）2015年台湾嘉义县新港乡顶菜园社区

图5-4　台湾生态农业

通过融合式教育：当今教育存在着一种实证化、功利化、技术化和模式化的倾向。与此相随，现代教育在增加它的长度（继续教育、终生教育）和广度（大教育、泛教育）的同时，却在丧失它的"深度"（对人生的关怀、对人性的提升）。学科教育重视知识传授而忽视科学精神与人文素质的培养；重视理性潜力（智商）而忽略非理性潜力（情商），从而导致科学人文化价值的失落。因此，呼唤人文精神的回归成为当前学科教育改革中的一个热点。然而，诗教并不是混淆科学知识与人文精神的区别，更不是科学与诗的简单叠加或相互削足适履，而应该是两者的有机交融、相得益彰。例如，在昆虫学科教学过程中，可以利用昆虫文化（诗歌、成语、典故等）提高学生的学习兴趣与想象力，引导学生感知科学精神背后的人文内涵，体会昆虫审美意象与科学意象交织的多重意蕴。与此同时，开发昆虫科学的生态体验价值，启迪学生领悟昆虫的生存智慧与生命律动，继而深刻体认昆虫与环境协同进化的生态规律，并推之于对社会与人生的洞察，从而将昆虫学科教育推演到人文"化"境。

通过生态旅游：蝴蝶是公认的观赏性物种，但它们飞翔迅捷，难以就近端详。所以，相对于高山峻岭、流泉飞瀑、人文遗迹等大型景观，体型较小的昆虫应该属于隐性的旅游资源，加上在公众普遍的认知中，昆虫或许是害虫的代名词，如果没有基本的昆虫知识，很容易对这些"卑微的生命"视而不见、听而不闻。因此，要实现昆虫的旅游价值，一方面必须通过适当的旅游规划与文化创意，促使隐性价值显性化，让游客通过亲身体验，得以见微知著，以小观大，在品赏昆虫的过程中，感受生态的奥秘与自然的神奇。另一方面，还必须注重生发昆虫旅游的衍生价值，以延展和放大昆虫旅游资源的价值。

传统诗教必须与时俱进才能发扬光大，必须创新诗教模式，模拟蝴蝶与花朵"互惠共生"性的接受情境，建构诗意化的表达与诗意化的传播途径。借助可观、可赏、可互动的昆虫生态体验项目，让大众在与虫同乐，在美的熏陶中享受绿色的教育。譬如，美国迈阿密著名的"蝴蝶世界"以温室大棚人为创设热带生态环境，配以音乐，观赏鸟类与绚丽的热带植物，营造蝴蝶纷飞的梦幻乐园，以蝴蝶之美吸引人们对昆虫世界的关注。在马来西亚、日本、新西兰等自然保护区开发的"萤火虫"旅游项目，以及我国上海、四川、厦门等地建成的昆虫科教基地（博物馆或公园），这种集生态旅游、资源保护、科教科普为一体的昆虫文化项目，为践行生态教育提供了重要的路径选择[20]。

借助昆虫旅游，让更多的人在陶醉于青山绿色的同时，留意草叶、花朵上蝴蝶的曼妙舞姿，留意款款飞翔的蜻蜓，留意艳丽的瓢虫，留意身披翠绿色纱衣的螳螂，留意酷似竹枝的竹节虫，到了晚上到山间小路上与提着灯笼的萤火虫美丽邂逅，聆听蟋蟀、蝉鸣与蛙鼓的田野交响……这样"久在樊笼里，复得返自然"的愉悦之感就会油然而生。

"纸上得来终觉浅，绝知此事要躬行。"亲历与体验是知识内化的必由之路，美国作家奥尔科特说："在乡村出生长大的人，等于受了一部分最好的教育。"自然就是课堂，自然界的花草树木和各种各样的小生物对一双好奇的眼睛来说，提供了无穷探究的课题与天地奔腾的生命乐园。生态体验型项目让科普教育具象化、情境化，以小观大，见微知著，通过诗意点化，"寓教于乐"，赋予生态诗教强大的渗透功能。

总之，从昆虫教育资源开发层面，我们应该从古老的昆虫诗词、昆虫文化提炼生态教育资源，阐发昆虫文化的"诗教"价值。与此同时，开发昆虫的生态休闲体验价值，通过人与昆虫的近距离互动和深度体验，感知科学精神背后的人文内涵，领悟昆虫的生存智慧，培养与昆虫（自然）和谐相处的生态理念。

参 考 文 献

[1] 邵庆祥. 人文素养与中华诗教. 杭州：浙江大学出版社，2011.

[2] 邵京起. 论中国诗教的功能. 辽宁师范大学学报：社会科学版，1988，2:35-39.

[3] 刘鹏. 儒家诗学理论的道德教育思想. 教育学术月刊，2012，（7）：84-87.

[4] 冯铁山. 诗意德育构建的理论基础. 教育学术月刊，2012，（6）：44-47.

[5] 郜东星. 放弃诗教：中国教育的百年迷途. 当代教育论坛，2011，（6）：12-14.

[6] 孔汝煌.中华诗教与人文素养 —— 高职院校人文素质教育规划教材.杭州：浙江大学出版，2004.

[7] 韦清琦.绿袖子舞起来 —— 对生态批评的阐发研究.南京：南京师范大学出版社，2010.

[8] 渡渡鸟和大颅榄树.http:xuewen.cnki.net/CJFD-DEKC200404027.html.

[9] 王伟滨.从"化生之虫"看生态生存观.江苏大学学报：社会科学版，2009，（2）：52-57.

[10] 奥尔多·利奥波德.沙乡年鉴.王铁铭译.桂林：广西师范大学出版社，2014.

[11] 余正荣.生态智慧论.北京：中国社会科学出版社，1996.

[12] 彭玉平."群"与孔子诗学的关系.中山大学学报：社会科学版，2012，52（3）：1-16.

[13] 陈建华.也谈"多识于鸟兽草木之名".文史知识，2010，（5）：152-159.

[14] 潘智彪.诗何以群：在审美文化与社会系统之间的行走.北京：中国社会科学出版社，2010.

[15] 孙关龙.《诗经》草木虫鸟研究回顾 —— 兼论《诗经》草木虫鸟文化科学观.学习与探索，2000，1:112-116.

[16] 杜纯梓."多识于鸟兽草木之名"疏解.湖南广播电视大学学报，2010，2:29-31.

[17] 克里希那穆提.教育就是心灵的解放.张春城译.北京：九州出版社，2010.

[18] 尼尔·波斯曼.技术垄断：文化向技术投降.何道宽译.北京：北京大学出版社，2007.

[19] 李芳.试论昆虫旅游的科普价值 —— 以台湾地区南投县埔里镇桃米社区为例.科普研究，2014，（4）:81-84.

[20] 李芳.蝴蝶意象的科学人文文化观照.自然辩证法研究，2013，6:118-121.

第五节　哲学走向荒野 —— 从技术到人文仿生

仿生学作为一门学科，是由美国的斯蒂尔于1960年提出的。仿生学的研究范围主要包括：力学仿生、分子仿生、能量仿生、信息与控制仿生等，是研究生物系统的结构和性质以为工程技术提供新的设计思想及工作原理的科学，属于生物学和技术学相结合的交叉学科[1]。

以昆虫为对象的仿生研究一直是仿生学的前沿与尖端领域。目前，

图5-5　森林中的白蚁巢穴

国际上昆虫仿生的热点主要集中在：仿昆虫飞行器、虫型机器人或虫型飞机研制；仿昆虫触角感受器与生物传感器开发；仿昆虫视觉及其控制机理进行机器人导航；仿昆虫表面微结构研制新型脱黏附和防伪技术；仿昆虫感觉系统研制声呐、反声呐装置等，仿照白蚁巢的生态建筑（图5-5），昆虫仿生学的许多研究成果已经应

用在生产实际中，为人类带来了极大的便利。

技术仿生是基于科学家们对"什么是自然？自然应该是什么？"这个问题给予机械论的解释。他们开始"把注意力集中到自然界中的那些极明显的、看起来和工厂里的机器产品非常相似的部分上来"[2]。

如果说点对点的技术仿生是从自然中得到一些形而下的知识，目的是更好地利用自然、征服自然，那么人文仿生就是以敬畏之心，师法自然，是一种更为高级的系统仿生。人文仿生可以帮助人类得到一些形而上的生态思维启迪，从而缓解、协调人与自然的矛盾，实现可持续发展。

一、形态与结构仿生

昆虫在进化过程中形成了结构与功能完美结合的独特体表微细结构，这些结构为仿生学家所关注。

形态仿生是早期仿生的焦点所在，仿生成果主要应用于军事、航空航天领域。例如，蝴蝶绚丽的翅膀为科技创新提供了无穷灵感：生物学家对蝶翅的微观结构与颜色之间的耦合关系进行了深入的研究，从而揭示了光子晶体结构之谜，而材料学家则以蝶结构为蓝本进行光学材料设计与研究[3]；有些种类的蝴蝶（如大凤蝶）的翅膀颜色是黄色、蓝色的，但看起来却是闪闪发光的绿色，原因是布满蝴蝶翅膀的微型小坑对光线的反射，人眼无法将从坑底反射的黄色光与周围两次反射的蓝色光区分开来，从而感觉到的是绿色[4]；科学家模仿蝴蝶翅膀表面细微结构开发伪装与新型防伪技术。受蝴蝶身上的鳞片会随阳光的照射自动变换角度而调节体温的启发，科学家将人造卫星的控温系统制成随温度变化可调节窗的开合的百叶窗样式，从而保持了人造卫星内部温度的恒定[4]。

苍蝇的楫翅（平衡棒）能调节自身翅膀向后返回的运动，并保持虫体的紧张性。但楫翅最重要的功能是作为振动陀螺仪——在飞行中使之保持航向而不偏离的导航系统，它是自然界中的天然导航仪。人们模仿它制成了"振动陀螺仪"。这种仪器目前已经应用在火箭和高速飞机上，实现了自动驾驶。

苍蝇的眼睛是一种由3000多只小眼组成的"复眼"。科学家模仿复眼，用几百或者几千块小透镜整齐排列组合制成"蝇眼透镜"，以"蝇眼透镜"为镜头可以制成"蝇眼照相机"，一次即可拍摄1329张照片。这种照相机已经用于印刷制版和大量复制电子计算机的微小电路，大大提高了工效和照片质量[4]。

此外，昆虫复眼还能感知偏振光、紫外光等。根据这些现象和原理，进行了很多成功的仿生应用。例如，仿昆虫复眼的相控阵雷达、空对地速度计及偏振光导航仪。

昆虫的复眼本身是一个精巧的导航控制系统，尽管昆虫复眼结构简单，但其功能却是人和其他哺乳动物的单眼所望尘莫及的。例如，螳螂能在 0.05 秒内一跃而起，吞下飞行中的小虫。在如此短的时间内，它需要准确测出小虫的大小、飞行方向和速度，而螳螂仅靠其一对大复眼和颈部的一个本体感受器即可实现。昆虫（特别是家蝇）具有快速、准确地处理视觉信息的能力，能实时计算出前面飞行物的方位与速度，同时发出指令控制并校正自己的飞行方向和速度，以便跟踪和拦截目标。对昆虫复眼这一定向导航系统的研究已得到广泛重视。当前国内外军事领域十分关心的寻的末制导（target-seeking terminal control and guide）有可能改变常规武器的面貌[4]。

蜻蜓的翅膀柔软轻薄，全长约 5 厘米，重仅 0.005 克，但它却有足够的强度和刚度，每秒钟可以扑动 2040 次，每小时飞行 50 千米[1]。生物学家在研究蜻蜓翅膀时发现：蜻蜓翅膀前缘的上方都有一块深色的角质加厚区或称翅痣。科学家从此得到启发，在飞机的两翼加上平衡重锤，飞机因高速飞行而引起振颤的棘手问题就此迎刃而解。

科学家研究发现，甲虫的甲壳表皮是由埋在胶质中的蛋白质纤维组成的，而且成对，以螺旋状、不对称组合重叠，具有极大的抗冲击性。科技人员模仿生物组织材料的方法，用双螺旋的不对称层叠排布石墨与环氧树脂，生产出比传统碳纤维强度更好的机翼材料，生产出的机翼既轻巧又耐冲击，不易变形，大大提高了飞机的性能[4]。

另外，白蚁的巢穴是生物学研究领域的一个经典样本，白蚁的巢穴以凹凸不平的塔体形状耸立于地面，有的甚至高达数米。蚁丘巧妙适应外界的自然节律变化，控制自然风的进出。这种巧妙的空间结构，大大加强了内部气流控制能力，不但通风性能高，保证了蚁丘内部氧气的供应，而且起到了保温、隔热作用，使蚁丘成为名副其实的自然空调塔。

一个英美科研小组对非洲撒哈拉沙漠巨型白蚁丘进行研究后发现，无论外界气温如何频繁、剧烈地变化，蚁穴内的温度却惊人地稳定。模拟蚁丘调温通风的设计策略已经在非洲与澳大利亚绿色建筑示范项目中得到应用，实现了低能耗、人性化的建筑设计目标。在一些大型建筑中，经常模仿蜜蜂巢穴的六角形的架构设计，使建筑物具有高强度力学支撑结构，既坚固、美观又节省建材。2010 年上海世博会的日本馆外形如同蚕茧，名曰"紫蚕岛"，表达了对自然的敬畏与关切。

甲虫自卫时，可喷射出具有恶臭的高温化学液体"炮弹"，以迷惑、刺激和驱逐敌害。科学家解剖发现：甲虫体内有 3 个小室，分别储有二元酚溶液、过氧化氢和生物酶，但敌害出现时，甲虫体内二元酚和过氧化氢流到第三小室与生物酶

混合发生化学反应，瞬间就成为100℃的毒液，并迅速射出。这种原理目前已应用于军事技术。美国军事专家受甲虫喷射原理的启发研制出了先进的二元化武器。这种武器将两种或多种能产生毒剂的化学物质分装在两个隔开的容器中，炮弹发射后隔膜破裂，两种毒剂中间体在弹体飞行的8~10秒内混合并发生反应，在到达目标的瞬间生成致命的毒剂以杀伤敌人，它们易于生产、储存、运输，安全且不易失效。

二、感知与运动仿生

很多昆虫具有高度灵敏的感知系统（嗅觉、触觉、听觉）。昆虫触角上分布有不同类型的嗅觉感受器，感受器的不同类型决定了昆虫对不同化学物质的分辨率。此外，触角的结构及相应的传导网络也是重要的决定因素。昆虫的嗅觉感受器具有高灵敏度、高分辨率和高度特异性的特点。

仿昆虫触角的嗅觉的高灵敏检测装置得到极大关注，各国都在加紧研制并推广应用。有的直接将昆虫触角与场效应管相连组成气味物检测系统；有的则仿昆虫嗅觉感受器排列组合研制复传感器（传感器阵列）。德国和法国科学家研究嗅觉感受器并将其用于机器人的嗅觉导航系统。美国加州大学圣地亚哥分校的研究人员则通过研究蝗虫触角叶接收气味信号的特点，提出一种新的网络模型，其核心是神经元网络之间可以相互连接形成一个系统而使它们能识别比传统网络更多的信号[4]。显然，如果这种检测装置应用于环保、毒品与食品安全检测，可以大大提高检测精度与效率。

三、群体决策与协调

蚁巢、蜂巢看上去纷纷攘攘，乱作一团，实际上，蚂蚁、蜜蜂社会有着明晰的内在逻辑，而且蚂蚁与蜜蜂社会群落还有自己的一套类似于"陪审团制度"的民主决策机制[5]。社会性昆虫的自我组织、自我管理、自我修复、适度进化的特性已经引起科学家的浓厚兴趣。

奈杰尔·弗兰克斯是英格兰布里斯托大学的蚂蚁研究专家。弗兰克斯和同事在蚂蚁身上装了无线电标签，对蚂蚁进行监控。在实验中他和学生们毁坏了一处蚁巢，然后观察受害者在他们提供的一系列可选地址中如何作决定。

在蚂蚁家族中，存在精确的分工现象，即大部分蚂蚁忙忙碌碌，非常勤劳，但却总有那么几只蚂蚁东张西望，显得很懒惰。然而，当食物来源断绝或蚁窝遭到毁坏时，勤快的蚂蚁乱作一团，而"懒蚂蚁"挺身而出，充当侦查员，带领群蚁向它早已侦察到的新食源或新处所转移。侦察蚁遵循的选址原则比人们想象的更简单，它不是直接比较两个或多个地点，而是信奉一种"极限法则"，如果对一个地方不太满意，它会一直找下去，当终于发现符合自己心中标准的地点时，它会立即返回大本营报告。然后，这位侦察蚁会邀请一名同伴陪它回到那个地点考察。它到处乱转，用触角与其他蚂蚁沟通，并从针腺中释放出一种信息素。大约一分钟，它就能找到一位志愿者随它启程。知道路的侦察蚁 A 一溜小跑，而志愿者 B 则会紧紧跟随，保持着其触角可以碰到 A 的距离。两只蚂蚁一前一后，左看右看，似乎在观察地形和路标。终于抵达目的地，B 会对周围环境进行评估，然后根据自己的判断，决定回去是否再找一位志愿者陪它来考察。当某个地点聚集了足够多的侦察蚁，以足够高的频率彼此交流意见时，它们基本上就达成了一致。一旦侦察蚁做出决定，它们的行为就发生改变。每一位都急急忙忙赶回蚁巢，但不是劝说某位同伴过来考察，而是用嘴部的一个钩子，随便抓住一只蚂蚁，把它放到自己的背上，运往新家，也就是侦察蚁们从独立的信息收集过渡到了执行团体决议的阶段，只用几个小时，它们就能把剩下的成员全部搬迁完毕[6]。

蜜蜂的选址机制与蚂蚁相仿，1990 年，科学家塞利和研究伙伴发现，1 万只规模的蜂群一般会派出 300~500 只雌蜂寻找可能的安家地点。这个新址要符合很多要求，如足够的储蜜空间，较小而隐秘的入口等。通常，几百只侦察蜂中只有 25 只左右能发现一些有价值的地点，回来向蜂群报告。由于更好的选址有更好的群众支持基础，越来越多的侦察蜂会前往该地点探看。当大约 15 只侦察蜂在新址外会合时，里面可能还有 30~50 只蜜蜂，于是，英雄所见略同，新家的地址就此敲定。当然，还有一些侦察蜂回来继续跳舞，提供新的选项，当舞蹈最终停止，侦察蜂们就会鼓动整个蜂群集体乔迁[6]。

科学家甚至认为，蚂蚁处理"交通"问题的能力超过了人类，对蚂蚁的深入研究将有助于人们未来解决城市交通的拥堵问题。兰•费雪提出了蚁群模式，并提出用蚁群优化来解决生活中遇到的棘手难题[5]。蚂蚁是肉食性动物，平时工蚁搬运食物的质量是他们自身的 100 多倍。为了节省劳力，蚂蚁必须走相对近一些的路线，而且中途不能迷失和更换。蚂蚁依靠信息素交流来进行决策。在食物目的地和巢穴之间最开始存在多只蚂蚁、多条线路。蚂蚁在最初找到食物的时候不会自己搬运，而是回巢叫同伴。结果走捷径的蚂蚁会先到达巢穴，召唤到更多的同伴，这样，捷径上的蚂蚁会越来越多，释放的信息素的量也越大，化学信号的浓度和持久力当然也越来越强，其他绕道的蚂蚁最后也会被吸引过来，最后大家都走在捷径上。我们在生活中也会遇到很多类似的问题，例如，程序员需要在多个城市之间设计一条观光巴士路线，他应该如何在车速限制不同的道路中找到一条最短路线或者最快的路线呢？程序员通过计算机模拟蚂蚁的行为模式，获得复杂交通设计的优化模式。

四、适应极端环境

许多昆虫对环境、季候具备高度的感知能力。例如，一种森林甲虫能够侦测到远在 80 千米以外的森林火灾，相当于人造火灾探测器所及范围的 10000 倍，而且它不需要架设电线、使用能源。如果我们能够利用这种昆虫，一定会大大提高预警的精度，大幅降低森林火灾的预警成本。

非洲西南部大西洋沿岸的纳米布沙漠地区存在一种以凝结水作为重要水分来源的特殊动物类群，包括蜘蛛和一些拟步甲科甲虫，而沐雾甲虫是其中的杰出代表，沐雾甲虫白天静息，夜间爬到沙丘上。沐雾甲虫有着粗糙的黑色外壳，能够在夜间散发能量，产生比周边环境低的体温，因此，当海上吹起潮湿的微风时，甲虫亲水性的外壳就可以起到凝结水滴的作用。日出前，它把身体抬高，水就流进嘴里。专家模仿这种水汽捕捉模式，在沙漠中建筑温室，获取空气中的凝结水，并设计了一种 Dew Bank Bottle 晨露收集器，它的外表能吸附露珠，汇成的水滴收集到容器里，特别适合非洲沙漠地区的游牧民族使用。这项设计赢得了 2010 年创意设计（idea design）铜奖，被誉为"沙漠福音"。[7,8]

五、能源高效转化

昆虫（生物）发光仿生学一直是科学界的热点课题，如模仿萤火虫的发光原理制成的冷光源使发光效率提高了十几倍。随着科学的发展，萤光的应用逐渐广泛，例如，利用萤光检查食物中细菌的含量。在含有易爆性瓦斯的矿井、弹药库、水下作业等极端环境基本都采用萤光照明，大大提升了照明设备的安全性能。美国生物化学家根据萤火虫的发光原理和机制，提出电子转移反应原理，它可以解释腐蚀现象、光合作用等，荣获 1992 年诺贝尔化学奖。

科学家研究发现，小小的蚂蚁竟然能举起超过它的体重大约 100 倍的重物。"大力士"的能量转化效率比航空发动机还要高好几倍。众所周知，任何一台发动机都需要有一定的燃料，如汽油、柴油、煤油等。但是，供给蚂蚁"肌肉发动机"的是一种特殊燃料。这种"燃料"并不燃烧，却同样能把化学能直接转化为机械能。不燃烧也就没有热损失，转化效率自然大大提高。在蚂蚁的脚爪里，藏有几十亿台这样的"肌肉发动机"。

我们通常使用的机械靠电动机工作，电动机将电能转化为机械能，其功效与蚂蚁相比可谓小巫见大巫。从发电到用电，消耗了大部分的能量，而且排放出大量的"三废"。如果能制造类似"人造肌肉发动机"，直接将生物能转化为机械能，人类运用能源的效率就会突飞猛进，对环境的污染也会大大降低。

从后工业时代到信息时代，人类创造了巨大的物质财富，但是这些物质生产均是以粗放消耗地球资源为代价的。在生产过程中，人类只能将很少一部分资源转化成产品，大部分资源都被当作废弃物排到环境中。就拿信息产业来说，目前全世界的硅年产量为 80 万吨，这其中仅有 0.4% 的硅原料转变为光电池，0.093%的硅原料转化成微电子芯片。制造过程中的绝大部分物质均以废物的形式丢弃。而且，生产这些芯片所消耗的 30 万吨以上的酸碱洗液也作为废物排到环境中[9]。由于工业三废的污染已经危及生态循环、危及人类的生存，所以各国政府不得不以昂贵的代价来进行治理。但是，治理的结果只是转嫁污染，并不能根本解决工业生产的环境问题。

传统采矿业就是典型的高环境代价产业，如果请蜜蜂来帮忙，一切都变得不可思议：在苏联南乌拉尔的一个养蜂场，科学家从蜂房里取出蜂蜜，进行了一次化学定性分析，结果令人吃惊，因为在蜂蜜内意外地发现了钼、钛等稀有金属。于是，科学家想出了好主意：请紫苜蓿来担任第一道"冶炼"工序，利用紫苜蓿庞大的根系，富集土壤中"零散"的钼；请蜜蜂担任第二道工序，让蜜蜂在采花酿蜜的过程中，以高效率、零污染的方式提炼稀有、贵重金属[10]。

六、互利共生，循环利用

科学家发现白蚁与真菌之间建立了一种精巧的共生关系：这种非洲白蚁丘所独有的真菌不仅是蚂蚁的食物来源，也是维持蚂蚁巢内温度稳定的动力来源；白蚁食用真菌，同时白蚁还利用这种真菌将木浆分解成纤维，并混之以唾液、泥土及粪便来修建蚁丘，巧妙地实现了互利、循环与再生利用。

自然生态系统中的物质和能量，由于食物链、食物网的联系总能得到循环再生，充分利用，几乎不产生废物。初级生产者积累的营养物质，为各级消费者提供充足的食物，分解者把各级消费者的代谢产物和遗体转化为无机盐供生产者吸收利用。进入 20 世纪 90 年代以后，一些有创见的科学家根据这一原理提出了产业生态学的概念。人类的物质生产也应像自然生态系统一样实现物质的闭路循环，不同的行业之间应该横向共生，为废物找到下一级的分解者，建立产业系统的食物链或食物网，使上一级的排出物成为下一级的生产原料，从而实现无排放、无废料的循环式工业或可降解、可回收的环境友好型工业，实现工业生态利用。许多发达国家正按这种模式建立生态产业园，在产业园里各个工厂形成互利共生的网络，将线性的能源应用模式转变为循环再生应用模式，实行物流的闭路循环，使物质能量得到最大程度的利用，实现整个系统的零排放[11]。

仿生制造是将生态学理念引入工业制造领域，以最少的经济与环境代价制造出更多的产品。未来的工业将不可避免地采用这种方式，一方面，随着制造产品日趋复杂，人造物质变得越来越有生命特征（生物化、智能化）；另一方面，制造系统变得复杂，复杂的制造系统必须遵循系统控制（有机）原则。而新文明的标记是设计原理、思维方式重归自然，将工程技术和自然原理紧密结合，甚至难分彼此[12]。

自从"人猿相揖别"，人类首先学会从自然中获得食品、衣物、药品、住所等生存资料；之后，人类学会驯化自然物种（家蚕、家畜、农作物）作为天然的生产车间，以自然物质为原料，提取、合成、仿制新的材料，实现工程、工厂化生产。科技时代来临，人类学习以自然为摹本，设计发明各种精巧的设备（科技仿生）；而现在，当人类进入网络、信息时代，面对前所未有的环境、生态与社会危机，人类必须回到自然，从自然的规律与逻辑中汲取前行的智慧（人文仿生）。

总之，气象万千、蕴藉深厚的大自然为我们保留着治疗人类各种疾患乃至各种社会问题的解决方案。技术仿生只能学到自然的一些"雕虫小技"，解决某些技术性的局部问题，而人文仿生就是"道法自然"，学习领悟昆虫的生态智慧，遵循自然界"花"与"蝶"的互惠共生、协同进化的模式[13]。从技术仿生走向人文仿生，应该是解决生态危机的根本路径。

参 考 文 献

[1] 王建. 神奇无比的仿生技术. 合肥：安徽美术出版社，2013.

[2] 唐纳德·沃斯特. 自然的经济体系：生态思想史. 侯文蕙译. 北京：商务印书馆，1999.

[3] 马惠钦. 昆虫与仿生学浅淡. 昆虫知识，2000，37（3）：170-172.

[4] 伍一军，陈瑞，李薇. 昆虫仿生. 昆虫知识，2005，42（1）：109-112.

[5] 兰·费雪. 完美的群体. 邓逗逗译. 杭州：浙江人民出版社，2013.

[6] 昆虫的智慧. http://www.5joys.com/cnews/n/585624958399.html.

[7] 任俊芳，杨双，徐潇禹. 温室大棚蒸腾水吸收再利用技术. 才智，2012.7.75.

[8] 方静. 凝结水的生态水文效应研究进展. 中国沙漠，2013，33（2）：583-587.

[9] 产业生态学和生态产业转型. http://www.docin.com/p-607761391.html.

[10] 王敬东. 昆虫的启示. 济南：济南出版社，2013.

[11] 林雁. 从结构仿生到生态仿生看仿生学的发展. 生物学教学，2002，27（2）：4-5.

[12] 凯文·凯利. 失控. 东西文库译. 北京：新星出版社，2010.

[13] 王伟滨. 从化生之虫看生态生存观. 江苏大学学报：社会科学版，2009，2（2）：53-57.

第六章　昆虫意象的多维视角

我思想，故我是蝴蝶……万年后小花的轻呼，透过无梦无醒的云雾，来震撼我斑斓的彩翼。

—— 戴望舒

目前，关于知识有两种说法广为人知，第一种说法是知识日益学科互涉，第二种相关的说法是边界跨越已经成为这个时代的明确特征。

——〔美〕朱丽•汤普森•克莱恩《跨越边界——知识、学科、学科互涉》

培养任何科学文化都必须从净化智力和情感入手。之后的任务最为艰巨，那就是使科学文化时刻处在整装待发的状态，用开放、活跃的知识取代封闭、静止的知识，辩证地对待所有的实验变量，最后使理性获得演变的理由。

——〔法〕科学哲学家加斯东•巴什拉《科学精神的形成》

每一种真实后面都还有一种真实，循环往复，以至无穷。什么叫真实？最后的真实是看不见的，从空间来说，真实就是角度，从时间来说，它是一个无限接近的点。

——〔意〕米开朗基罗•安东尼奥尼《云上的日子》

惟有具备孩提般谦逊之心的人，才能重新找到亲近万物的钥匙。

——〔美〕生态学家爱伦布恩

生物学教育是一种塑造公民的途径。

——〔美〕生态学家阿尔多•李奥帕德《沙郡年记》

　　"批判式解析是有目的的，自我调节是个体对相信什么或做什么做出判断的推理过程。"（美国哲学学会对批判性思维的定义）如果单纯从现代科学的视角来比对古人对昆虫的认知，容易得到前人缺乏实证，唯心主义，不科学，甚至将其归结为封建糟粕的结论；如果仅仅从人文视角解读昆虫诗歌，凭笔者浅陋的文学功底，无论如何是跳不出文学名家的磁场的，重复阐发，陈陈相因没有任何意义。我们既不能拿今天的科技成果来哂笑前人，也不能成为"啃老族"，凡事拿老祖宗说事。因此，笔者试图跳出综述式与集锦式呈现的窠臼，从阐释到扬弃，从解读走向建构，从而对昆虫文化进行批判性解读。

　　本章试图以昆虫意象为切入点，结合时代热点话题，从社会学、教育学、中西互观的多维视角，立体阐发，层层递进，目的是找到古老文明与现代价值的交汇点，焕起古老昆虫文化对建设生态文明、构建精神家园的独特意义，实现科学与人文在更高层次上的沟通。

第一节　可爱与可信 —— 科学人文视角

> 可爱者不可信，可信者不可爱。①
>
> —— 王国维

　　科学研究是从实践到认识、从物质到精神、从经验到理性的过程；它以概念的确定性和逻辑性去概括事物的本质和因果联系，追求和显示一种简明的真理。科学的功能就在于运用数学，精确地解剖自然，发现自然的奥秘，然后根据人类的意愿，通过一定的技术手段加以改变[1]。

　　昆虫研究的目的是认识客观世界，揭示昆虫自然属性的事实和规律，探求真理，摒弃想象与虚构；而昆虫文化（诗歌）追求诗意，重理趣结合，重直觉顿悟，富含想象与虚构。科学研究运用的主要是逻辑与理性思维，而昆虫文化（诗歌）则倾向于意象思维。因此，科学是理性、是可信的，而文化是富有感性、是可爱的。

　　科学精神提高人的认知能力，人文精神提高人的生存价值和意义认识，科学精神和人文精神是人类精神的内在组成部分，尽管人文与科学的在本质是不同的。但科学的真理必须在人文的语境中得到完整呈现。在人类文明进程中，科学与人文常相眷恋，须臾不离，共同张开人类本质自由翱翔的双翅。

---

　　① 可信者，指的是类似康德一样的强调理性的学派。这种学派比较注重逻辑。这种哲学要求找到最不可以怀疑的理论基础，并在此基础上构建人类整个的知识体系。基础稳固了，知识才能可靠。但是这一类风格的哲学一般都比较枯燥、烦琐、晦涩。因此，虽然他的哲学很有道理，但是让读者觉得很不可爱。可爱者，指的是类似叔本华、尼采等非理性主义的哲学流派。这种哲学并非从概念到概念，一般行文都比较优美，有点像文学作品、像诗歌。王国维本身也是一个文学家，因此他接受这类哲学就比较有亲近感。但是这类哲学一般没有理性主义哲学那样缜密的逻辑、严格的理论体系的风格，因此可爱，但未必可信。

一、区别与背离

"science"最初的含义是知识或学问，进入19世纪后，特指自然科学；实证主义兴起之后，又泛指建立在客观精确描述和系统逻辑分析基础之上的有关自然、社会的知识体系，既包含自然科学，又包含社会科学。

西方的实证科学代表的是一种物质至上的世界观。在主客二分、机械论、工具理性自然观的大肆侵举下，生命、意义、道德、美丽等人文价值从自然中逃遁而去。科学知识、科学技术不仅没能阻止我们杀害动物、破坏地球，相反，科学知识与技术还会为人类中的这些残暴行为提供有效帮助。

科学的发展或许对人追求和平生活的愿望构成威胁，同时也改变着人们的世界观，使本来富有诗意与美感的世界变得冰冷、坚硬起来，让我们失去对生命的敬畏，对自然的感恩与谦卑。与此同时，科学理性精神的终极目标在于人类世界与自然世界的脱离。因此，科学在某种程度上成为超越道德与人性的工具，科学在给人类带来丰厚物质文明的同时也引发资源与生态危机、人文衰落、传统解构等复杂的社会问题。掠夺自然、以邻为壑、血淋淋的资产阶级的原始积累，创造了巨大的社会财富，也造成了人的主体性的失落。

或许在古人的眼里，天空总是充满神话色彩：白云是神仙的座驾，星河的两岸有织女与牵牛；月亮里面有广寒宫，有嫦娥，有伐桂的吴刚、捣药的玉兔。但是，随着天空的神秘面纱被科学撩开，天马行空的浪漫的幻想也必然在科学的检验中变得黯淡。科学给我们提供了一个真实的宇宙，但却也是一个赤裸裸、枯燥乏味、缺乏温情的宇宙。正如德国诗人席勒曾经在《美育书简》中说过："科学的界限越扩张，诗的领域就越狭小。现实中，科学走到哪里，诗意就会在哪里消失。"

如果确认蝉是以刺吸式口器来取食植物的汁液，或许就没有咏蝉的千古诗篇；如果知道吐丝结茧仅仅是昆虫的生物学特性，恐怕不会有"春蚕到死丝方尽，蜡炬成灰泪始干"的千古名句。总之，科学以冰冷的真实嘲弄了诗，也哂笑人丰富的情感。

科学是人类的活动，是一种体现人类智力最高成就的人类活动。科学不仅在物质的层面满足着人类的需求，还应当在精神层面促进着人的全面发展。但是，近代"力量型"实证科学范式将科学启蒙推举到征服自然的高位，科学逾越了伦理的边界，侵犯了人文的尊严。

著名哲学家、物理学家奥本海默在谈到科学与文化的关系时，也忧虑地指出，在"科学成长的世界中"，由于科学专门化的繁盛，学科间的壁垒日益凸显，使我们正在损失着"人文性"。换言之，利用科学技术构筑起来的现代文明却把人类推进人文精神失落的困境之中。

西方的形式逻辑与实证还原理论认为宇宙就像一台无意识、无目的、彼此独立而相互作用、受到场域限制的宏大"机器","机器"由"零件"构成,整体是部分之和,因此实证科学的套路是将研究对象尽可能分解成最小的单元,通过反复实验、论证得到可以重演、还原的结论,在此基础上运用数学推理等多种方法进行系统研究并形成客观、有逻辑的理性知识。实证科学范式的伦理思想也是建立在主客观分离的机械"二元论"基础之上的。其基本观点是:只有"人"是价值的主体,自然界只具有工具和手段意义而本身没有价值,自然界的价值应以人类的需要为前提,处在人的道德关怀范围之外,只是满足和实现人类欲望和需要的工具。

自工业革命以后的几百年历史中,科学日益成为现代生活世俗化的一个重要的动力和组成部分。人类似乎越来越难以脱离科学技术磁场,越来越趋向技术化、客体化,以及消费、欲望驱使的经济发展模式。当人们为能够越来越多地猎取到满足自身需求的物质而倍感欣喜的同时,也骄傲地把它当成自由实现的全部,从而不可避免地走入了理性怪圈——科技昌明而人文缺失。"空气、饮水和食物的污染,仅是人类科技作用于自然环境的一些明显和直接的反映,那些不太明显但却可能更为危险的作用至今仍然未被人们所认识,然而有一点可以肯定,这就是科学技术严重打乱了,甚至可以说是正在毁坏我们赖以生存的生态系统。"[2]

美国哲学家约翰·奈斯比特列举了现代人对科技上瘾的主要症状:从宗教到营养,我们都趋向选取简易方案,速战速决;我们恐惧科技,崇拜科技;我们不太能分辨真实与虚伪;我们视暴力为正常现象;我们把科技当玩具;我们的生活疏离冷淡[3]。

科学让现代人更加崇尚效率,更加客观、理性,让我们思考问题、观察世界时变得越来越遵从技术,越来越依赖专业设备与控制系统,与此同时,实证科学也给"诗意"以致命一击。似乎大自然无非是为人类预设的资源储备,人类的生活也可以像流水线一样运转,而人类的情感也被科学还原为一种精确的生理刺激或物质似的活动。

牟宗三认为:"科学的研究是可贵的,增加我们的知识,但是它只知平铺的事实,只以平铺事实为对象,这其中并没有'意义'与'价值';所以在科学的'事实世界'之外必有一个'价值世界'与'意义世界',这不是科学的对象。这就是道德宗教的根源……真正懂得科学的人必懂得科学的限度与范围。"[4]

大千世界不仅是物质的,也是情感的;既是唯物的也是唯心的;既需要白天太阳的理性照耀,也需要夜晚月亮的诗意莹润。人作为一个理性与情感相融的存在,除了需要以世界的真实性来求得自我确证之外,还需要人文的诗意与美的温柔来抚慰心灵,越是生活在一个过于真实的世界,美丽的梦幻对于人越具有精神滋养的意义和价值。毕竟人在真实的挤压之下，需要一个自由畅想的空间，需要得到喘息之地[5]。

美国著名哲学家罗尔斯顿（H.Rolston）提出生物能进行评价（或有价值能力的）的概念[6]。根据这个理论，罗尔斯顿认为，人类乃至动物、生物、物种、生态系统、地球、自然都是具有进行评价的能力的。也就是说，这些事物都是有灵魂的，它们都可以对人类的行为做出自己的回应。简而言之，自然生态是一个有灵性的世界。

同样，昆虫的世界也是一个有灵性、有情义的世界：蝉有"禅"意，蚁有"义"举；蝶恋香花，蝉鸣柳枝，昆虫与植物和谐共生、协同进化，造就了一个生生不息、花果飘香的世界，蚂蚁、蜜蜂、白蚁这些昆虫也有自己的社会与社区，而且是一个善于学习、有智慧、有道德的"高尚社区"。

人类对客观世界的科学认识也只能是无限地接近，而客观事物也并不可能完全真实地反映在人们的头脑中。实证科学能揭示昆虫的自然奥秘，但无法取代昆虫文化（诗歌、神话故事、节日、风俗等）带给我们的精神感悟。文学中的那些情感、象征、隐喻、直觉、信仰等人类特性，并非完全能由科学所解释。

二、共通与共融

尽管科学与人文有本质差异，但有一个共同点，就是它们都是人类的创造性的活动……通向自由，是科学活动与艺术活动的共同的本质[7]。即使我们可以用缜密的实验观察、实证研究来了解昆虫的生命历程、了解昆虫的生物学特征，但昆虫意象对于人类情感的意义世界却无法通过实验研究获得。

科学是通过实践检验与严密的逻辑论证得出客观世界各种事物的本质及运动规律的知识体系，而文化（文学）则以意象形式去把握事物的形式秩序，它并不追究事物的性质或原因，而是给我们对事物形式的直观与感悟。"科学是概略性的，生命却是精微的，对我们来说文学的重要性正在调整二者之间的这种差距。"[8]

对卡逊而言，科学书写与文学创作并无冲突，因为它们的宗旨皆在揭示真相。而文学还可以强化科学的传播功能，帮助读者大众接受科学讯息。当卡逊的《我们周围的海洋》（*The Sea Around Us*）获得美国国家科技图书奖时，在颁奖仪式上，她说道："世界上没有所谓的'科技文学'，科学的目的是发现和揭示真相，而真正的文学的目的也是如此。"由此看来，文学与科学互融之处在于它们共同的目标，即文学不是为文学服务，而是为传播真理服务。

在卡逊的《寂静的春天》发表之前，著名化学结构学家布克金出版《我们的合成环境》，已经提出杀虫剂对生态环境的潜在威胁，但没能引起公众的注意，而具有反思意味的《寂静的春天》一经出版，立刻引起社会的关注，由此改变了有机氯农药的命运，成为环境保护的里程碑之作。用布克金的话说，卡逊的成功源于她高超的散文写作技巧[9]。

法国作家法布尔的传世之作《昆虫记》闻名遐迩、深入人心，其可贵之处是在实证研究的基础上对昆虫加以诗意化、人格化，富有童真与生趣的阐述，对生命的关爱与对自然的敬畏给这部科普著作注入了灵魂。法布尔在热爱昆虫、亲近昆虫和了解昆虫的过程中，都始终恪守"事实第一"的原则，他从来不走轻松简单的终南捷径，也不轻易相信权威学说。他相信科学、注重观察和尊重真相。他的最大兴趣，就在于探索生命世界的真面目，发现自然界蕴含着的科学真理。《昆虫记》也因此被誉为"昆虫的史诗"[10]。

比利时剧作家、诗人、散文家莫里斯·梅特林克以作品《花的智慧》获 1911 年诺贝尔文学奖。梅特林克的杰作《蚂蚁的一生》《蜜蜂的生活》《白蚁的生活》"昆虫三部曲"细致动人地阐释了微妙的昆虫世界。深邃的思考，激扬的文字，将科学与人义思考完美融合，告诉我们自然界的神奇造化与人类的渺小、局限。梅特林克在该书的开头即宣称这部白蚁的传记是科学主义的态度的产物："我只参考那些态度上纯粹客观和冷静的作者，并只关注科学上的观察。"他通过白蚁"勾勒出一种政治、经济和社会组织的主要轮廓，或者说是一种命运的脉络"。由此，梅特林克对以人类自我为中心的世界观提出了质疑："我们看待事物的方向偏向我们自己，而且无疑是太主观……让我们从那些昆虫那里学会质疑世界对我们自己的态。"[11]

法国作家列那尔在散文《自然素描》中，为昆虫造像，人文的温度与拟人化的思想赋予昆虫一种"灵性"与"生趣"。萤火虫"为了给鸟儿的谈情说爱照明"；蝴蝶"这封轻柔的短函对折着，正在寻找一个花儿投递处"；"蟋蟀在四处游荡够了……停止散步，回去细心修补他乱七八糟的领地"……

在中国，奇妙的昆虫及其生命演化过程启迪着古人的诗兴与哲思："春蚕到死丝方尽，蜡炬成灰泪始干"；"寄蜉蝣于天地，渺沧海之一粟"；"穿花蛱蝶深深见，点水蜻蜓款款飞"；"留连戏蝶时时舞，自在娇莺恰恰啼"；"蜂采百花成蜜后，为谁辛苦为谁甜"……中国诗词中的经典昆虫意象不仅体现了生态审美之意境，也蕴含朴素的科学认知与生命哲学，堪称知性、诗性、感性的完美融合。

"理智是对向下落体物质的观照，而直觉与本能才带动生命之流向上涌动。"[12]中华诗词的诗性智慧，多来源于直觉的灵光。"观古今胜语，多非补假，皆由直寻。"① "直寻"就是诗性直觉的具体表现形式之一，而想象就是直觉与判断的结合，

---

① 出自钟嵘《诗品序》。

从而将感觉材料理念化和整体化，并达到加工成审美意象的最终目的。19世纪英国浪漫主义诗人、评论家柯勒律治在《文学传记》中指出："想象，在我看来……是一切人类知觉的活力和原动作用，并且在人类有限的心智里，重复着无限'我在'的畛域中永恒的创造活动。"而直觉、想象与创造的相互交织也体现为知识日益学科互涉与边界跨越，学科交融成为这个时代的明确特征[13]。

爱因斯坦同样认为直觉与想象是科学创造的先决因素，他说："物理给我们知识，艺术给我们想象力，知识是有限的，而艺术想象力是无限的。"英雄所见略同，法国数学家庞加莱也提出："逻辑是证明的工具，而直觉是发现的工具。"[14]

1981年诺贝尔生理学或医学奖得主、美国神经心理学家斯佩里发现：人的左脑主要从事与科学有关的逻辑思维，右脑主要从事与文艺有关的形象思维，而右脑的信息存储量是左脑的100万倍。日本科学家青山茂雄的研究进一步确定左脑是个人脑，右脑是祖先脑，人类500万年进化的主要成果主要存储在右脑，右脑在直觉判断和决策创意中起决定作用[15]。因此，科技与人文结合，逻辑思维与直觉感悟互补，才能激活、唤醒右脑中本真的存在经验，整合、拼接自己破碎的经验与感受，并建立起和谐统一，创造富有创造力的自我。

昆虫意象的属性是审美的，因而不能完全以科学的标准加以衡量。昆虫的诗意有许多不符合科学实证的内容，或许正是这种诗意的误解、美丽的错误赋予昆虫一种神秘与灵性。经典昆虫意象来自对昆虫情境交融、感同身受的细腻刻画，这些诗意感悟的背后实际上也有科学的支撑，才能直击事物的本质。

三、互鉴与互利

当代科技发展从绝对到相对，从单义到多义，从精确到模糊，从因果到偶然，从确定到不确定，从可逆到不可逆，从分析到系统，从定域到场论，从时空分离到时空统一，当代科学认识论特征及与此相适应的思维方式变革意味着科学精神发生了深刻的变化。而人文精神融入科技是科技走向生态、回归本源的内在驱动力，也是生态文明从机械论的自然观走向生态整体主义自然观的催化剂。

生态文明给科学与人文交融互补提供了广阔的舞台。科学与文化的通感（科学人文化）是指能在不同学科之间、不同领域的事物之间，看到它们内在的联系，找到它们相通的规律，并把它们架构起来的能力。简而言之，就是用开放、活跃的知识取代封闭、静止的知识，辩证地对待所有的知识变量，最后使理性获得演变的理由（图6-1）。

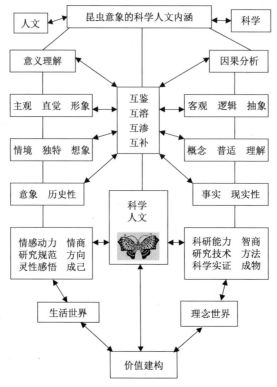

图6-1　昆虫意象的科学人文内涵

　　"谁要真正认识描述生命之物，必先寻找精神的本质归宿，如果缺乏精神沟通，那他就没有得到生命的全部。"（歌德）人类生存与发展的过程，也是对自然祛魅的过程，而人类的价值关怀与取向往往与神秘感和敬畏感有关，经典"蝴蝶"意象的超越性提醒我们：对"蝴蝶"应该保留一份神秘与敬畏，没有对自然价值的深刻体认，就不可能有发自内心的对生命的敬畏、尊重与关爱；只有脱离了功利的羁绊，才能感受到昆虫世界的有趣与唯美，正如巴士拉所言："培养科学文化就必须从净化智力与情感入手，之后的任务更加艰巨，就是使科学文化时刻处在整装待发的阶段。"[16]

　　科学与人文的结合，实际是用人文的温度莹润科学冰冷的理性，以诗意精神脱离功利的羁绊与世俗的喧嚣，找到科学研究的精神起点与内在精神力量。科学与人文交融，形象思维与具象思维互补，可发现复杂社会现象的内在机制。在科学研究过程中，渊博的社科知识和深厚的人文素养可以激发意象思维与灵感顿悟的产生，而任何一项科学技术的发明创造都首先从想象开始，科学思维与人文悟性的有机交融便是创新思维的温床。生态保护的科学理念需要加以人文的价值考量与诗意表述才能产生更好的科普效应与社会影响力。

"可信世界"是人生存的基础,"可爱世界"则是人精神需求的必然产物[17]。如果说可信世界代表的是科学理性,而"可爱世界"就代表人文精神。科学理性和人文理性是人类在社会实践中创造出来的最宝贵的两种精神,科学理性与人文理性交融激荡,必将促进值体系整合、构建与创造性的转化。

参 考 文 献

[1] 张嘉如 . 全球环境想象 —— 中西生态批评实践 . 镇江 : 江苏大学出版社, 2013.

[2] 弗·卡普拉 . 转折点 . 朱润生, 译 . 北京 : 中国人民大学出版社, 1999.

[3] 约翰·奈斯比特 . 高科技 . 高思维 : 科技与人性意义的追寻 . 尹萍译 . 北京 : 新华出版社, 2000.

[4] 牟宗三 . 关于文化与中国文化 —— 道德的理想主义 . 台北 : 台湾学生书局, 1985.

[5] 董广杰, 吴文瀚, 宋正 . 走进美的殿堂 —— 中西审美文化透视 . 武汉 : 武汉大学出版社, 2011.

[6] 马兆俐 . 罗尔斯顿生态哲学思想探究 . 长春 : 东北大学出版社, 2009.

[7] 陈望衡 . 当代美学原理 . 武汉 : 武汉大学出版社, 2007.

[8] 巴什拉 . 科学精神的形成 . 钱培鑫译 . 南京 : 江苏教育出版社, 2006.

[9] 雷切尔·卡逊 . 寂静的春天 . 吕瑞兰, 李长生译 . 长春 : 吉林人民出版, 2004.

[10] 王荫长 . 昆虫的荷马 —— 法布尔 . 昆虫知识, 2007, 44 (4): 608-613.

[11] 莫里斯·梅特林克 . 花的智慧 . 潘灵剑译 . 哈尔滨 : 哈尔滨出版社, 2004.

[12] 柏格森 . 形而上学的导言 . 刘放桐译 . 北京 : 商务印书馆, 1963.

[13] 朱丽·汤普森·克莱恩 . 跨越边界 —— 知识、学科、学科互涉 . 姜智芹译 . 南京 : 南京大学出版社, 2005.

[14] 杨叔子 . 科学与人文相融而成绿 —— 兼谈诗教的基础地位 . 中华诗词, 2003 (2): 40.

[15] 朱鹏飞 . 直觉生命的绵延 : 柏格森生命哲学美学思想研究 . 北京 : 中国文联出版社, 2000.

[16] 肖峰 . 科学精神与人文精神 . 北京 : 中国人民大学出版社, 1994.

[17] 约翰·纳斯比特 . 高科技·高思维 : 科技与人性意义的追寻 . 尹萍译 . 北京 : 新华出版社, 2000.

第二节　有害与有益 —— 可持续植保视角

人是万物的尺度。我们总是根据事物对我们自身的影响来判断世界。向家畜或人传播疾病的昆虫,或与我们争食庄稼的昆虫,都被描述成害虫。由于这些有害昆虫引起如此巨大的关注,所以我们就逐渐把一切昆虫都当成人类的敌人[1]。

"锄禾日当午，汗滴禾下土"①，我们看着自己辛辛苦苦种下的庄稼成为昆虫的美餐，自然会愤愤不平，在愤懑的情绪之下，必然会划清敌我界限，将一些植食性昆虫归为害虫。

消灭害虫、保护庄稼一直是人类孜孜不倦的追求。直到今天，昆虫在农业视野中仍然以其"有害性"得到关注，对农业昆虫的防治策略虽然已经从"消灭的哲学"转为"容忍的哲学"，但其哲学思想仍然不能超越以人的经济利益为中心的工具理性 [2]，控制害虫的主要手段仍然是农药，靶标害虫的死亡率依然是评价农药效果的主要指标，农药对生态的影响基本不计入农药的经济成本。中国农业生物灾害依然造成了巨大损害，常年发生灾害面积超过 30 亿亩次，损失粮食 15％、棉花 25％以上 [3]。

远古时期，人们对昆虫的敬畏很大程度上是出于无知，今天，当人类对害虫有了深入的认识并掌握了强大的害虫控制武器（农药）后又无奈地发现，依赖农药，以经济利益为中心的害虫控制策略可能将人类带到更加险恶的境地。面对困境，人类开始反思：只注重农产品的经济效益而忽略其巨大的生态效益，仅仅考虑农药的经济成本，而忽略其高昂的生态成本，"头痛医头，脚痛医脚"，"只见树木不见森林"，这是造成植保社会问题的主要原因。可持续植保是农业可持续发展的重要支撑，只有摒弃非此即彼的线性思维，对防治对象（害虫）加以整体、动态、辩证地考量，谋求经济、生态和社会三大效益协调兼顾，才能实现可持续植保。

一、昆虫 —— 是天使也是魔鬼

从生态的角度看，昆虫与植物之间是相辅相成、协同进化的关系。昆虫为植物传授花粉、扩散种子，植物为昆虫提供食物。昆虫取食植物的部分组织，一般不会导致植物的死亡，一定数量的植食性昆虫不仅不会对植物造成危害，还有益于植物种群的健康发展。例如，少量的螟虫能帮助水稻去除无效分蘖，而且植物本身也有一定的自动补偿调节机制，能自动弥补少量害虫造成的损失。在可控的数量范围内，昆虫取食植物叶片，疏减叶片，会促进植物通风透光，增进光合作用；刺吸植物汁液的昆虫（如蝉吸食柳树的汁液）也会促使植物的养料能透过细胞壁向外渗出，从而加速植物物质循环与新陈代谢。茶叶的种苗一般是通过插条进行无性扩繁，所以取食茶树种子的象甲也无意中帮了茶农的大忙。

在农耕文明史上，蝗虫曾经给人类带来无尽的灾难，但蝗虫也是上好的食料、饲料与药材。蝗虫体内含有的活性物质，如三磷酸腺苷、辅酶 Q 及几丁质等活性成分，可以降压减肥、降低胆固醇。

---

① 出自唐·李绅《悯农》。

早在 1630 年，徐光启《农政全书》中记录了食蝗虫的实例："唐贞观元年，夏蝗，民蒸蝗，暴扬去翅足而食之。""东省畿南……田间小民，不论蝗、蝻悉将煮食，城市之内，用相馈遗。亦有熟而乾之，鬻于市者，则数文钱而易一斗。啖食之余，家户囤积，以为冬储，质味与干虾无异。其朝脯不足，恒食此者，亦至今无恙也。"可见，蝗灾区百姓自 7 世纪伊始，就以蝗为食，化害为利。

苍蝇是臭名昭著的卫生害虫，研究证实，蝇类能携带的病菌（如伤寒、痢疾、肺炎、霍乱等）多达 100 余种，病毒 20 种；此外，还可成为蠕虫卵及蜗类的携带者。一只苍蝇可携带的细菌一般为 1700 万个，有的竟达 5 亿个。但苍蝇同时又是默默无闻的环境昆虫，是生态循环的重要参与者。苍蝇是动物死亡后第一个造访者，为消解动物尸体与粪便，净化环境立下了汗马功劳。

蝇蛆作为中药材，药用部分为干燥的幼虫，美其名曰"五谷虫"，经分析主要物质为蛋白质、脂肪、甲壳质，以及多种蛋白分解酶、肠肽、胰蛋白酶等。其药理作用为：清热解毒、消积化滞。蝇蛆油还可用于防治心血管病，蝇蛆还可用来治疗难以愈合的骨髓炎。医生把无菌蝇蛆放在病人伤口上，让蝇蛆噬食腐烂肌肉，即可达到去腐生肌的疗效。无菌蝇蛆之所以能促使伤口愈合，主要是因为蝇蛆在取食腐烂伤口的同时会排泄尿囊素和尿素，此种物质可刺激新生组织快速生长[4,5]。

蝇蛆蛋白不仅可以作为优质蛋白饲料，还可以用于提取蛋白粉，开发高级营养品。蛋白粉生产过程中可同时得到脂肪、抗生素、凝集素等多种生化产品，而且苍蝇具有独特的免疫功能，其体内还有具有强烈杀菌作用的抗菌活化蛋白，可有效杀灭入侵病菌。苍蝇繁殖速度快，饲料来源广泛，抗病力强，营养丰富且容易开发，具备广阔的开发与应用前景[6,7]。

蟑螂是著名的卫生害虫，也是重要的资源昆虫，蟑螂拥有的优质抗菌蛋白有着极高的药用价值。等翅目昆虫通称白蚁，是社会性昆虫。主要取食各种植物性纤维，以巢群居，危害房屋建筑、桥梁、水库、堤坝，是一种十分危险的昆虫。白蚁虽然是大害虫，但白蚁成虫、幼虫和蚁巢都具有很高的食用价值和药用价值，是我国历史最久远的食用昆虫。我国有白蚁 400 余种，其中 20 多种具有食用和药用价值，经专家鉴定，白蚁的热量是牛肉的 4 倍，白蚁除含有丰富的蛋白质（36%）外，还含有铁、钙、维生素 A 和核黄素等许多人体所需物质[8]。

即便是昆虫的危害也会带来独特的价值。在美国亚拉巴马州的咖啡县建有一座棉铃象甲纪念碑。当地人祖祖辈辈以产棉为生，棉铃象甲危害惨重迫使棉农改种其他作物，开发畜牧业生产，结果六畜兴旺，收入倍增，可谓因祸得福。为了感谢棉铃象甲的"功德"，设立了独特的纪念碑[9]。

独特的东方美人茶，是取自受茶小绿叶蝉危害（刺吸）的一心两叶之嫩芽，经由经验丰富、技术纯熟的制茶师傅精心烘制而成。茶芽呈金黄色，精制后的茶

叶白毫肥大，白、青、红、黄、褐五色相间，茶汤明丽澄澈，具有独特的蜂蜜及熟果香，茶汤明丽澄澈，香气独特，回味悠长，为茶中珍品[10]。

二、害虫 —— 是天灾也是人祸

害虫之所以猖獗，不仅取决于其自然属性，更多取决于其所在的环境，植物发生病虫害实质上是生态系统总体失衡造成的，而这种失衡在很大程度上是人为导致的。

其一，大面积、不间断种植同一种作物，肥水充足，枝叶茂盛，叶嫩果香，自然会引诱昆虫前来取食。例如，在美洲移民抵达洛基山脉东麓的年代，科罗拉多的一种小甲虫从取食沙漠里的水牛刺转而取食肥嫩多汁的马铃薯，仅一两年工夫，这种甲虫就席卷美国，成为一种重大的农业害虫[1]。保温保水的耕种措施，引起作物的快速增长，也使虫害的代数增加，如棉铃虫第二代提前进入地膜棉就是一例。

其二，病虫害的流行往往取决于"不在场"的潜在因素：许多植物病害的流行与媒介昆虫的爆发直接相关；土传病害的发生与化肥农药过分使用导致的土壤菌群失衡与土壤酸化有关；2003年武汉梨锈病爆发成灾，61万棵梨树受害，近于绝收，其根源是贯穿果园的国道上种植20千米的桧柏给梨锈病提供了桥梁寄主[11]。此外，气候变化（暖冬、台风、旱涝）、外来物种入侵、昆虫迁飞、农业格局变化、作物区系调整等因素也会导致病虫害流行。

其三，长期、大规模使用化学药物摧毁了原有的生态平衡。例如，在果园中，苹果绵蚜与果树叶螨的大爆发，直接原因往往是过量使用DDT杀死了这些害虫的寄生虫和捕食动物。介壳虫在果园出现已达50多年，但只是近15年才成为害虫，而且只在石灰硫黄合剂（防治苹果黑星病）彻底处理过的果园中危害，这是因为石灰硫黄合剂抑制了介壳虫的天敌日光蚜小蜂和海棠半疥螨[1]。事实证明，在诸多病虫害流行的因素中，农药的使用应该是最重要、影响最深远的人为因素。

当时的美国为了抢救生病的榆树进行了广泛喷药。之后的第二年开始发现已经几乎没有知更鸟筑建新窝，也几乎没有幼鸟出现。事实证明知更鸟的中毒并非直接与杀虫剂接触，而是由于吃蚯蚓间接所致……罗•巴克博士找到了其中错综复杂的循环关系：知更鸟的命运由于蚯蚓的作用而与榆树发生了联系。

人们在春天对榆树进行第一次喷药，在七月份又喷一次，浓度为前次之半。它不仅直接杀死了要消灭的树皮甲虫，而且杀死了其他昆虫。毒物在树叶和树皮上形成了一层粘而牢的薄膜，雨水也冲不走它。秋天，树叶落下地，堆积成潮湿的一层，并开始了变为土壤一部分的缓慢过程。在此过程中它们得到了蚯蚓的帮助，蚯蚓将地上的叶子吃掉。在吃掉叶子的同时，蚯蚓同样吞下了杀虫剂，并在它们体内得到积累和浓缩。一些蚯蚓抗不住毒剂死去了，而幸存者就成了毒物的"生物放大器"。春天，当知更鸟飞来时，在此循环中的另一个环节就产生了。只要十一只大蚯蚓就可以转送给知更鸟一份DDT的致死剂量。[12]

从卡逊的经典描述中，我们可以清晰地认识到农药的迁移、累积所产生的副作用：在农药的毒杀作用下，害虫死了，更多无辜的生物包括害虫的天敌也随之死亡。鸟类是昆虫的主要天敌，因此，鸟类的消亡无疑为害虫卷土重来，再增猖獗创造了有利条件。

当下农业，发生最多也是最难治理的是R对策（高繁殖生存对策）害虫，如红蜘蛛、小菜蛾、蚜虫等，它们以强大的繁殖速率与变异性求得种群的延续，从而产生对农药的抗药性。目前，农业害虫的抗药性已成为一种普遍现象，蚜虫、小菜蛾对有机磷农药的抗药性更是直线上升，面对害虫的抗药性，农民不得不加大用药量与用药浓度。抗药性导致农药的边际效应不断递减，人们不得不加大药量，或花费巨资来研发新农药，这就进入一种恶性循环。总之，依赖化学农药的"人虫之战"注定是一场没有胜利者的战争。

其四，大量的原始森林被砍伐也是森林与农业害虫发展的直接诱因。由于砍伐了山林杂木，大量栽种有经济价值的杉树、松树，杂木砍了，鸟就少了，没有鸟，天牛等害虫就会大量繁殖，而天牛是线虫的传播媒介，松材线虫使松树枯萎，导致山百竹滋生，山百竹是老鼠的美食，故而老鼠大量繁殖，结果是老鼠泛滥，啃食杉树苗 [13]。

三、可持续植保的认识论

唯物辩证法的三大规律（对立统一、量变质变、否定之否定）最深刻、最简明地揭示了客观事物存在与发展的普遍规律，同样也完美体现了植物保护的内在机制。

对立统一规律告诉我们：所有的生物都是生态系统中有生命的组成部分，都是网络之结。生态系统是由许多食物、能量、信息链条组织起来的错综复杂的网络系统。生态系统中所有的生物与非生物都通过物质循环和能量流动，相互制约、相互作用、相辅相成。因此，从对立统一规律的角度讲，"害"与"益"是一枚硬币的两面，是对立统一的。植食性昆虫（通常意义上的害虫）、天敌、植物三者之间实际上是相辅相成、互为促进的协同进化关系。

因此，必须以生态系统的整体辩证思维来考量为什么昆虫会变成害虫，为什么人虫之战难分胜负、为什么农药的边界效应逐年递减、为什么"按下葫芦浮起瓢"害虫的种类不断更替、为什么害虫会产生3R效应（残留、抗药性、再增猖獗）等

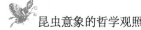

一系列问题。只有在提高认知的基础上，才能制定出合理的植物保护策略。

"生态"实质上就是生物间和谐共存的机制，多样性系统内在和谐的外在表现、生态系统的内在多样性及由内在多样性产生的自调节机制，对维持系统和谐非常重要，保护自调节机制等生态过程就是保护了生态多样性。因此，要实现可持续植物保护，就必须按照有害生物与环境因素的相互联系、相互作用原理，尽量利用与发挥物种间相互制约的机制，维护农业生态系统的整体平衡，把农药对产品和环境的污染减少到最低限度，从而保障人类的健康和安全。

在农业生态系统中，仅有 5% 左右的植食性昆虫能对植物造成明显伤害，95% 的昆虫不能造成虫灾，因为它们受到多种天敌的抑制。例如，蚜虫繁殖迅速，一年可繁殖 20~30 代，如果任其增殖，很快就会布满整个地球。但这种情景不会发生，除了食料、空间的限制，还因为自然界有许多蚜虫的天敌。最著名的蚜虫"克星"就是七星瓢虫，它们专门吃蚜虫，而且雌性瓢虫只有吃蚜虫才能产卵繁殖后代。它们的食量很大，成虫一天可吃 100~150 只蚜虫，高龄幼虫一天能吃 120~240 只蚜虫。所以，只要注意保护和繁殖七星瓢虫，麦田的蚜虫就不会肆无忌惮，就可大大减轻药剂治蚜的压力[14]。

农药的问题尽人皆知，古老的"以虫治虫"自然引起极大的关注。实际上，天敌与害虫二维对策，就像狼吃羊，表面上是捕食者（天敌）吃掉害虫，天敌得到好处，实际上是双方受益。被捕食（寄生）的昆虫往往是种群中的弱者，剔除"薄弱"的个体对被捕食者种群的整体发展是有积极意义的。生物之间既竞争又合作的生态关联是维持生态系统平衡的重要机制。而且天敌的作用往往滞后于害虫，所以指望释放天敌，达到一劳永逸的持续控制害虫，就是高估了天敌与害虫的对立面，而忽视了天敌与害虫在根本上的统一性，从而"恨铁不成钢"，徒然生出许多遗憾。

量变质变规律揭示了事物发展变化形式上具有的特点，昆虫与植物是一种共生与相互促进的关系，只有昆虫数量超过一定阈值，并且在缺乏天敌制约的情况下，昆虫才变成害虫。因此，可持续植保同样必须遵循量变质变规律。只有害虫数量增大到一定程度，由它导致的经济损失大于防治所付出的成本（经济、生态）时，防治才有实际意义。如果眉毛胡子一把抓，沿袭过去打"保险药"的思维与方法，不仅在经济上得不偿失，还干预和破坏了自然界的动态平衡，将会导致更大的混乱。

否定之否定规律是事物发展的辩证法，是一种螺旋式的上升，它在回归起点的时候其实又实现了新的升级，从恐惧昆虫—崇拜昆虫—消灭昆虫—容忍昆虫—与昆虫和谐共存至师法昆虫，这是一个不断螺旋式上升的认识过程。

在一个小山村里，每到冬天，村民们都会把树上的柿子摘下来，一个不留。有一年冬天，天特别冷，下了很大的雪，几百只找不到食物的喜鹊一夜之间都被冻死了。第二年春天，柿子树重新吐绿发芽，开花结果。但就在这时，一种不知名的毛虫突然泛滥成灾。柿子刚刚长到指甲大小，就都被毛虫吃光了。那年秋天，这些果园没有收获到一个柿子。直到这时，人们才想起了那些喜鹊，如果有喜鹊在，就不会发生虫灾了。从那以后，每年秋天收获柿子时，人们都会留下一些柿子，作为喜鹊过冬的食物。留在树上的柿子吸引了很多喜鹊到这里度过冬天，喜鹊仿佛也会感恩，春天也不飞走，整天忙着捕捉果树上的虫子，从而保证了这一年柿子的丰收。在收获的季节里，别忘了留一些"柿子"在树上，这些留下的果实往往就是给自己留下了生机与希望！[15]

中庸之道是不走极端、留有余地的哲学，其核心内涵是执两用中，厚德载物。从植保的角度讲，中庸之道就是保护农田的生态多样性，变对抗为利用，从毒杀到调节，总之，保护昆虫天敌，对少量的昆虫危害采取容忍的态度，才能避免矛盾激化，预防害虫爆发成灾。"留一些柿子在树上"，中庸之道不仅是生活的艺术，也是害虫防治的哲学。

四、可持续植保的方法论

其一，采用生态农法，恢复和增加农田的生态多样性，保护害虫天敌的栖息地，营造不适合害虫繁殖的外部环境，是害虫可持续控制的根本途径。

适当的轮作、混作、间作、保留杂草、种植覆盖植物或播种关联作物、实施免耕法等不但有利于害虫的控制，而且对病害的抑制也有明显的效能。例如，为防治荔枝蝽等植食性害虫，减少农药的使用，有人尝试在荔枝园间种矮小的山绿豆，提供捕食性昆虫与寄生性昆虫的良好栖息环境，达到生态控制的作用；柑橘园套种藿香蓟可防治红蜘蛛；麦田或棉田间种油菜招引食蚜蝇，有利于控制麦蚜、棉蚜的危害；高粱与鹰嘴豆隔行交替种植时，高粱穗蝇发生率大大降低；在甘蔗或玉米地插种向日葵或南瓜为赤眼蜂提供食料，能明显提高赤眼蜂对蔗螟、玉米螟的控制效能；糯稻与粳稻间种能明显控制稻瘟病流行；棉花与乌头叶芽豆间套作时，棉花枯萎病显著减少；高粱与木豆间套作时，木豆枯萎病的发病率降低55%，稳定在20%～30%[16-18]。

其二，预防为主，注重协调运用多种环境友好型技术（如仿生农药或生物源农药）；通过引进或建立新的天敌种群；采用中等抗性或耐虫品种，在推广抗性品种时，还要在附近保留一些感性品种，保留害虫的敏感性个体，或者留出不打药的地块供少量害虫与天敌栖息。与此同时，注重改善田间果园的生态环境。例如，果园实行三叶草间作后，地表覆盖度增强，不仅改善了果园生态环境，增强了土壤肥力，也抑制了其他杂草的生长和繁殖，减少了除草剂的使用，保护了害虫天敌（如七星瓢虫、捕食螨在果园树体打药期间，可以在草丛中找到暂时的避难所）。

其三，在害虫大发生的危急情况下，设计监控技术方案（杀虫剂种类、剂量、使用方式、使用时间），采用对生态系统破坏性较小的应急措施，尽量避免使用高毒、广谱、杀生性农药。

总之，简单的"害"与"益"早已无法概括昆虫对人类、对生态的丰富内涵。"害"与"益"总是相对的，并永远处在相互转化、相互依存的矛盾运动中。因此，在智慧的眼睛里，春天花开固然华丽，而秋天叶落也同样静美；我们喜欢翩翩的彩蝶，也要学会接纳丑陋的毛毛虫；品尝蜂蜜的香甜，也要宽容蜜蜂的毒针……天地万物相互依存、相辅相成，厚德载物同样是可持续植保的内在机制。

参 考 文 献

[1] V.B.威格尔斯沃思.昆虫与人类生活.龙长祥译.北京：科学出版社，1983.

[2] 马瑞燕，荆英.析害虫防治策略及思想.山西农业大学学报：自然科学版，1999，19（3）：209-212.

[3] 戴小枫.中国植物保护科学技术发展战略研究.中国农业科学院博士学位论文，2003.

[4] 刘卫星，魏美才，刘高强.昆虫源生物活性物质开发前景.食品科学，2005，1：48-51.

[5] 冯颖，陈晓鸣.食用昆虫的资源价值与利用方式.林业科学研究，2002，15（1）：105-110.

[6] 严善春.资源昆虫学.哈尔滨：东北林业大学出版社，2001.

[7] 雷朝亮.试论昆虫资源学的理论基础.昆虫天敌，1998，20（1）：35-37.

[8] 程宝绰，王振华.小学生必读书库——昆虫世界的奥秘.北京：知识出版社，1995.

[9] 李国霞，茅洪新.走近昆虫.北京：农村读物出版社，2001.

[10] 东方美人茶.http://baike.haosou.com/doc/6579562-6793330.html.

[11] 陶卉.厦门绿化树害虫大发生原因分析与防治对策.中国植保导刊，2006，5：25-27.

[12] 蕾切尔·卡逊.寂静的春天.吕瑞兰，李长生译.长春：吉林人民出版社，2004.

[13] 福冈正信.自然农法——绿色哲学的理论与实践.哈尔滨：黑龙江人民出版社，1987.

[14] 尚玉昌.动物行为——动物生存的奥秘.北京：少年儿童出版社，2006.

[15] 留一些柿子在树上.http://tieba.baidu.com/p/2415535049.

[16] 逢焕成，赵跃龙.国外间混套作的研究进展.世界农业，1994，（1）：21-23.

[17] 曹克强，曾士近.品种混合种植栽培抗病保产作用.植物保护，1990，16（2）：46-48.

[18] 龚梅，张志勇.水稻品种混植栽培抗病增产机理的研究.核农学通报，1991，12（6）：280-282.

第三节　认知与敬畏 —— 生态伦理视角

认知与敬畏看似是一对悖论，却隐含多元并存的对立统一。透过无用看有用；以无限的时空意识来把握有限的认知；从螺旋式上升的认知视角，追问生命的存在，探寻生命的内在关联。这种生态伦理意识与感悟，孕育着人与自然和谐的思想，积蓄着构造身心和谐、维护环境生态、社会生态平衡的力量。

一、无用与大用

有一个研究小组在美国《自然》杂志发文章说："就整个生物圈来说，每年它向人类提供物质的价值估计为 16 万亿 ~54 万亿美元，平均每年为 25 万亿美元。这肯定是个最低估计，生态效益是市场上买不到的，它就像空气，时常被人忽视，但又是须臾不可或缺的。"

美国国立生态分析与综合研究中心估算（1997 年），地球上平均每年的生态价值为 33 万亿美元，全球自然资本的价值至少在 400 万亿 ~500 万亿美元，而全世界一年的国民生产总产值为 30 万亿美元[1]。从根本意义上说，"皮之不存，毛将焉附"，如果没有自然保障系统的贡献，地球的经济将面临崩溃，GDP 的增长乃至人类的生存与发展更是无从谈起。在这个地球上，至少已经有 850 亿万人死去，死去的动物就更不计其数，没有苍蝇、屎壳郎、蚂蚁等消解者、清道夫的默默劳作，地球早已成为死亡的星球。

昆虫是地球上生物多样性的重要组成部分之一，参与维护着生态系统的平衡。授粉是昆虫为生态系统提供的重要服务之一。传粉物种包括蜜蜂、蝉、飞蛾、蝴蝶、黄蜂等。全球 80% 的开花植物靠昆虫授粉，而授粉昆虫中蜜蜂占到 85%，90% 的果树依赖蜜蜂传粉，仅在美国一地，估计由蜜蜂授粉带来的经济价值每年高达 160 亿美元。如果失去蜜蜂，约 4 万种植物将会面临繁殖困难，濒临灭绝[2]。植物为昆虫提供食物与家园，昆虫为植物传花授粉，对植物传宗接代恪尽职守，昆虫与植物相互促进、协同进化，共同维持生态系统的基本构架与生物多样性。

昆虫不仅有生态多样性价值，还拥有文化象征与建构价值。"蜜蜂也被赋有一种神圣的能力和部分神圣的心灵；因为弥漫整个物质的上帝，遍在于大地、海洋和天空深处。因此，人和牲畜，牧人和野兽，在出生时全部承受了有灵气的生命，一切都投向苍穹，驻留在自己专有的星座上。当其解体时刚又返回上帝这里，没有死亡，一切都是不朽的。"[3] "以道观之，物无贵贱。"① 万物之所以平等，在于它们在生存之道的层面是同一的。每一种昆虫都参与地球的能量与物质循环，都对维护生态系统平衡做出自己独特的贡献，都隐含着某种神性。

当下社会，害虫的防治已经成为社会性、综合性、广泛性问题，牵涉到资源、环境、生态、社会的方方面面；从控制害虫的角度，昆虫文化（昆虫诗歌）可能无法直接帮助我们解决害虫危害的实际问题，然而昆虫文化同样是人类精神世界的有机组成部分。文化资源作为资源的一种形式，是在人类社会发展历程中逐渐

---

① 出自《庄子·秋水》。

形成的，它具有鲜明的精神内涵和明确的社会功用性。随着文化与经济协同关系日趋密切，文化在成为国家综合国力重要组成部分的同时，正逐步成为具有商业价值的资源。古老的昆虫文化，流淌着历史的印记，莹润着先哲思想的光芒，了解昆虫文化，可以帮助我们更深刻地体会生命，体会昆虫世界的奥秘，而昆虫习俗与昆虫节日也具备旅游经济、文化产业开发价值。从这个意义上讲，昆虫文化也是"无用"之"大用"。

二、有限与无限

随着现代科学的发展，昆虫的神秘世界得到更多的揭示。科学家发现昆虫不仅有强大的环境适应力、高超的生存智慧，还有相当程度的学习能力与群体智慧，正如荷兰生物学家 C.J. 波理捷的由衷的赞叹："昆虫世界是大自然最惊人的现象，对昆虫世界来说，没有什么事情是不可能的，一个深入研究昆虫世界的奥秘的人，他将会为不断的奇妙现象惊叹不已，他知道在这里，任何完全不可能的事情都可能发生。"[4]

昆虫有着精妙的群体智慧。蚂蚁会筑巢、放牧、种菇、纺织、耕种、收获，一系列的复杂行为与精妙的合作令人叹为观止。科学家还惊喜地发现蚂蚁、蜜蜂等社会性动物也有既照顾到谨慎独立，又加快决策速度的民主决策机制（类似西方的"陪审团"制度）[5]。"蜂群社会的神奇在于没有一只蜜蜂在控制它，但是有一只看不见的手，从大量愚钝的成员中涌现出来，控制着整个群体，它的神奇之处还在于量变引起质变，要想从单个群体过渡到群体机制，只要增加虫子数量，让大量虫子聚集到一起，让它们互相交流，当复杂度达到一定程度，集群就会从虫子中涌现出来，虫子的固有习性蕴含了集群的神奇，我们在蜂箱中发现的一切，就隐藏在蜜蜂的个体之中。"[6]

在长期的进化过程中，昆虫的本能达到或接近智力的程度。例如，马蝇能够事先在马的肩胛上产卵，它仿佛知道马会在舔自己的身体时，将这些卵送入消化道并让卵在胃里发育；阿莫否拉毒蜂能在毛虫的九个神经中枢点上连续叮咬九下，然后抓住毛虫的头，用下颚咬住它，使毛虫处于麻痹状态，让它一动不动地生存数天，为毒蜂幼虫提供新鲜食物[7]。分布于北美洲的独居的细腰蜂还会使用简单工具，雌蜂挖掘出管状的长洞，把自己捕获到并弄昏了的小虫放入洞内。这些猎物将是幼蜂的食物，幼蜂也将在洞里发育。当雌蜂产完卵并用土盖上洞口后，就用它的大颚叼着一块小石头当作锤子，把洞口的土夯实。这个动作有两个作用，一是夯实盖洞口的土，二是检查洞口是否确实完全堵严实了[8]。

有一种泥蜂，它在狩猎之前会先挖洞筑巢，封住洞口，狩猎之后再把被麻醉的猎物放入洞中然后产卵于猎物身上[8]。科学家在野外做了一个实验：把泥蜂的巢用松果摆成的圆圈围在中央，这样它们每次外出狩猎归来时都会准确地飞向这个圆圈，找到巢穴。如果将松果圆圈的位置移动，猎食归来的泥蜂仍然会到松果圆圈的中央去寻巢。后来，科学家又用松果摆放了一个椭圆形和一个方形的图案，当泥蜂再次飞回来时，它只会飞向圆形、椭圆形而不会飞向方形的图案。

昆虫还有计数、测量和设计的本领。雌蝶在叶上产卵时，似乎知道它们所产的卵数，且"懂得"让卵与卵之间保持足够的距离，以避免幼虫孵化后因为食物发生内部竞争。用芦苇叶造房子的石蚕蛾幼虫（毛翅目）切下的每一片芦苇叶的长度都完全相等，显然，它们是用自己身体前部的长度作标尺测量过[9]。

蜜蜂和胡蜂都知道为工蜂、蜂王和雄蜂建造不同规格的蜂房。蜂房是严格的六角柱状体，它的一端是平整的六角形开口，另一端是封闭的六角菱锥形的底，由三个相同的菱形组成。组成底盘菱形的钝角为 109° 28′，所有的锐角为 70° 32′。蜂房的巢壁厚 0.073 毫米，误差极小。从几何学来看，六角形是既坚固又节省空间、材料的一种建筑形式[10]。

迄今为止，这些大脑只有几克重的昆虫为什么能够做出如此繁复、精妙的事情，科学界至今还没有得出有说服力的解释。与此同时，人类对动植物的化学信息、气味语言、行为符号，以及它们之间的相互交流、它们对环境刺激的感受情况和特殊的反应，还知之甚少，所以还无法深刻体会蜂房、蚁穴的奥秘，还不能体会蜜蜂的舞蹈、蚂蚁社会的协同。

近些年，昆虫的智慧已经成为科学研究的热点之一。然而，随着我们对昆虫的认知逐步深入，越发感知昆虫世界的奥秘与神秘。尽管我们可以用回旋加速器和 X 线机来检查一只蜜蜂（了解蜜蜂的微观结构），却永远无法从中找到蜂巢的特性[6]。蝴蝶在花丛中款款而飞，灵动而美艳，当我们试图将它握于掌中，必然是鳞片脱落，花容失色；当我们把蝴蝶做成标本在解剖镜下观察时，蝴蝶早已失去生命。可见，蝴蝶既有可以被实证科学把握的东西，又有远远超出实证科学的神秘之域。这就是技术的有限与自然的无限之间的巨大落差！

在我们的文化心理中，总还是有一种对昆虫的"小觑"的心理，如"雕虫小技""虫吟草间""蝼蚁之命"等。在公众的认知中，昆虫大抵是害虫的代称，或者是沉默的他者；在农业视域中，只有害虫大面积爆发的时候，才会引起人的重视，似乎只有"大害"与"大益"之虫才能"大红大紫"。捻死一只昆虫是轻而易举的，然而貌似柔弱的昆虫却拥有卓越的生存适应能力与强大的再生能力，这或许就是"人虫之战"难分胜负的原因所在。线性思维指导下的实证研究，容易造成人类可以用化学药物控制昆虫的假象，因为实验室可以评估化学物质对少数昆虫的效果，但却无法预测化学药物对整个生物群落的效果[4]。

现代昆虫研究就基本建立在实证还原理论前提之下，实验研究手段高度现代化，对仪器设备的依赖不断加深，如电镜扫描应用于昆虫分类，遥感技术用于害虫调查，分子学和基因技术应用于昆虫生理与生物学研究。随着研究领域高度细分与纵向深入，昆虫学研究正在被分子层次的微观分析与机械物理的应激反应所垄断。西方的形式逻辑与实证研究固然是我们认识世界的重要途径，然而，过分依赖设备的介入式研究，无形中对研究对象产生了干扰，加上"观察总是被理论污染"，人不可能带着白板一样的思维进入实验室[11]，因此，貌似客观的研究未必产生客观的结论。在科学研究领域，能够实现短、平、快发表学术论文的"家养"昆虫（容易在人工条件下饲养、繁殖）自然得到研究者更多的垂青。而牵涉到昆虫生态、环境、多因子交互的复杂昆虫行为的研究领域就显得"门前冷落车马稀"。

为了控制害虫就必须了解害虫的发生规律，往往需要在严格规范的实验条件下，人为屏蔽非研究因子，逐一进行单因子研究，从而得出研究对象与研究因子之间的线性回归关系，事实上，经典的单因子线性关系在自然界中根本不存在，线性理论只是人们用来解释世界的一种方法[12]。因此，认识到"人为"研究的有限性和昆虫的无限性应该也是一种科学理性。

地球上可供人类生存的非再生资源是有限的，地球上可再生资源的再生速度也是有限的，自然环境对人为干扰与污染的承受能力更是有限的，而人的欲望和需求是无止境的，因此，欲望的无限性和资源、技术的有限性；环境承受力的有限性与人的主体性张扬的无限性，构成人类生存的基本矛盾[13]。

同理可知，无论从自然还是人文的角度，昆虫的寓意是无限的。而人的认识能力是有限的，在无限与有限之间，人可以"大有作为"，充分应用先进的现代科学与信息技术，揭示昆虫世界的奥秘，开发昆虫资源，预防为主，综合治理害虫；但同时，人又必须"无为"，"无为"就是不妄为，只有不肆意"妄为"才能"大有作为"。

三、"三"的哲学

《五灯会元》载有高原惟信禅师的这样一段禅语："老僧三十年前未参禅时，见山是山，见水是水；及至后来，亲见知识，有个入处，见山不是山，见水不是水；而今得个休歇处，依前见山只是山，见水只是水。"这就是著名的认识三阶段，也是螺旋式上升的认知模式。

历史总是螺旋式上升的。远古时期，人对自然的认知处于混沌阶段，人类的力量根本无力与自然抗衡，人只能听天由命，匍匐在自然的脚下。因此，人们就要寻找一种心理平衡，他们在观念中构造出一个神的世界，祈求神力依照人的意愿去控制自然。例如，风有风伯、雨有雨师、蚕有蚕神，推而广之，日月山川、花鸟虫鱼都有专门的神灵掌管。此时的"天人合一"是在"有灵论""互渗律""同情观"的支配之下，把宇宙万物、人与自然看成是相互感应、彼此渗透，甚至是可以相互转换的一体。在此阶段，人们对"害虫"也抱着"敬畏"与"忍让"的态度，希望通过尊奉神灵、巫师祝祷等方式感天动地，达到"劝退"害虫的目的。

轴心期①的到来宣告人类主体意识与精神的觉醒，人类才真正意识到自己在宇宙中特殊地位。"人类意识从历史深处的潜流中涌出，变成自觉的精神光环，照耀着原本沉默无言的历史。"[14]笛卡儿的"我思故我在"与帕斯卡尔的"人是一根能思想的芦苇"都旗帜鲜明地表达出人类独有的高于其他生物的理性与意识。雅斯贝尔斯断言：轴心期所奠定的文化精神是此后人类发展历史的原动力，现代科学技术的技术理性精神，启蒙时期的社会契约精神，都以不同的方式一次一次回归轴心期，从中汲取精神力量[15]。特别是蒸汽机引发的工业革命改变了人类的命运，以往的混沌意识与悲观咏叹被前所未有的自信和自尊所取代。科技的迅猛发展极大地彰显了人的主体意识，也催生了技术理性，技术理性立足于科学技术发展的无限潜力和无限解决问题的能力之上，其核心是科学技术万能论。

远古时期，人类信奉"天人合一"不仅体现了人类对大自然的无知与无奈，更体现出人类对自然的敬畏、尊崇与顺应。而当代社会所提倡的"天人合一"是一种能动、自主的认识，强调人、社会、自然的全面协调，与之前的"天人合一"相比，似乎又回到了起点，同时又高于起点，体现出人类认识的螺旋式上升路径。崇拜自然—认识自然—征服自然—尊重自然—师法自然，这是愈演愈烈的生态危机给予人类的不言之教。

从唯物论的角度，蚕神、刘猛将军都是无稽之谈。通过尊奉神灵来感化昆虫，祈求害虫远离庄稼当然是缺乏科学依据的，但是以这种模式来看待"人、神、虫"三者关系的思想却是符合人与自然的关系法则、符合现代生态学原理的。换句话说，敬畏自然是生态伦理的一种体现。

螺旋式发展同时也是一种有限性与非线性上升的路径，就像逻辑斯蒂增长模型：昆虫种群发展有一定的环境阈值，种群在初期缓慢生长，在最适环境中是一种近乎直线的上升，到一定程度，就会因环境的制约稳定在一定范围内，这是物种发展的有限性与适当性。任何物种如果失去制约和过度繁殖的话，那么它带来的只能是一种灾难。因此，只有中庸、适宜、有限的发展观才是可持续的。

昆虫与植物是陆地生物群落中最为重要的组成部分，昆虫与开花植物至少共同生活了100万年。昆虫是植物的最大消费者（入侵者），昆虫选择植物作为食物

---

① 雅斯贝尔斯将公元前800年至公元200年这一时期称为人类历史的轴心期，他认为在此时期，人类精神的基础同时又分别彼此独立地奠定于中国、印度、波兰、巴基斯坦、希腊等古文明发源地。

和栖息生长场所，而植物本身不会移动，必须依靠昆虫运输种子、传授花粉。蜜蜂、蝴蝶等昆虫取食花蜜，对花朵不造成任何伤害，还能够有效地传粉。因此蝴蝶（昆虫）在花间栖息"不但是促进自己趋于完善，也使得自己所及的自然趋于完善"[16]。

昆虫能在取食植物与效力植物方面取得完美平衡，而人类却很难在利用自然与保护自然间取得平衡。工业文明创造物质财富的前提是掠夺、污染与征服自然，然而"在每一次征服自然的尝试后，人类都遭到了大自然的报复……我们每走一步都要记住：我们统治自然界，决不像征服者统治异族人那样，绝不是像站在自然界之外的人似的，相反地，我们连同我们的肉、血和头脑都是属于自然界和存在于自然之中的"（恩格斯）。

传统农业主要从农产品产量、经济价值上考量农业的价值，在这种理念指导下的农业运用的是二元对立思维，"眼里不揉沙子"，将取食庄稼的植食性昆虫通通划归到"害虫"之列，纯粹以经济利益为宗旨的农业，只顾从田园获取农产品，并不在意田园的休养生息与地力承受力，因而也是难以持续的。

我国农药与化肥的使用量稳居世界第一，然而利用率仅有发达国家的15%～20%[17]；农业已经超过工业成为最大的面污染源。一方面，工业污染上山下乡，向农村转移排放；另一方面，化肥、农药、农膜过量使用，加上农村生产与生活垃圾污染，田园早已是不堪重负、容颜憔悴，诗意更是无从谈起。

社会已经意识到昆虫与当代社会、生态、环境息息相关，开始注重生态安全与产品质量，实行可持续植保，对农业害虫的防治策略虽然已经从"消灭的哲学"转为"容忍的哲学"，但其哲学思想仍然不能超越以人的经济利益为中心的工具理性，在农业视野中，昆虫仍然以其"有害性"得到关注[18]。而风行台湾的第六产业（生态农业）则试图化敌为友，将昆虫作为资源。蝴蝶、萤火虫、蜻蜓等昆虫不仅有观赏价值，也是生态优越的有力佐证，保护系统多样性不仅能维护生态系统平衡，充分利用生态内在的制约因子来控制害虫，还能形成特色农副产品（如东方美人茶、虫茶）与生态循环养殖业（如苍蝇、蟑螂、黄粉虫等）。总之，憎恶昆虫—容忍昆虫—欣赏昆虫—开发昆虫的资源优势，否定之否定，对昆虫态度的转变实质上是资源观、生态观的转变，也预示着价值观从工具理性到人文价值理性的转变。

四、螳螂捕蝉

"投我以木瓜，报之以琼琚。匪报也，永以为好也"①，自然界投给人类以"美玉"，而我们回报自然的又是什么？是疯狂的掠夺、是贪婪的攫取，还是无度的干扰？

---

① 出自《诗经·国风·卫风·木瓜》。

曾几何时，我们完全把自然视为可供利用与开发的物质资源，强调战天斗地，大干快上，如果不在空地上种上庄稼，不在河流上拦河筑坝，就好像是一种资源浪费，特别是20世纪50年代"大跃进"期间，为了把重工业搞上去，砍伐树林，搭建高炉，全民炼钢，结果以生态破坏的代价得到大量的劣等钢材！

围湖造田、湿地造田、向水夺粮，直接导致水域面积缩小，生态失调，洪水泛滥。以牺牲环境为代价获得经济效益，到头来不得不付出巨大的经济代价来治理环境，延续"先污染后治理"的西方文明的老路，让中国的环境付出惨重的代价。

有机合成农药是植物保护历史上的重大技术突破，植物保护的观念也随之发生了根本转变：有机合成农药高效的杀伤力让人产生一种错觉，以为消灭害虫为时不远，只要按时打药，害虫问题就可迎刃而解。随着时间的推移，滥用农药所带来的"三R"效应及一系列的环境问题迫使人们重新审视以往的植物保护策略。"螳螂捕蝉，黄雀在后"，人类试图以化学农药"制服"昆虫却不曾料想农药污染给人类生存带来严重的危害；给苹果树和温室草莓喷洒剧毒农药，将传播花粉的昆虫（蜜蜂、蝴蝶、虻）全部消灭了，人类不得不自己采集花粉，给一朵朵的花授粉。人以自己的辛勤劳动，取代"天作之合"，这种方式的"替天行道"不禁让人仰天唏嘘，扼腕长叹。

人类对自然资源的肆意掠夺，已经造成了严重的生态灾难，世界自然保护联盟发表的调查资料指出：从100万年前到现在，平均每50年就有一种鸟类灭绝，而最近100年来，平均每年就灭绝一种。哺乳动物灭绝的速度则更快，在热带森林，平均每天至少灭绝一个物种[19]。由于物种灭绝是一个不可逆转的过程，而物种之间犹如一张复杂的网，生物链仅是其中最直接的表现之一，所以人们越来越担心的是：部分关键物种的消失可能会造成整个生态系统的崩溃，最终导致人类自身的毁灭。这种担心也并非空穴来风。

不知是偶然还是上天的玄机，诗歌中的精灵，那些带给我们最多审美感动的萤火虫、蜻蜓、蜜蜂、蝴蝶都面临消亡的境遇。近年来，世界范围内的蜜蜂数量大幅下降。从2006年开始，美国研究人员发现蜜蜂数量骤减，美国农业部公布的统计数据显示，2009年蜂窝减少29%，2008年减少36%，2007年减少32%[20]，此后几年状况一直没有好转，蜜蜂消失的"灾难"也蔓延至德国、瑞士、西班牙、葡萄牙、意大利及希腊，蜂业遭遇重大考验，蜂农叫苦不迭。蜜蜂栖息地的丧失可能是蜜蜂消失的一个主要因素，此外还有气候变化、疾病流行乃至环境中的化学物等因素，很有可能是这些因素在共同发挥作用。蜜蜂离奇消失的秘密依然困扰着科学家，但即便了解了蜜蜂消失的秘密，恐怕也无法仅仅依靠科学的力量重新换回蜜蜂。

蝴蝶、萤火虫、蜻蜓都是重要的观赏性昆虫，也是一类最容易受到人类活动

影响的动物类群。由于城市扩张、森林锐减、自然生境丧失或片断化及除草剂的广泛使用等原因，萤火虫与蜻蜓早已远离城市，蝴蝶的数量锐减，许多美丽珍稀的蝴蝶物种已经濒临灭绝。在西双版纳自然保护区，蝴蝶的自然种群呈明显下降趋势，特别是马兜铃、细辛、杜衡等野生药材的掠夺式开发，直接威胁到凤蝶科蝴蝶的栖息生境[21]。我国政府已经把濒危观赏蝶类列为国家一级或二级保护动物，如金斑喙凤蝶、中华虎凤蝶（华山亚种）、阿波罗绢蝶等[22]。在日本，萤火虫列入国家法律保护的昆虫。

　　蜻蜓、蝴蝶、蜜蜂、萤火虫，特别是蜜蜂在全球出现数量锐减现象，而蚊子、蚜虫、小菜蛾等却翻起大浪，成为环境、资源、经济领域的心腹大患。"大暑之日，腐草化为萤。腐草不化为萤，谷实鲜落。"① 周作人对这句话做了如下注释："倘若至期腐草不能变成萤火虫，便要五谷不登，大闹饥荒了。"这与"蜜蜂消失，人类只能活四年"的担忧如出一辙，尽管现代的人们还没有确切领会和体验到萤火虫灭绝或锐减会给地球和自己带来什么样的具体灾难，或者已经有了灾难，但仍不知所以！

　　"天空是日月运行，群星闪烁，四季轮换，是昼之光明和隐晦，是夜之暗沉和启明，是节气的温寒，是白云的飘忽和天穹的湛蓝深远；大地是承受者，开花结果者，它伸展为岩石和水流，涌现为植物和动物。"（海德格尔）自然之道永远是无私、博厚、高明、悠久的，或许自然的奥秘只能无限接近，而无法真相大白。正如米开朗基罗·安东尼奥尼在《云上的日子》所言："每一种真实后面都还有一种真实，循环往复，以至无穷，什么叫真实，最后的真实是看不见的，从空间来说，真实就是角度，从时间来说，它是一个无限接近的点。"

　　"天地有大美而不言，四时有明法而不议，万物有成理而不说。"② 生态伦理思想表达了人类对价值、对精神归宿的探求与追寻。敬畏多一分，理解就多一分，自然的奥秘需要我们以敬畏之心去体悟，自然的智慧需要我们用心去体验，这就是昆虫世界给我们最大的启示。

参 考 文 献

[1]TED 自然资源也有价 .http://video.sina.com.cn/p/edu/news/2013-04-23/144662338577.html.

[2] 王林瑶 . 神奇的昆虫世界 . 武汉：湖北科学技术出版社，2012.

[3] 约翰·托兰德 . 泛神论要义 . 陈启伟译 . 北京：商务印书馆，1997.

[4] 蕾切尔·卡逊 . 寂静的春天 . 吕瑞兰，李长生译 . 长春：吉林人民出版社，2004.

---

① 出自《汲冢周书·时训》。
② 出自《庄子·知北游》。

[5] 昆虫的智慧.http://www.5joys.com/cnews/n/585624958399.html.

[6] 凯文•凯利.失控.东西文库译.北京：新星出版社，2010.

[7] 朱鹏飞.直觉生命的绵延：柏格森生命哲学美学思想研究.北京：中国文联出版社，2007.

[8] 法布尔.昆虫记.王绍芳，李竹译.北京：中国青年出版社，2013.

[9] 邹博.百科知识全书：动物技能之谜（外国卷）.自然百科.北京：线装书局，2011.

[10] 吴杰.蜜蜂学.北京：中国农业出版社，2012.

[11] 孙正聿.哲学的目光.长春：吉林人民出版社，2007.

[12] 李芳.浅析生态哲学与植物保护的互动.高等农业教育，2008，1:39-41.

[13] 刘铮.生态文明意识培养.上海：上海交通大学出版社，2012.

[14] 雅斯贝尔斯.历史的起源与目标.北京：华夏出版社，1989.

[15] 衣俊卿.文化哲学——理论理性和实践理性交汇处的文化批判.昆明：云南人民出版社，2005.

[16] 王伟滨.从"化生之虫"看生态生存观.江苏大学学报：社会科学版，2009，（2）:53-57.

[17] 王沫.农药管理学.北京：化学工业出版社，2002.

[18] 马瑞燕，荆英.析害虫防治策略及思想.山西农业大学学报，1999，19（3）:209-212.

[19] 苏祖荣.森林哲学散论——走进绿色的哲学.上海：学林出版社，2009.

[20] 美国蜜蜂大量死亡已成谜，严寒与杀虫剂被指祸首.http://news.sohu.com/20100514/n272111575.shtml.

[21] 史军义，周成理，易传辉，等.我国当前蝴蝶产业面临的挑战与对策.林业科技情报，2006，38（4）:18-20.

[22] 国家一级保护动物和二级保护动物的名单.http://zhidao.baidu.com/question/96340287.

第四节　人性与虫性 —— 昆虫文化的社会性视角

多姿多彩的昆虫世界是人类社会的一面镜子。蚂蚁、蜜蜂、白蚁这些昆虫也有自己的社会与社区，而且其是一个善于学习、有智慧、有道德的社会，也是一个守望相助、和谐共生、让人类社会自愧不如的"高尚社区"。以虫眼看人性，以社会性昆虫反观人类社会，赋予我们观照人性、反思社会的独特视角。

一、社会的力量

作家金马在《蝼蚁壮歌》中讲述了蚂蚁在面对森林火灾时的壮举：

被火舌缩小着的包围圈里已经变成了黑压压的一片……火神肆虐的热浪里已夹杂着蚂蚁被焚烧而发出的焦臭气味。可万万没想到，这区区的弱者并没有束手待毙，竟开始迅速地扭成一团，突然向河岸的方向突围滚去。蚁团在火舌舐动的草丛间越来越迅速地滚动着，并不断发出外层蚂蚁被烧焦后身体爆裂的声响，但是蚁团却不见缩小，显然，这外层被灼焦的蚁国英雄们至死也不松动丝毫，肝胆俱裂也不放弃自己的岗位。一会儿，蚁团冲进了河流里，随着向对岸的滚动，河面上升腾起一小层薄薄的烟雾……我听着这则蚁国发生的真实故事，像听着一曲最悲壮的生命之歌。区区蝼蚁，其重不足毫克，真正是比毫毛还要轻上十倍、百倍。然而，在人类往往也要遭到重大伤亡的火灾面前，竟然能如此沉着、坚定、团结一致，不惜个体牺牲，以求得种族的生存，其斗争的韧性，其脱险方式的机警，又是如此无以复加地感人，怎能不发人深思，油然生出敬慕的情感来？

我们经常形容轻而易举的事情就像捻死一只蚂蚁，诚然，蚂蚁的个体是脆弱的，但蚂蚁群体的力量不容小觑，它们结队而出，叱咤森林，云游四方。军蚁种群严密的社会性与组织性，以及它们勇猛彪悍、不畏牺牲的性格让地球上许多动物闻之色变。100多年前，到巴西探险的英国博物学家贝茨曾这样描写过亚马孙河热带森林里的军蚁："每当军蚁经过，其他动物全都处于惊恐状态。军蚁就像一摊深红色的液体，潮水般地向前推进，所有动物都成了它们的口中餐，它们把一切猎物都撕成碎片以便携带。在它们的行进途中，除了极少数具有特殊禀赋的动物如臭甲虫以外，凡动物都无法幸免。"[1]

现实中，地下的蚂蚁巢俨然是一个小型社会。蚁巢有多种形式，有的在木头里，有的在泥巢中，有的在树上。但是，绝大多数的蚁巢是建在地下，它们的地下宫殿非常宽敞，有贮粮室、保育室、蚁后卧室，还有幼虫吐丝结茧室等。室与室之间，有四通八达的通道。有的切叶蚁的地下宫殿面积达到6平方米以上。有些沙漠蚁的地下宫殿深到几十米。麦克库克博士讲述过在美国宾夕法尼亚州原野里观察到埃克希克塔蚂蚁的巨大城市，盘踞着50英亩① 土地面积，开挖了1.6万个巢穴，有的窝几乎有三英尺② 高，底座直径足有12英尺。拿这种昆虫的个头与人的个头相比，麦克库克博士算出，这种蚂蚁窝的地上部分相当于蚂蚁建起了84倍大的埃及金字塔[1]。

"渺沧海之一粟，哀吾生之须臾"，在无限的宇宙时空里，人仅仅是沧海之一粟，微不足道。面对浩瀚的大海、险峻的高山，在地震、海啸、疾病、全球性生态危机面前，每个生命个体或许也只是区区蝼蚁，不堪一击！然而，渺小的人却"可上九天揽月，可下五洋捉鳖"，"让高山让路，令大河改道"。人之所以能够改造自然，创造出恢弘壮丽的人类文明，得益于社会共同体把每个脆弱的个体连接起来，相辅相成、共生共荣。同样，中华民族能够屹立于民族之林，中国人能够过上有尊严的生活，同样得益于强大与完整的国家机制。在国家孱弱、一盘散沙的时代，山

---

① 1英亩≈4046.9平方米。
② 1英尺=0.3048米。

河遭人践踏，百姓遭人蹂躏。

二、社会的机制

"蚂蚁没有元帅，没有长官，没有君王，尚且在夏天预备食物，在收割时聚敛粮食。"[①] 在无脊椎动物中，蚂蚁的智慧可以说已经达到了顶点，它们的脑与众不同，是由咽上神经节和咽下神经节愈合而成的，高度发达的感知与神经系统把它们小小的个体和庞大的群体结合起来，组成一个协调一致的社会组织，这个社会组织的完善性和有效性几乎可以与人类社会相匹敌。蚂蚁没有人类那样的语音，却有特殊的化学语言。蚂蚁的嗉囊可以说是一个真正的社会器官，社会成员之间靠彼此交换从嗉囊中吐出的食物和成分复杂的腺液进行有效的联系（交哺现象）。蚁后和幼蚁的分泌物也是一种强有力的化学信息，这种化学信息对神经系统起着激发、调节和控制作用，借以把社会的各种需要传达给每个成员，使每一只蚂蚁都知道，什么时候应该干些什么[2]。

从表面上看，蚂蚁的行为纷纷攘攘，毫无章法，实际上蚂蚁群落有严格的组织架构与身份属性（工蚁、兵蚂、蚁后、雄蚁），在一个分工协作、相互依赖的组织系统中"没有哪只蚂蚁掌控大权，没有将军来指挥武士，没有经理来使唤工人，蚁后只负责产卵。哪怕蚁群中有 50 万只蚂蚁，也能无需管理而正常运作，至少不需要我们所熟知的那些管理形式。蚂蚁依靠个体间无数次互动，共同制订并遵循一套经验法则，科学家称为'自组织系统'。"[②]

蚂蚁之间主要靠信息素与生物本能相互协调，而人类社会需要以适当的社会制度安排，将个体整合到一起。我国几千年的封建社会，靠大一统的中央集权制与"君君、臣臣、父父、子子"的差序格局统治天下。计划经济时代，国家依靠自上而下的行政体系管理天下，淡化"个人"以突出"国家"与"集体"的威权。为抢救集体财产不惜牺牲个人生命的行为被视为英雄壮举。改革开放、市场经济带来了个体意识与权利意识的觉醒，"端起碗来吃肉，放下筷子骂娘"成为社会的悖论。

随着改革的深入与社会的发展，社会的开放度与日俱增，以政府行政权力为引擎，自上而下逐步推动的改革模式已经无法在社会各个层面推进。与此同时，社会多元化导致社会价值多元与利益追求的异质性加大，加剧了利益冲突和社会分裂的危险，加重了思想观念和道德冲突。因此，政府治理社会的模式也不得不从行政管制转向社会治理和公共服务，靠政府权力自上而下推动的单一路径也转

---

① 出自《圣经·箴言 6:8》。
② 出自彼得·米勒《蚂蚁的群体智慧》（选自《青年科学》，2008 年 11 月）。

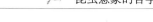

变为政府推动、政府与社会互动的双向路径。

当下社会已经进入深度蜕变与转型时代，是中国走向现代化的关键时期，既是践行中国梦，实现中华民族伟大复兴的大时代，也是物欲横流和消费主义的小时代。功利化、享乐主义、极端主义、个人主义、俚俗市井、娱乐至死充斥着世界。如果任由多元化导致碎片化，任由小格局、小时代遮蔽大格局、大时代，那么，一个彼此分割的社会必定会有内乱的隐患与失控的危险，古今中外，概莫能外。

三、人虫互观

经历长期进化的汰选，社会性昆虫发展出自己独特的学习能力，它们的本能已经达到智能或接近智能的程度。在昆虫社会，个体服从社群，是出于本能的支配。"物竞天择、适者生存"是进化的法则，也是昆虫命运共同体（社会体）存在的依据。昆虫社会完美显示了自然进化的法则，因为在这样的群体中，个体的存在必须取决于群体的存在（研究发现，若蚂蚁离开群体其能力与智力下降至少1/3），这就意味着群体性是生命的基石，整个社会群体必须一切为了种群的利益，而不是单独的个体[3]。

除了社会性昆虫，很多昆虫都有群聚性，它们都善于利用共同体的力量谋求生存。"共同体比个体更重要，因为它们相对来说存在的时间较为持久。共同体的美丽、完整和稳定包括了对个体的持续不断的选择，这是生态系统的一种奇怪的、雍容大度的'倾向性'：逐步增加和提高个体的种类和复杂性、数量和质量，但从不创造两个一模一样的个体，而且在完成这一切时无须毁灭许多或任何散布宽广的、基本的'较低级'的物种原型。"[4]换句话说，系统多样性是生态和谐的外在体现，生态共同体的法则永远是悠远、博大、宽仁，趋向于厚德载物、多元共存、对立统一、相辅相成。

人类社会是一个本质上既有智能又部分享有自由的人之群体，人类是智能动物，而智能总是首先为自我谋划的，所以智能常常在某些环节打破社会的聚合性[3]。因此，在人类社会中，人的自由意志时常违背进化的法则与自然的意图，特别是进入工业文明乃至信息时代，人类改造自然的能力大大增强，主体意识与自由意志空前高涨，但人的整体意识、协同意识与生态意识却没能随之提升，导致自然与社会的鸿沟随之加深，由此产生了巨大的社会、生态、政治和经济问题。

小小的蚂蚁能够以个体的牺牲（个体非理性）赢得种群的生存（生态、群体理性），而反观高度智慧的人类，却时常以精致的个体（团体）"理智"博弈出整个生命共同体的"不理性"与"自我毁灭"。自20世纪60年代以来，世界上1/3~1/2的森林及近1/2的红树林和湿地已经消失，1/4的耕地地力急剧下降，自然物种消亡的速度超过正常物种消亡速度的 100~1000 倍^[5]。在破坏自然生态的同时，人的主体性也产生萎缩。正如科学史学家布尔特在《近代科学的形而上学》一书中所说的："从前，人们认为他们生活在其中的世界，是一个富有色彩、声韵和花香的世界，一个洋溢着欢乐、爱情和美善的世界，一个充满了和谐而又富有创造性的世界，而现在的世界则变成了一个无声无色、又冷又硬、死气沉沉的世界，一个量的世界，一个在机器齿轮上转动，可用数学方法精确计算的世界。"^[6]随着物质欲望的空前膨胀，现代人的空虚、孤独、无家可归，以及对生活的冷漠、焦虑不安的感觉也随之凸显。

西方经典中蚂蚁、蜜蜂等社会性昆虫是智慧、理性、秩序的象征。"在这个英雄的母系社会里，每一只工蚁都顽强地履行它的责任，造福于全体。它们的道德和福祉的重心与我们人类完全不同，不在于个体，而在于每个个体都是整体的一个细胞，共同组成整体的一个部分。"^[3]

"人类之所以对蚂蚁感兴趣，乃是因为他们觉得蚂蚁成功塑造出一个极权政治。"^[7]的确，从外表看，蚁窝、蜂巢里的芸芸众生无条件服从群体组织，任劳任怨，辛勤工作，自觉自愿为社群牺牲。这点让政治家十分羡慕（拿破仑就以蜜蜂为徽标）。独裁者当然希望自己的社会就像昆虫社会一样，自己是理所当然的君主，而臣民就像工蜂、工蚁，无条件服从君主的意志，万众一心，无坚不摧。然而，到目前为止，人类想施行过的极权体制却全部失败，因为独裁者仅仅看到蚂蚁社会的表象，他们所理解的协同合作，不是为了种群的整体利益，而是为了最大限度地满足日益膨胀的个人意志，这显然与无私的"天道"相悖，故而无法长久。

"天地所以能长且久者，以其不自生，故能长生，是以圣人后其身而身先，外其身而身存。非以其无私邪？故能成其私。"^①老子说：天地之所以能长久存在，是因为它们不是为自己而生存，然而正是因为它无私，才保全了自己。"天无私覆，地无私载，日月无私照。"^②正因为天地无私，才造就了一个万物一体、鸢飞鱼跃、生生不息的大千世界。

"螳螂捕蝉，黄雀在后"，实际上是借生物界食物链原则来比喻人的欲望与利益链，人容易在自私的妄求中，迷失自我，迷失真性。"我们知道我们身体里面，有一只野兽，当我们更高的天性沉睡时，它就醒过来了……也像一些虫子，甚至在我们活着并且很健康的时候，就寄生在我们的体内。我们也许能躲开它，却永远改变不了它的天性……每一个人都是一座圣庙的建筑师。他的身体是他的圣殿，他用完全是自己的方式来敬他的神……任何崇高的品质，一开始就使一个人的形态有所改善，任何卑俗或淫欲立刻使他变成禽兽。"^[8]用庄子的话说，这种状况就是"守形而忘身，观于浊水而迷于清渊"。

---

① 出自《老子·第七章》。
② 出自《礼记》。

　　而柳宗元创造的"蝜蝂"意象正是欲壑难填、爬高跌重的生动体现。蝜蝂（脉翅目昆虫蝶蛉或某些草蛉的幼虫）是一种喜爱背东西的小虫。它索取无度，不管自己能否承受，见物就背，即使背负的重量超过了负荷能力，还要拼命取物，加之又喜好爬高，最后只能坠地而亡。柳宗元就是根据蝜蝂的这一独特习性，写出了著名的寓言小品《蝜蝂传》。

　　一方面，自我中心显然是地球上生命的本质。的确，一个生物也许会被定义为宇宙间微小的和从属的部分，它利用狡猾的机巧，使自身部分地脱离其他生物，并且成为一种自主的力量，竭力使宇宙中的其余生物服务于它自私的目的。换言之，每一种生物都竭力使自己成为宇宙的中心。在此之际，开始同其他任何一种生物、同宇宙本身、同创造和维持宇宙以及构成变幻无常现象之基础的实在的力量进行对抗。对于每一个生物来说，自我中心是生物存在不可缺少的，是生命的必要条件之一，因而对任何一种生物而言，自我中心的完全摒弃会产生这样的后果：使一个具体局部的和暂时的生命载体完全灭绝（即使这也许并不意味生命本身的灭绝）。

　　　　　　——〔英国〕历史学家阿诺德·汤因比《一个历史学家的宗教观》

　　以上阿诺德·汤因比对"自我为中心"做了精辟的论述。的确，人性与虫性都有以自我为中心，无度扩张的本能，这或许就是动物的生存理性，但人类又有通过思想、情感、心灵与自然和谐的生态理性。进入工业化时代，人类的能力、自信空前增强，人类社会似乎变得"无所不能"，与此同时，破坏生态、彼此分离的特性也随之显现。人既是理性、文明的万物之灵，也是主体张扬、欲望无度的自然界暴君；人类缔造了辉煌灿烂的文明社会，也常常把生命绿洲变成茫茫沙漠。"人一半是天使，一半是魔鬼"，自然与人类、人与人之间的矛盾源自人性的双重性。

四、社会道德的审思

　　任何一个社会的延续和发展，都离不开社会道德与价值的传承。"在社会学里，我们常分出两种不同性质的社会，一种是没有具体目的，只是在一起生长而发生的社会，一种是为了完成一件任务而结合的社会……用迪尔凯姆（E.Durkheim，法国著名社会学家）的话说，前者是'有机的团结'，后者是'机械的团结'。"[9] 将以上社会学分析化用到自然界，社会性昆虫的行为特征就近乎是一种"有机的团结"，也是"无私"的团结，因为"协同"与"利他"已经内化到蚂蚁的行为基因中，小小的蚂蚁没有私心，一切为了种群繁衍与生存。人类社会之所以四分五裂，自相残杀，不是不知道"团结起来力量大"，而是这种团结总是暂时的、有前提条件的、博弈式的"协同"，是"机械的团结"。资本与市场信奉的是"丛林法则"与"赢者通吃"。每个利益主体都有自己的价值取向与利益诉求，都希望自己的利益最大化，"不是东风压倒西风，就是西风压倒东风"，"乱哄哄，你方唱罢我登台"，因此，社会就难以脱离周期性、破坏性震荡的怪圈。"没有永恒的朋友，只有永恒的利益""各人自扫门前雪，莫管他人瓦上霜""事不关己，高高挂起"似乎成为现代人"共同体意识"的典型心理表征。

"天之道，损有余而补不足。人之道，则不然，损不足以奉有余"①，天道无私，趋向协同共生、和谐均衡，而千百年来，人类社会的内在机制却是"马太效应"（凡是少的，就连他所有的，也要夺过来。凡是多的，还要给他，叫他多多益善）。这就不难理解："遍身罗绮者，不是养蚕人"；"十指不沾泥，鳞鳞居大厦"的社会现实；养蚕的衣难蔽体，种田的食难果腹，盖房的无安身之所。造成这种社会现象的内在机制就是绵延千年的集权统治，其制度设计与体制安排，是通过集权制度，产生虹吸效应，促使社会财富与社会资源向金字塔高层转移，但处在金字塔尖的人也未必"自适"，因为高处不胜寒，金字塔尖常常也是火山口。

"普天之下莫非王土，率土之滨莫非王臣"，开明的皇帝意识到"水可载舟，亦可覆舟"，从而节制对百姓的盘剥，即便如此，在集权统治体制下，官与民实质上依然是对立关系。"禹、汤罪己，其兴也悖焉，桀、纣罪人，其亡也忽焉。"② 王朝更替，社会流变就是这种违反"天道"的社会制度周期性震荡，不可持续的体现。

在封建社会，官僚集团垄断了社会资源与社会财富的分配；以资本主导的世界依然如此，极少数人掌控着 80% 以上的社会资源，而绝大多数的芸芸众生，挣扎在生存线上。民族对立、文化对抗的背后原因就是资源分配的巨大落差。人类社会要获得持续发展，就必须道法自然，借鉴"天之道，损有余而补不足"的生态规律（天道），树立生态道德思维，从而实现可持续发展。

哲学家柏格森认为，社会道德大抵可以分为封闭性与开放性两种类型 [3]。所谓的封闭性道德社会，就是那种以义务束缚每一个成员，并让他们处于类本能生存状态的社会。这样的社会信奉双重标准，在利益共同体内部，相互扶持，就像春天一般温暖，但对外却是秋风扫落叶，毫不留情。信奉市场经济的资本主义社会就是封闭的社会，在法律与社会本能支配下，每一个团体中的成员都习惯于以社会义务来约束自己，学会尊重他人的生命和财产权，但对于利益团体外部的人，他们以邻为壑，为了本国或部分团体的经济利益，不惜兵戎相见，制造冲突，输出矛盾。

相对于封闭性社会道德，开放性社会道德是一种重视个人内心体验的"人的

---

① 出自老子《道德经》。
② 出自《左传·庄公十一年》。

道德",一种依靠道德典范召唤的"高于理性"的"完满道德"。柏格森认为,开放性道德能够让我们想到"由忠诚、自我牺牲、隐忍的精神、博爱等文字所表达的东西……具备开放道德素养的人,必然具备宽广的胸怀,在与全人类、整个自然的沟通交融中,滋生出最为博大的爱"[3]。爱是亘古不变的真理,人与人、人与自然的良性互动是滋养地球的爱情故事,美丽的蝴蝶,轻盈的蜻蜓、搬家的蚂蚁、提着灯笼的萤火虫……这些惹人爱怜的小生灵,可以激发人类对自然造化的感恩与保护自然的责任。

对于(开放性)道德,雪莱这样表述:"道德的最大秘密就是爱,或者说,就是逾越我们的本性,而溶入于旁人的思想、行为或人格中存在的美。"[10] 一个人为了理想信念,为了臻于至善,就必须造福他人,与外界和谐相处,"己欲立而立人,己欲达而达人",人同此心,心同此理,古今中外,概莫能外。

在全球化的社会中,这种开放性(大爱)的道德,或许用生态理性来表达更为贴切。从儒家哲学角度讲,生态理性就是"推己及人","老吾老以及人之老,幼吾幼以及人之幼",从而恩泽草木,德被众生。从佛家角度讲,天地同根,万物一体,一切生命都是自然界的有机组成部分,都处在相互依存、相互制约的因果联系中。善有善报,恶有恶报,危害他人,必然危及自身。从道家角度讲,"人法地,地法天,天法道,道法自然",天道不容僭越,人要在地球上生存,就必须顺应自然法则。

五、树立生态共同体意识

生态共同体意识实际上是一种"生态理性",就是在把握生态科学规律的前提下,确立合理适度与自我节制的生态价值观,在动态平衡的生态系统中把握人和自然的关系,将自然的工具价值属性和内在价值统一起来,经济价值和生态价值贯通一体,通过人类的生态实践活动沟通人和自然间的鸿沟,从而实现人与人、人与自然的和谐共生[11]。尊重所有的利益相关者,爱护环境,承担社会责任,应该就是社会共同体意识的核心价值。

绵延千年的封建社会信奉的是人身依附法则,现代社会打破了人身依附的枷锁,人的自主与自由意识得到解放。特别是市场经济大大提升了人的自主性与选择性,与此同时,人的无助与迷茫感也随之增长。共同体意识缺失直接导致人与人关系的疏离与淡漠,人们时常慨叹,经济发展未必带来安全感与幸福感,甚至还加剧了社会冲突与生存困境。因此,树立共同体意识,一方面,必须打破财富向极少数人叠加的马太效应,让普通百姓公平享受社会发展带来的福利,通过民主协商,让普通公民组织成为一种有序的民间治理力量来影响政治决策和社会走向;另一方面,也要摒弃"均贫富"的民粹主义与极端个人主义，避免社会分裂。

随着经济全球化进程的演进、社会治理模式的转变与法制契约精神的崛起，社会组织的生态性特征日益凸显，现实社会中各种事物与力量相互依存、相互制约、相互交织，逐渐形成"牵一发而动全身"的"联动效应"与"蝴蝶效应"。生态型存在结构决定一个人（集体）想在社会中获得财富，就必须学会给予和服务，并且无法在违反正义的原则基础上（损人利己）去追求自己想要的一切，即便到手，也是脆弱的。发展经济的和平年代，是英雄淡出，团队（共同体）胜出的年代，弘扬生态文明，树立共同体意识,实质上就是促使中国社会从"机械的团结"走向"有机的团结"，催化社会道德从封闭性（小团体）走向开放性（整体、生态）。

市场经济的原点是经济理性与个人意志的彰显，市场经济体制使人的自主性得到充分的释放,同时也极大地刺激着人们的利益欲望和物质需求。正如古人所云：私如水，导之可灌万亩良田，堵之可溃千里大堤。国家通过诚信制度与法律体系的建立，创造公平竞争的社会机制，让市场在资源配置中起决定性作用，保障每个个体可以通过为社会提供价值（利他）来获得个体所需的社会资源（利己）。与此同时，每个利益主体也必须为国家承担相应的职责，拥有起码的国家认同与大局意识。享受权益与承担职责之间是一种相辅相成、协同进化的关系。

每个人都兼有"利己"（生存理性）与"利他"（生态理性）的文化基因。"利己"是人类的生物本能或自发行为，保障生命个体得以生存与适应，而"利他"则促使个体得以超越与发展（协同进化）。因此，深化改革，树立社会共同体意识，并不是要求公民必须无条件地为国家、集体利益而牺牲个人利益，恰恰相反，从法律层面讲，国家利益、集体利益并不能凌驾于个人利益之上，深层次的社会改革恰恰需要更多的公民通过理性的表达与有序的政治参与，来维护自身权益，实现个人价值。正如美国心理学家威廉•詹姆斯所言："如果没有个人激情（动力），共同体就将停滞不前；如果没有共同体的共鸣，个人激情（动力）也将消失殆尽……。" [12] 而深化改革正是通过营造公平公正的社会机制，促进"个人动力"与"共同体"的和谐共鸣，促使"利他"转变成更充实、更圆满、更深远的"自利"。

因此，从制度层面弘扬生态共同体意识，政府就必须贯彻"以人为本"的原则，回归公益本位，确保公民的基本权利，理顺收入分配秩序，营造公平竞争的社会环境，严厉打击腐败和非法致富，从而推进政治共识，增强社会向心力。与此同时，加强社会、政治层面公民和团体间的对话与合作，保护弱势群体的利益；通过协商民主，倡导不同社会阶层、不同利益诉求的公民围绕公共决策进行协商。

民主协商既有利于培养公民精神，也有利于达成社会共识，凝聚社会力量，减弱利益分殊、社会分裂及道德冲突带来的不利影响。更重要的是，政治协商、有序参与也是不同利益主体彼此认知、彼此碰撞、相互拥有的体验过程。正如阿

尔蒙特所言："只有参与型政治文化才真正适合现代民主政治的发展要求，才能够为公民提供参与决策过程的机会。"因此，深化改革不仅要强化政治协商的工具价值（科学、民主决策），也需要弘扬协商的价值理性（国家认同、社会参与、体验共识、汇聚改革力量）。

从文化建设层面讲，人们在主体意识提升的同时，似乎也越来越难以把握自己的命运，在物欲横流、变动不居的世界中更需要一个稳定的精神支柱和"安身立命"之所。弘扬中国传统生态思想，借鉴西方经典生态思想，建构具有中国特色、时代精神的生态文化，重塑命运"共同体"精神，恰恰是营造人类共有的精神家园，找到"回家的路"。

总之，"家和万事兴"，借鉴蚂蚁的生态智慧，树立生态共同体思维，厚德载物，和谐包容，生命就会因为相互拥有而变得生机盎然。

参 考 文 献

[1] 程宝绰，王振华. 小学生必读书库 —— 昆虫世界的奥秘. 北京：知识出版社，1995.

[2] 莫里斯·梅特林克. 花的智慧. 潘灵剑译. 哈尔滨：哈尔滨出版社，2004.

[3] 朱鹏飞. 直觉生命的绵延：柏格森生命哲学美学思想研究. 北京：中国文联出版社，2007.

[4] 霍尔姆斯·罗尔斯顿. 哲学走向荒野. 刘耳，叶平译. 长春：吉林人民出版社，2009.

[5] 苏祖荣. 森林哲学散论 —— 走进绿色的哲学. 上海：学林出版社，2009.

[6] 启良. 新儒学批判. 上海：上海三联书店，1995.

[7] 贝尔纳·韦尔贝尔. 蚂蚁. 蔡孟贞译. 广州：新世纪出版社，2000.

[8] 亨利·戴维·梭罗. 瓦尔登湖. 袁文玲译. 北京：外文出版社，2000.

[9] 费孝通. 乡土中国. 北京：北京大学出版社，2012.

[10] 雪莱. 诗辩. 北京：科学出版社，1992.

[11] 唐本钰. 论生态理性. 济南大学学报，2004，14（3）：80-84，92.

[12] 陈举. 坐标. 北京：中华工商联合出版社，2013.

第五节　蝴蝶与甲虫 —— 中西互观视角

昆虫（图 6-2 ～图 6-5）是最早在地球上定居的动物，早在 4 亿年前就生活在地球上，它们历经了五次大规模的地球灾难仍生生不息，并成为现今最繁盛的动物类群。昆虫与人类命运息息相关。中西方文化"不约而同"地赋予昆虫深邃的哲学意蕴，在中西方文化视域中，昆虫意象都从物质层面进入精神层面，从情感层面渗透到伦理、哲学层面，成为经典的文化符号。

图6-2　圣甲虫（屎壳郎）

图6-3　帝王蝶

图6-4　七星瓢虫

图6-5　气步甲

　　人类社会文化背景存在着种种共性，不同民族、不同语言的文学常常是相互交流、相互影响的。纵观中西方思想史，不难发现中国传统文化意象与西方文化意象之间相互碰撞，不断融合，在撞击中形成文化契合点。同时，由于东西方的生活习惯、思维方式、自然环境、文化传统等方面存在差异性，二者又有诸多的相异之处。研究其共同性，可以让我们更多地了解人类文化的共性；研究其差异性，有助于我们透视中西文化差异，进而寻求一种文化上的互补。因此，在生态文明视域中，对中西经典昆虫意象进行比较赏析，感受它们意味深长的交汇点与碰撞点，应该有益于我们更好地体认生态文明的深刻内涵。

一、经典昆虫意象的类比

　　甲虫：甲虫属于昆虫纲，鞘翅目。鞘翅目是昆虫家族中最大的分支，种类达到30多万种，而其中的象甲总科竟多达6万种左右。鞘翅目的主要特征是躯体坚硬，特别是前翅角质化，合拢时覆盖在胸部和腹部的背面，形成一个硬壳。甲虫属于昆虫家族中最高级的外生翅类，是地球上繁盛的动物类群。甲虫有强大的繁殖能力及超强的适应性与抗逆能力，矫健的足便于觅食、求偶、逃逸，坚硬的鞘翅可以有效抵御敌害、干旱、寒热等逆境。李时珍在《本草纲目》中描述蜣螂："其

虫深目高鼻，状如羌胡，背负黑甲，状如武士，故有蜣螂将军之称。"总之，甲虫堪称昆虫界的"赳赳武夫"，是造物主的神来之笔。

或许在中国人的心目中，天牛、屎壳郎、叩头虫等甲虫难登大雅之堂，但是"上帝酷爱甲虫"[1]。在《圣经》中，天使飞翔的特征来自蝴蝶与蛾，而小天使的历史原型，很可能是圣甲虫（粪金龟）[2]。可见，甲虫在西方文化中，确都有几分神圣的宗教含义。蜣螂（屎壳郎）被古埃及人誉为"太阳虫"，因为它们能"无中生有"地推出一个大粪球[3]，在古埃及法老的陵寝中就有甲虫雕刻，象征法老在另一个世界"重生"。

卡夫卡的传世之作《变形记》描述了人变成"甲虫"的悲剧历程，格里高尔清醒地知道异化成甲虫，但他还是惶惶然接受甲虫的身份。

在西方人的心目中，瓢虫（一种艳丽的甲虫）是好运的象征。在英国，"甲壳虫"（乐队）已经成为国家著名的文化符号[4]。

被誉为"化学生态学之父"的美国著名生物学家托马斯•艾斯纳（Thomas Eisner）以趣味性，甚至是唯美的方式揭示昆虫的化学奥秘，在他的《眷恋昆虫》一书中，几乎每种昆虫都有一个昵称。有一种学名叫作"气步甲"的甲虫最受作者青睐，这种甲虫遇到外界刺激或威胁时，就会非常有针对性地向敌人"开火"，其喷射力度与威力类似喷射式飞机，而且它竟然还可以根据刺激物的位置调整喷射方向[5]。"气步甲"不仅深得普利策奖获得者戴夫•巴里的赞誉，还被甲虫爱好者推荐给美国国会，并试图说服国会把它定为美国"国虫"，"气步甲"由此身价倍增，赫然登上美国邮票的大雅之堂[6]（图6-5）。

蝴蝶：从丑陋、爬行的幼虫蜕变成蛹，继而羽化成美丽的蝴蝶，这一奇妙的生命历程总能引发人无尽的遐想。中西方文化都不约而同地将蝴蝶视为幻化与重生的象征。梁祝化蝶，蝴蝶的爱情故事在中国家喻户晓，而希腊神话中的蝴蝶爱情故事，情节跌宕起伏，好似一出"变形记"：一个小城邦的国王有三个女儿，最小的女儿普绪克（Psyche）美艳绝伦，抢了维纳斯的风头，维纳斯一气之下，就派儿子丘比特去惩罚她。没想到，丘比特不小心被自己的箭射中深深爱上了普绪克，便与她成婚。但由于丘比特是违背了母亲的旨意与普绪克结婚的，所以丘比特让妻子发誓不许看见他的真面目。为此，普绪克很郁闷，在她的两个妒忌心炽烈的姐姐怂恿下，普绪克趁丘比特熟睡，偷窥了他的真容。丘比特惊醒后，十分愤怒，扬长而去。普绪克为了找回自己的丈夫，历经磨难，最终身形变异，化身为蝶。众神被她执着的爱情感动，便赐她长生不老，封她为蝴蝶仙子。这样，普绪克成为引领人类灵魂的使者，蝴蝶也和普绪克一起成为爱情与灵魂的象征。

正如蝴蝶的希腊名字"psyche"（心灵）所暗示的，蝴蝶是"飘忽"的精灵，是梦中的女神（天使），而梦中和幻觉中的小精灵（如丘比特）也被插上蝴蝶翅膀。在对人间天堂的描述中，创世主植入亚当体内的灵魂也长着蝴蝶一样的翅膀[2]。因此，在希腊神话与罗马神话中，蝴蝶是灵魂与爱情的象征，也寓意着灵魂再生与幻化重生 [7]，这种神秘的宗教意蕴一直影响到现代，以致西方人常常在亲人的墓碑上雕刻蝴蝶，寓意生命轮回。

中国人从曼妙的蝴蝶中得到无穷的审美感动，蝴蝶也被赋予多重文化意蕴 [8,9]，或象征春天，或象征男女情爱，或象征人生之飘忽无常；用作谐音与猫放在一起，寓意长寿（耄耋之年）。

物我两忘、缥缈迷惘的"庄生梦蝶"之境无疑是中国文化的经典之梦，也是人类共同的文化梦境。在物我交融、神秘惘然的"蝴蝶"梦中，庄子放下沉重的肉身，张开翅膀，在心灵的旷野中飞翔，从而获得生命的觉醒与精神慰藉。由于庄子的点化，"梦蝶"成为中国韵味的自由精神象征 [9],[10]。

蟋蟀：在中国文化语境中，蟋蟀被赋予浓烈的情感（悲秋）色彩，而英国浪漫主义诗人济慈的《蝈蝈与蟋蟀》将蟋蟀的吟唱解读为：

大地的诗歌从来不会死亡，当所有的鸟儿因骄阳而昏晕，隐藏在阴凉地林中，就有一种声音，在新割的草地周围的树篱上飘荡，那就是蝈蝈的乐音啊！它争先沉醉于盛夏的豪华，它从未感到自己的喜悦消逝，一旦唱得疲劳了，便舒适地栖息在可喜的草丛中间，大地的诗歌呀，从来没有停息，在寂寞的冬天夜晚，当严霜凝成一片宁静，从炉边就弹起了蛐蛐的歌儿，伴着暖意融融，昏昏欲睡中，人们感到那声音，仿佛就是蝈蝈在草茸茸的山上鸣叫。[8]

"人子啊，你既说不出，也猜不到，因为你心中只有一堆破败的形象；那就是赤日炎炎，树木枯焦无处遮阴，蟋蟀不再使人感到宽心，干涸的溪石上没有水流声" [11]，诗句说明在通常情况下，蟋蟀总带给人们欢乐和心灵的慰藉。

在济慈眼里，无论是花丛中嗡嗡的蜜蜂，还是盛夏蝉的高唱、秋天蟋蟀的低吟，都共同演奏着大自然的和谐乐章，小小蟋蟀演奏着最顽强的生命音符 [12,13]。

蟋蟀不仅带给中国人悲秋的感怀，也带给人"秋兴"的快乐。"斗蟋蟀"是指两只雄蟋蟀互相搏斗以此竞争强弱的娱乐。斗蟋蟀不仅是一种游戏，还是一种把玩的艺术。斗蟋蟀的工具、器物也是观赏的对象。相比西班牙"斗牛"的刺激与血腥，东方的"斗蟋蟀"显得清和雅致。

蜜蜂："你要吃蜜，因为是好的，吃蜜蜂房下滴的蜜，便觉甘甜。你的心得了智慧，也必觉得如此。你若找着，至终必有善报，你的指望也不至断绝。"① 在希腊神话中，宙斯从婴孩时期就住在蜜蜂的岩洞里，吃蜂蜜长大，而且负责喂养宙斯的是蜜蜂仙女。宙斯从蜂蜜中得到无穷的智慧与力量 [14]。因此，古希腊人认为，蜂蜜既是众神的食物，也是爱的本质。

---

① 出自《圣经·箴言 24:13-14》。

　　蜜蜂是社会性（或类似社会性）昆虫，其分工合作之精妙，采花酿蜜之勤勉，不禁令人肃然起敬。在中西方文化视野中，蜜蜂是勤劳人格的象征，蜂蜜都寓意着美好生活。

　　蜂蜜来自自然，高于自然，其采集与酝酿过程与人类获取知识并加以提炼、感悟、升华形成文化的过程何其类同！在中国文化视野中，对蜜蜂赋予另一种感悟："蜂采百花成蜜后，为谁辛苦为谁甜"①；"芳菲林圃看蜂忙，觑破几多尘情世态；寂寞衡茆观燕寝，发起一种冷趣幽思"②，对人生价值的追问，对劳作意义的追问，从古到今，总能唤起人内心深处的幽思与共鸣。

　　西方文明赋予蜜蜂更多神性的光环。《圣经》上说迦南（耶稣在这里出生、死去，相当于今天中东的巴勒斯坦、黎巴嫩、以色列一带）是"应许之地"，也是"流着奶与蜜之地"。而中国人喜欢的富庶之地是"鱼米之乡"，是"故乡"。拿破仑一世以蜜蜂作为波旁家族的徽章，蜜蜂的图像频频出现在法国皇宫和拿破仑的盾形纹章上。美国的20个州都有象征性的州（昆）虫、州花、州树和州鸟，而大多数的州选择蜜蜂作为产业与主权（州虫）的象征[2]。在犹太人心目中，蜜蜂是智慧与幸福的象征。"蚕吐丝，蜂酿蜜。人不学，不如物"③，中国文化中蜜蜂更多是勤劳的象征。

　　蚂蚁：在西方语境中，蚂蚁是团结、智慧、秩序、果敢的象征："你去察看蚂蚁的动作，就可得智慧。蚂蚁没有元帅，没有长官，没有君王，尚且在夏天预备食物，在收割时聚敛粮食。"④蚂蚁社群的合作与顽强更是令人击节赞叹。在中国文化视域中，蚂蚁往往是："蚍蜉撼大树，可笑不自量。"⑤蚍蜉是一种大黑蚂蚁，小小蚂蚁自然是无法撼动大树，就像李白、杜甫的光芒是无法遮掩的。在这里，蚂蚁是弱小的代称。

　　"憎苍蝇竞血，恶黑蚁争穴。"⑥"功名辞凤阙，浮生寄蚁穴。"⑦纷纷攘攘的蚂蚁社会类似于污秽的官场。"千里之堤，溃于蚁穴"，千里长的大堤，往往因小小的蚂蚁而崩溃。蚂蚁一己之力自然是微不足道的，但一群蚂蚁的力量却不可小觑。可见，小虫也可以翻起大浪，小事不慎将酿成大祸，"小"与"大"之间的辩证转化往往惊心动魄！

　　蝗虫：蝗虫属昆虫纲，直翅目。直翅目昆虫主要包括蝗虫、蟋蟀、螽斯等。蝗虫在干旱的季节产卵，虫卵不断积累，待到雨季集中孵化，因此雨季一过，蝗

---

① 出自唐·罗隐《蜂》。
② 出自明·陈继儒《小窗幽记》。
③ 出自《三字经》。
④ 出自《圣经·箴言6:6-9》。
⑤ 出自韩愈《调张籍》。
⑥ 出自汪元亨·《醉太平·警世》。
⑦ 出自汪元亨《朝天子·归隐》。

虫就会铺天盖地而来。所到之处，摧枯拉朽，留给大地的只有荒凉与肃杀。

在中西方语境中，蝗虫都是灾祸、贪婪的象征[15,16]。而在《圣经》中，蝗虫不仅是害虫，也是一种强大的力量，是上帝意志的体现。《圣经·约珥书 1:4》：有一队蝗虫（原文是民）又强盛、又无数、侵犯我的地，它的牙齿如狮子的牙齿、大牙如母狮的大牙。《圣经·利 11:22》将蝗虫比喻为古代四大强国，即巴比伦、玛代·波斯、希腊及罗马：剪虫剩下的，蝗虫来吃；蝗虫剩下的，蝻子来吃；蝻子剩下的，蚂蚱来吃①。

《圣经》还提到：耶和华为了消解法老的意志降下了十大灾难，其中就有蝗灾、虱子灾与苍蝇灾。"他（耶稣）说一声、苍蝇就成群而来、并有虱子进入他们四境他说一声、就有蝗虫蚂蚱上来、不计其数。"② 大意是：耶和华利用"害虫"惩罚埃及人，并帮助以色列人离开埃及。"国中若有饥荒、瘟疫、旱风、霉烂、蝗虫、蚂蚱、或有仇敌犯境围困城邑，无论遭遇甚么灾祸疾病。"③ 这是所罗门向上帝祈求祷告中的一句话。在这里，蝗虫成为上帝用来惩戒不悔改罪人的工具。而在上帝的眼中，地下的芸芸众生也像蝗虫一般："神坐在地球大圈之上、地上的居民好像蝗虫。他铺张穹苍如幔子、展开诸天如可住的帐棚。"④

苍蝇：在《圣经》中，苍蝇（双翅目）、牛虻（双翅目）、虱子（虱毛目）等昆虫也是侵略与灾害的象征。《圣经》记载："叫苍蝇成群，落在他们当中，吸尽他们……"这里所指的苍蝇应是吸血性的虻类或蚊子。"埃及是肥美的母牛犊，但出于北方牛虻的来到而毁灭。"在此，牛虻譬喻敌人。当摩西带着以色列人准备离开埃及时，"苍蝇成了大群，进入法老的宫殿和他臣仆的房屋，埃及遍地就因这成群的苍蝇败坏了"。

《诗经》中的"营营青蝇"以苍蝇的拟声，比喻那些祸国殃民的谗言。"巧佞巧佞，谗言兴兮。营营习习，似青蝇兮。"⑤ "蝇营狗苟"，这里的蝇类指代向皇帝进谗的奸佞小人。"李杜操持事略齐，三才万象共端倪。集仙殿与金銮殿，可是苍蝇惑曙鸡"⑥，李商隐在赞扬李白、杜甫的同时，也将皇帝周围的奸佞小人比作苍蝇。

蝉：中国人的尚蝉习俗源远流长，在中国文化语境中，"蝉"餐风饮露，是高洁的象征，"蝉"从地上爬出，化蛹羽化，宛若生命重生的象征。早在新石期时代晚期，人们就在逝者的口中放入玉蝉，以祈求死者不受邪魔侵扰，像金蝉脱壳般羽化登仙[17]。蝉有"禅"意："茅檐外，忽闻犬吠鸡鸣，恍似云中世界；竹窗下，唯有蝉

---

① 出自《圣经·约王耳书 1:4》。
② 出自《圣经·诗篇 105:31》。
③ 出自《圣经·列王记 8:37》。
④ 出自《圣经·以赛亚书 40:22》。
⑤ 出自南北朝·阳固《刺谗诗》。
⑥ 出自唐·李商隐《漫成五章（其二）引》。

吟鹊噪,方知静里乾坤。"① "蝉噪林愈静,鸟鸣山更幽。"② "高蝉多远韵,茂树有余音。"③ 古代士人以虚静之心观照昆虫、观照生命,创设出道家理想的圆融境界。

螳螂与蛾:"螳臂当车,不自量力。""螳螂捕蝉,黄雀在后。"在中国文化中的"螳螂"几乎都是反面教材,而英文、拉丁文、希腊文中的"螳螂",多是预言家、教徒（螳螂举起前肢的动作像是祈祷者）、占卜者的意思[18]。"飞蛾扑火"在中国文化中是自取灭亡,或者是"飞蛾爱灯非恶灯,奋翼扑明甘自陨"④ 勇敢追求,不惜牺牲的壮烈举动。然而,夜间出动的蛾在西方文化中往往是见不得光明、邪恶的"女巫"的象征。

二、差异解析

文化心理:如果说"甲虫"这个昆虫界的赳赳武夫代表西方昆虫意象的"阳刚"之气,则蝴蝶便代表东方经典昆虫意象的"阴柔"之美。在中西文化心理中,对蜜蜂、蚂蚁、蝴蝶总是赞赏有加,对蝗虫、蚊子、苍蝇等害虫则视为灾难与丑陋人格的象征。

西方文明特别尊崇的是:神圣、勤劳又勇于自卫的蜜蜂;外壳坚硬、生命力旺盛的甲虫;有秩序、有组织、有智慧的蚂蚁。而在中国文化视域中,昆虫被赋予更为丰富的文化内涵,蝉有"禅"意,蚁有"义"举,最具有君子风范的昆虫是蝉,最有奉献精神的昆虫是"春蚕",蝴蝶是春天的使者,蟋蟀是秋天的歌者;萤火虫是夜的精灵,蜻蜓是水边的舞者……

中国传统文人由于外在环境的局促与中庸内敛的心理特质,往往对猛禽野兽"敬而远之",而对蝉、蚕、蜻蜓、蝴蝶、萤火虫等"卑微"的小生命油然而生一种怜爱之情。"君子于一虫一蚁不忍伤残,一缕一丝勿容贪冒,变可为万物立命、天地立心矣。"⑤ 张潮甚至直言:"艺花可以邀蝶,垒石可以邀云,栽松可以迎风,植柳可以邀蝉,贮水可以邀萍";"蝶乃才子之化身,花乃美人之别号";"蝉为虫中之夷齐,蜂为虫中之管晏";"愿作木而为樗;愿在草而为蓍;愿在鸟而为鸥;愿在兽而为鹿;愿在虫而为蝶;愿在鱼而为鲲"⑥。谦谦君子,温润如玉,在东方的审美观念里,总倾向于温婉空灵之美,古代文人推己及"虫",对同样卑微的小虫表现出的怜爱之情,也就再自然不过了。

西方哲学（马斯洛的需求层次理论）认为,人最高层次的需求是自我实现,是个性张扬与自我彰显;在中国人看来,或许最高层次的精神需求是衣锦还乡,

---

① 出自明・陈继儒《小窗幽记》。
② 出自唐・王籍《入若耶溪》。
③ 出自宋・朱熹《南安道中》。
④ 出自清・魏源《读书吟示儿耆》。
⑤ 出自明・陈继儒《小窗幽记》。
⑥ 出自清・张潮《幽梦影》。

光宗耀祖,而最高的精神境界是与天地精神共往来的天乐之境。在西方艺术（雕塑、油画）中,人往往处于中心位置,突出的是人的主体地位与主体意识；而在中国画中,人往往是融化在山水之间,传达的是与山水契合、与自然悠然神会的博大情怀。妙趣横生的中国"草虫画"就淋漓尽致地体现出这种精神气质。

文明特质:中国的文字取象于自然,故"秋"字的甲骨文即蟋蟀之类秋虫的象形,"夏"取象于"蝉",而惊蛰就是"昆虫蠢蠢欲动"的意思。

"人乃万形之一,虽具人形,何足独喜。"（庄子）中国文化自先秦以来一直将人当作自然之子来看待,中国人从不说自己是宇宙的精华、万物的灵长,也从不认为人有役使万物的权力。

农业是自然再生产与社会再生产的结合体。春播,夏长,秋收,冬藏,农耕民族与自然相因相生,亲密无间。"一生二,二生三,三生万物,天地合而生。"农耕社会,人的生产活动必须与自然相适应,风调雨顺,有种有收,就是"天人合一"思想的最好诠释。

基于深厚的农耕文明,中国文人对自然风物有着更深的体认与通感,春花秋月,花开花落,极为平常之事,触动了诗人敏感的诗心:"兴来醉倒落花前,天地即为衾枕；机息坐忘磐石上,古今尽属蜉蝣。"在诗人眼里,每一个生物都和人类一样有着自己的喜怒哀乐与悲欢离合；世界上的一草一木都是相连的,万事万物都是相通的,这种对自然的亲和与依恋早已熔铸到中国文化的基因中。

中国的生命哲学赋予山水自然以生命意味,而在泛化了的山水生命之中人又格外品味到人自身的生命情调。比较而言,西方哲学对自然的解释是上帝造万物,上帝是唯一的真理。基督教具备内在固有的主客二分精神,在其教义中,主宰万物的上帝、上帝创造的人,以及上帝创造并归人管理的自然,这三者之间有明确的界限,是彼此分离、分化的。

脱离农村和土地的商业城市生存空间,使得西方国家的人们不可能像中国古人那样直接从农耕活动中体悟天人关系,培育生态情怀。海上经商和冒险经历又促使西方民族产生战胜自然的信念,这使他们逐渐形成了主客二分的思维范式。这种二元对立的思想使海洋民族倾向于将自然作为资源的所在,他们不种而收,在不断抗争中,向自然索取并力图征服自然。

反映在《圣经》中,"人"常常是以"征服者"的姿态看待"昆虫"的,即便赞叹社会性昆虫,如蚂蚁,也是以一种"俯瞰"的视角。耶和华说:"我们要照着我们的形象、按着我们的样式造人,使他们管理海里的鱼、空中的鸟、地上的牲畜,和全地,并地上所爬的一切昆虫。"[①]"地上有四样小物,却甚聪明……蝗虫没有君王,

① 出自《圣经·创世纪 1:26》。

却分队而出。"① 耶和华又说："我要将所造的人和走兽，并昆虫，以及空中的飞鸟，都从地上除灭，因为我造他们后悔了。"② 又有："各类的走兽、飞禽、昆虫、水族，本来都可以制伏，也已经被人制伏了。"③ 上帝对诺亚及其子孙说："你们要生养众多，遍满大地。凡地上的走兽、空中的飞鸟，都必惊恐、惧怕你们；连地上的一切昆虫，并海里的一切鱼，都交付你们的手，凡活着的动物，都可以作你们的食物，这一切我都赐给你们如同菜蔬一样。"④ 换言之，在自然界的所有生灵中，唯独"人"成为上帝的宠儿，这实际上埋下了人与其他生物、与自然对立的思维范式。

美国史学家史怀特在《我们的生态危机的历史根源》里提出："犹太 - 基督教的人类中心主义……构成了我们一切信念和价值观的基础，指导着我们的科学和技术……鼓励人们以统治者的态度对待自然。"生态思想家帕斯莫尔也指出：人类对自然的态度是狂妄自大的，"这种狂妄自大在基督教兴起的世界里一直延续，它使人把自然当作'可蹂躏的俘获物'而不是'被爱护的合作者'"[19]。

带着海洋（蓝色）特征的西方文明，对天堂的向往大于对故乡的期盼。《圣经》中应许之地（迦南之地）是流着奶与蜜，是围绕着城邦而组织的社会；以农耕文明为基础的中华民族对土地田园有更多的精神依赖与情感寄托，在中国人看来，鱼米之乡、诗意田园就是天堂之所在。

审美取向：相比较而言，中华民族以审美直觉体验生命，西方民族以哲学思辨认识生命。中华民族对宇宙人生的哲理思考是一种"与物为春"的诗性体验："遵四时以叹逝，瞻万物而思纷；悲落叶于劲秋，喜柔条于芳春"⑤；"目送飞鸿，手挥五弦。俯仰自得，游心太玄"⑥；"登山则情满于山，观海则意溢于海"⑦；"我见青山多妩媚，料青山见我应如是"⑧。这是一种与天地共生的审美取向。而西方民族注重观察宇宙、理性思考、认识生命。

对于无尽的时空，西方民族对宇宙人生的感悟往往陷入抽象的思辨与理性的忧虑，如歌德在《浮士德》中上下纵横的苦苦探索：他们"必须挣扎由眼前的物理世界跃入（抽象的）形而上的世界"[20]。著名美籍学者叶维廉在《饮之太和》中认为西方诗人"将原是用以形容上帝伟大的语句转化到自然山水来"，常常"有形而上的焦虑和不安"，总之，中国人不是像西方人那样，在人与人、人与自然、人与社会的冲突中建立自己的形象和素质，相反，中国人是在人与人、人与自然、

---

① 出自《圣经·箴言 30:24,27》。
② 出自《圣经·创世纪 6:7》。
③ 出自《圣经·雅各书 3:7》。
④ 出自《圣经·创世纪 9:3》。
⑤ 出自西晋·陆机《文赋》。
⑥ 出自晋·嵇康《赠秀才入军》（其十四）。
⑦ 出自刘勰《文心雕龙·神思》。
⑧ 出自辛弃疾《贺新郎》。

人与社会的和谐中把握自己的精神，获得自己的本质特征的[21,22]。

以虫悟道，以虫喻理，以虫比德，将昆虫作为道德象征与教育的启蒙符号，极具中国昆虫文化的特色。"尺蠖之曲，是为申也"（尺蠖是尺蛾的幼虫，屈伸而行）及"蜗以涎见觅，蝉以声见粘，萤以火见获。故爱身者，不贵赫赫之名"①生动体现了道家内敛、中庸、自保的文化心理。道家在人生态度的价值取向上，不同于儒家的积极进取、奋力抗争，而是以柔克刚，采用犹如蝴蝶般"逍遥"与"随物迁化"的品格。

在我国古代原创哲学中，道家哲学包含着世界上最早也最彻底的深层生态学思想，它长期影响着中国古人对大自然的审美实践。带有道家哲学意味的"生命精神"是回环往复、生生不息的生命之流，是涵容互摄、无限开放的感性体验。在中国人的感性世界中，有感官刺激之乐，有精神愉悦之乐，还有"悠然心会，妙处难与君说"②的心灵之乐，庄子将这种"乐"称为"天乐"，"庄子化蝶"乃是"天乐"的生动体现。

思维模式：中国的哲学方法重体验、重妙悟。中国文化的存而不论的心理特征往往使中国人退回内心，满足于现世，以求生命安乐。中国人趋向以直观性的体悟去把握事件的整体，以为生命安乐之用。

中国经典昆虫意象反映出古人重直觉审美与人文关怀的心理特质，直觉思维不仅是中国哲学的主要思维方式之一和古代众多哲人所采取的认识方式，而且这种思维及其伴随的行为程序还构成中国民众的生活方式的重要成分，也是中国文化的一大传统特征。因此，传统昆虫意象重直觉、轻实证的成分比比皆是。例如，"粪虫至秽变为蝉，而饮露于秋风；腐草无光，化为萤而耀采于夏月。故知洁常自污出，明每从暗生也"③。换句话说，"高洁的蝉是屎壳郎所变，萤火虫是从腐草化生。可见高洁常常来自污浊，明亮往往来自幽暗"。这种直觉判断显然缺乏科学依据，蝉"饮露于秋风"，不食人间烟火，也完全是一种误解，其实蝉的幼虫生活在土中，刺吸植物根部的汁液，将要羽化时从土里钻出，蝉是用刺吸式口器（像注射针头）吸取植物汁液的。而蚕"作茧自缚"其实不是为了"自缚"，而是为了保存自己不能爬也不能飞的"蛹"。所谓"腐草生萤"，其实腐草仅仅是萤火虫的适宜栖息环境，是萤火虫的外因，萤火虫也绝非腐草化生，夏季萤火虫喜欢在腐草边产卵，幼虫入土化蛹，次年春变为成虫。腐草多的地方，往往水质好，有较多的浮游生物，自然会吸引萤火虫前来产卵。蜉蝣是生命短暂的代名词，其实"朝生暮死"的是成虫阶段（实际寿命只有几个小时），蜉蝣的幼虫要在水中生活1~3年，甚至5~6年后，才变为成虫

---

① 出自刘勰《文心雕龙·神思》。
② 出自宋·张孝祥《念奴娇·过洞庭》。
③ 出自明·吕新吾《呻吟语》。

飞出水面。

中华民族一向不长于科学推理的思辨方式，中国人的思维方式重视个别的具象事物，而忽略抽象的普遍法则。重视"理""趣"之美，在领略深邃的道理的同时品味其独具的趣味，把握审美对象蕴含的对人生哲理的辩证思考及对人类命运的关怀[23-26]。或许我们不能苛求古代文人从科学实证的角度来解析昆虫，虽然昆虫的诗意感悟有许多不符合科学的内容，正是这种诗意的误解、美丽的错误赋予昆虫意象一种神秘与灵性。诗意盈润的经典昆虫意象来自古人对自然直观、细腻的把握与生动、具象的刻画，直击事物的本质，也折射物我相忘、情境交融的审美境界。

相对而言，西方民族强调理性思辨、科学分析与逻辑思维，在哲学本体上，西方人认为自然界是无生命的物体，一切为我所用；强调认识客观对象，寻根问底；与此同时，二元对立的哲学理念使得西方人善于先设定框架与问题，然后向外探究。因此，西方学者都比较注重实证分析。例如，法布尔用细致入微的观察与细腻生动的文字，描述动物世界的丰富和奇特的生命内容；比利时文学家梅特林克通过缜密的观察与深邃的思考，让"昆虫三部曲"成为具有非凡意义的科学专著，也成为洋溢着诗情的哲理散文。

抗虫的宗教仪式：《礼记·郊特牲》中所载的《伊耆氏蜡辞》："土反其宅，水归其壑，昆虫毋作，草木归其泽。"这是一首带有浓厚巫术色彩的祝辞，是祈求上天劝退昆虫的咒语。它集中反映了原始先民面对地质灾害、洪水灾害、动物灾害、植物灾害等众多自然灾害侵袭时的复杂矛盾心理状态。四句诗，句句是祈求，也是命令；既是祝愿，也是规劝。原始先民饱受自然灾害的侵袭，但他们相信，万物各有其主，只要虔诚祝祷，祈求上天，虫害就会消弭。

西方宗教对昆虫实行宗教裁判。最早有关昆虫宗教裁判的记录在1120年，在巴黎盆地东北方的一处小镇，主教开除了危害农作物的蛾类幼虫与野鼠的教籍。蛾类幼虫（毛毛虫）肆虐给当地的葡萄树带来极大危害，于是园主们共同出资聘用律师，调查葡萄的被害情形，得出关于农民的损失量及毛毛虫身体特征的报告，将报告提交给小镇教区的主教。当时教区主教也身兼代理法官，主持法庭。由于当地野鼠的危害也相当严重，因此，也提出有关野鼠的相关报告书。之后，主教派遣执行人召唤毛毛虫和野鼠出庭，带着法杖的执行人便在规定时间来到危害现场大喊，通知它们届时出庭[27]。

14世纪瑞士东部的一个教区，遭到一些甲虫和它们的幼虫的严重危害，当时它们也被农民控告。在这些昆虫中，一种黑头白体、具有六只脚的幼虫，被认为是主凶，经过三次召唤后仍未出庭，但法官以它们个子小又在幼虫期为理由，允许它们缺席，并且接受它们的代理人与律师的辩解。结果，它们不但没被开除，还获得一个"特赦区"，应许它们在那里平安过日。从以上两个判例来看，当时的动物们也享有一定的土地所有权，也就是将它们保留在它们本来的栖息地，即使它们是害虫，也不"强迫"它们退离此地，教会认为，未成年动物们也应该享有与未成年人类相同的待遇[27]。

三、在生态文明视域中交融

以"甲虫"为代表的西方昆虫意象偏于征服、秩序、防御，偏于阳刚特质，传达出西方民族重理性、重社会秩序，试图主宰自然的价值取向。西方民族往往是从理性（逻辑）出发来讨论生态问题，以及人和自然的关系。而中国人所崇尚的"蝴蝶"随物迁化，偏于"阴柔"之道，中国的哲学智慧往往来自人格精神，西方最高的哲学智慧来自理性思辨。尽管中西方昆虫意象各有其鲜明内涵，但在生态文明的精神高度上有着内在关联，是可以对话与沟通的。

"庄生梦蝶"是东方古典哲学中的超脱和自由之义。人变蝴蝶，入则无痕，出则无迹，妙在自然而然，是齐物忘我、精神逍遥之境，而卡夫卡的人变甲虫，就是不可逆的过程，是异化，是精神萎靡与毁灭的过程。

"不知周之梦为蝴蝶与，蝴蝶之梦为周与？"在庄子眼中，人与蝴蝶、人与自然是难分彼此、融为一体的，在"道"的层面上万物是平等的。而英国著名诗人威廉·布莱克的《苍蝇》也表达了类似的意旨[28]：一只苍蝇的夏日游戏，因为"我"不经意的手轻轻一拍，结束了；"我岂不像你，是一只苍蝇？你岂不像我，是一个人？"小苍蝇被人不经意地一拍就没了性命，人又何尝不是如此？人命与虫命，同样短暂，同样脆弱，但同样有摆脱无常，获得精神自由的渴望。

苍　　蝇

苍蝇，小苍蝇，你夏天的游戏，给我的手，无心地抹去。

我岂不像你，是一只苍蝇？你岂不像我，是一个人？

因为我跳舞，又饮又唱，直到一只盲手，抹掉我的翅膀。

如果思想是生命呼吸和力量，思想的缺乏，便等于死亡。

那么我就是一只快活的苍蝇，无论是死，无论是生。

——〔英〕威廉·布莱克《苍蝇》（梁宗岱译）

美国作家爱默生认为，"一只实际存在的苍蝇比一只可能存在的天使更重要"。德国著名哲学家尼采则宣称："如果我们能够和一只蚊呐交谈，我们会认识到他们以同样的尊严在宇宙中飞行。"对普通人来说，苍蝇、蚊子都是害虫，是令人厌恶的，而且在很大程度上是丑恶人格的象征，而西方的哲学家却频频使用苍蝇、蚊子意象来表达"万物平等"的思想，或许是想表达更彻底、更理性的万物平等。

庄子是在天人合一的梦幻中，感悟诗性精神与自由逍遥，而西方哲学直面人生，通过理性思考来把握有限的生命，实现驾驭自然和社会的目的，从而进入自由的王国。虽然庄子与布莱克在时间和空间上相去甚远，但它们所传达的万物平等的精神却不谋而合。

尽管从整体来说，两方主流文化信奉的是人类中心主义和征服、控制、改造、利用自然的思想，但依然能够找到一条绵延数千年并越来越清晰的生态思想发展线索。

生态哲学家罗尔斯顿认为《圣经·创世纪》第 7 章第 9 节就暗含着保护濒临物种的思想[29]。在大洪水到来之前，上帝让诺亚把所有的物种都保留下来，没有一个物种受到遗弃，所有物种不分贵贱，都有生存的权利："洁净的畜类和不洁净的畜类、飞鸟并地上一切的昆虫，都是一对一对的，有公有母，到诺亚那里进入方舟，正如上帝所吩咐诺亚的。"在罗尔斯顿看来，这一节所蕴含的意义在于"上帝不仅与人类、而且与'每一种有机体……鸟、牛以及地球上所有的兽类'重新订立了契约"。诺亚的方舟行动计划是挽救濒危物种的行动计划，因此，在上帝的契约中，其他有机体与人类是同样重要的。

近现代以来，西方在工业革命的推动下，社会迅猛发展，人们的物质生活得到大幅提升，相比之下，在世界的东方，思想僵化，社会停滞，生产力落后。因此，包括东方的学者与近现代西方的科学家都对西方工业文明尊奉有加。他们认为，只要通过单一的物质科技的不断发展，只要通过自我"活力"的不断激发，就能够将整个人类带入无限美好的明天。然而，工业革命迅猛发展导致的社会与生态危机粉碎了"科技进步决定一切"的神话。

面对"寂静的春天"，西方社会开始觉醒，涌现出像史怀泽、利奥波德和卡逊等深层生态思想家，他们直面生态危机问题，提出振聋发聩的理性思辨。蕾切尔·卡逊的《寂静的春天》被誉为绿色圣经；亨利·戴维·梭罗的《瓦尔登湖》将山水田园作为理性思辨与价值反思的对象；利奥波德的《沙乡年鉴》呼吁人们以谦恭和善良的姿态对待土地；霍尔姆斯·罗尔斯顿的《哲学走向荒野》以其对美丽荒野的深情描述，对生存危机的深切忧患，唤醒了无数善良的心灵。

四、荒野与田园

在西方的自然观中，"荒野"意味着创生万物的本真自然与生命原初的栖息之地[29]。荒野是一种充满多样性、原生性、开放性、和谐性、偶然性、异质性、自愈性、趣味性的自然系统，荒野上的各种野生物种不受人类的管制和约束[29]。然而，人类的生命和意识都是荒野的产物，正如罗尔斯顿所言："荒野是生命孵化的基质，是产生人类的地方。"[30]

"荒野"在《圣经·旧约》中一共出现了 245 次。此时，"荒野"的用例，给人以贫瘠、荒凉、恐怖的印象，这里没有农耕、没有秩序，横行其中的野生动物是恶魔的帮凶。例如，亚当和夏娃被逐出伊甸园来到受诅咒的荒野，那儿长满荆棘，环境十分险恶；摩西带领他的族人，为摆脱奴役的命运，在荒野上游荡长达 40 年之久，才终于到达"福地"。基督耶稣因为受到魔鬼撒旦的诱惑进入荒野并禁食多日。可见，《圣经》中的"荒野"既恐怖又邪恶，是伊甸园和福地的对立面。

到了 19 世纪末期，"荒野"的概念又有了新的发展，那时的美国已经极度城市化，荒野能使人联想到拓荒地和拓荒者的过往，对荒野的保护被意味深长地提了出来。1964 年，美国出台的荒野法案，将荒野确定为"土地及生命群落未被人占用，人们只是过客而不会总在那儿停留的区域"。

与中国的文化"田园"类似，西方的"荒野"早已超越了地理含义，成为一个生态道德与文化的隐喻。美国著名哲学家梭罗认为，只有那些被人征服的存在（荒野）才能使人恢复清新的精神生命；利奥波德则认为"荒野"还是文明之源；罗尔斯顿提倡"哲学走向荒野"，更让我们看到"荒野"在西方文化视野中的重要价值。罗尔斯顿告诫我们："荒野是人与自然的交会之地，我们不是走到那里去行动，而是要走到那里去沉思。"[24]

可见，西方社会是在饱尝了"人类中心主义"和"工具理性"所带来的人与自然对立及其所引发的生态危机恶果之后，从沉沦中觉醒，重新思考自然自身具有的本来价值，并以西方一向主张的科学认知方式，将属于自然科学范畴的"生态内涵"引向社会、价值领域，展开对人与自然关系的哲学思考与伦理追问[31]。英国著名哲学家罗素则旗帜鲜明地提出：整个宇宙是一个有组织的、有作用的、复杂的、无所不包的、显示着深沉莫测的智慧的生命[32]。

人文主义物理学家卡普拉指出："在诸伟大传统中，据我看来，道家提供了最深刻并且最完善的生态智慧，它强调在自然的循环过程中，个人和社会的一切现象以及潜在两者的基本一致。"[33] 带着哲学追问与思辨色彩的西方"荒野"意象与诗意盎然的东方"田园"，在生态哲学的平台上达到内在的沟通与融合。

然而，在 100 年现代化的过程中，中国人抛弃了传统，集体失忆，自我讨伐，自我清剿，甚至将天人合一、儒道互补的哲学归结为落后挨打的根本原因。当西方发达国家开始生态觉醒，"哲学走向荒野"的时候，中国正举国上下轰轰烈烈地全面推进工业化，砍伐森林，大炼钢铁，填湖造地，拦河筑坝……战天斗地、大干快上的运动对生态造成了极大的伤害。

改革开放 30 多年来，我国经济快速发展，创造了举世瞩目的奇迹。但以消耗资源为特征的粗放型发展模式在很大程度上复制了西方先污染后治理的老路，并付出了高昂的资源与环境代价，由此导致的生态退化、环境污染、贫富分化及道德滑坡等问题，严重制约了社会的和谐发展[34]。面对严峻的环境与社会问题，中国人已经清醒地意识到：唯有以生态文明超越传统工业文明，坚持生态文明的理念和思路，才能力挽狂澜，在新的起点上，实现全面协调可持续发展。

当今世界，发行量最大、流传最广的著作首推《圣经》，发行量紧随其后的就是老子的《道德经》。如果说《圣经》中的昆虫（甲虫）意象折射出西方"二元对立"与"征服"式文明的特质，而中国蝴蝶意象所体现的哲学内涵与《道德经》"天人合一"的理念一脉相承。但从根本上看，西方的"主客二分"与东方的"天人合一"不是对立关系，而是人类从不同角度、不同范畴中呈现的人与自然的关系。而且，在至真、至善、至美的高度，在人类必须共同面对的生态危机面前，"甲虫"与"蝴蝶"、"荒野"与"田园"有着相通精神气质与理念追求，可以相互借鉴，对话交融。

参 考 文 献

[1] 韩红香.为什么昆虫的种类更多？因为昆虫存在时间较长.昆虫知识，2007，44（4）:463-464.

[2] Hogue C. Cultural entomology. http://www.insects.org/ced1/cult_ent.html.

[3] 许秋汉.永远神秘的金字塔，永远更新的答案.博物，2006：卷首语.

[4] 陈小生.英国文化符号的10个关键词.博物，2005，9：58-59.

[5] 托马斯·艾斯纳.眷恋昆虫.虞国跃译.北京：外语教学与研究出版社，2008.

[6] 王荫长.邮票上的实验昆虫.昆虫知识，2008，（5）:826-831.

[7] 昆虫博览.http://www.kepu.net.cn/.

[8] 赵梅.唐宋词中"蝶"的意象及其梦幻色彩.南京师范大学学报：社会科学版，1997，（3）：126-129.

[9] 刘成纪.蝴蝶与中国文化.东方艺术，1994，（3）:8-10.

[10] 徐华龙."蝴蝶"的文化因子解读.民族艺术，2002，4:98-108.

[11] 辛红娟.文化翻译读本.南京：南京大学出版社，2012.

[12] 蒋丽平.热爱生命与美的灵魂——解读济慈的《蝈蝈与蟋蟀》.河北经贸大学学报：综合版，2008，（8）:156-158.

[13] 鲁春芳.神圣自然——英国浪漫主义诗歌的生态伦理思想.杭州：浙江大学出版社，2009.

[14] 胡福良，李英华.《圣经》里的蜂蜜和蜜蜂.养蜂科技，2000，（6）:34-35.

[15] 《圣经》中描述的蝗虫和麦子.http://www.smyxy.org.

[16] 陈永林.蝗虫和蝗灾.生物学通报，1991，11:9-11.

[17] 高启龙.从蝉意象看古代文人思想的价值取向.四川戏剧，2007，（4）:102-103.

[18] 谭耀庚，赵敬钊.浅淡中英文昆虫名称与文化.昆虫知识，2003，40（1）:93-95.

[19] 王诺.《圣经》的人与自然观及其批判（上）.江汉大学学报，2003，22（3）:62-66.

[20] 海德格尔.荷尔德林诗的阐释.孙周兴译.北京：商务印书馆，2000.

[21] 方东美.中国人生哲学.台北:黎明文化事业股份有限公司,1985.

[22] 牟宗三.中国哲学的特质.上海:上海古籍出版社,1997.

[23] 冯友兰.中国哲学简史.涂又光译.北京:北京大学出版社,2010.

[24] 金岳霖.中国哲学.哲学研究,1985,9:38-44.

[25] 王平.中西文化美学比较研究.杭州:浙江工商大学出版社,2010.

[26] 于民.中西互补与人类思维革命.北京:文化艺术出版社,2013.

[27] 朱耀沂.生死昆虫记.长沙:湖南文艺出版社,2007.

[28] 苏芳.庄生梦蝶与威廉·布莱克的苍蝇之喻.和田师范专科学校学报,2010,29(6):68-70.

[29] 霍尔姆斯·罗尔斯顿.哲学走向荒野.刘耳,叶平译.长春:吉林人民出版社,2001.

[30] 赵红梅.罗尔斯顿环境伦理学的美学旨趣.哲学研究,2010,9:114-118.

[31] 王惠.荒野哲学与山水诗.上海:上海学林出版社,2010.

[32]〔英〕罗素.西方哲学史卷.何兆武等译.北京:商务印书馆,1963.

[33] 宣裕方,王旭烽.生态文化概论.南昌:江西人民出版社,2012.

[34] 温越.生态批评:生态伦理的想象性建构.文艺争鸣:理论综合版,2007,9:141-144.

附录一

名人论虫

上帝酷爱甲虫。

——〔英〕遗传学家霍尔丹

令人着迷的是事物的复杂程度，而不是它们的绝对大小……一颗星星比一只昆虫简单。

——〔英〕剑桥大学皇家学会教授马丁·里斯

有三类哲学家：一类属于蚂蚁，只知辛苦地采集资料；一类属于蜘蛛，只会凭空结网；一类属于蜜蜂，采集原料后经过加工酿成蜂蜜。

——〔英〕哲学家培根

它们是一个王国，还有各式各样的官长，它们有的像郡守，管理内政，有的像士兵，把刺针当作武器，炎夏的百花丛成了它们的掠夺场；它们迈着欢快的步伐，满载而归，把胜利品献到国王陛下的殿堂。国王陛下日理万机，正监督唱着歌建造金黄宝殿的工匠；大批治下臣民，在酿造着蜜糖；可怜的搬运工背负重荷，在狭窄的门前来来往往，脸色铁青的法官大发雷霆，把游手好闲直打瞌睡的雄蜂送上刑场。

——〔英〕文学家莎士比亚《亨利五世》

我岂不像你，是一只苍蝇？你岂不像我，是一个人？

——〔英〕诗人威廉·布莱克《经验之歌》

一小块注入了生命的，能欢能喜的蛋白质，其价值超过无边无际的原始物质材料。

——〔法〕昆虫学家、文学家法布尔

我要幼虫化成蝴蝶，我要蚯蚓变成活的花朵，而且飞舞起来。

——〔法〕作家雨果

人类和蚂蚁对时光流逝的看法大相径庭，对人类而言，时间是绝对的。对蚂蚁而言，时间是相对的，当天气变热，每秒钟变得非常短促。天气变冷时，每秒钟开始扭曲，无限延长，直到失去知觉进入冬眠。定义一项事件，昆虫不仅利用空间和时间，它们还加上第三种坐标——温度。

——〔法〕贝尔纳·韦尔贝尔《褐蚁联邦暗杀团》

人类之所以对蚂蚁感到兴趣，乃是因为他们认为蚂蚁成功塑造出一个极权政治。辛勤工作，服从命令，愿意为他人牺牲，无一例外。

——〔法〕贝尔纳·韦尔贝尔《蚂蚁》

我们看待事物的方向偏向我们自己，而且无疑是太主观……让我们从那些昆虫那里学会质疑世界对我们自己的态度。

——〔比利时〕作家梅特林克

身上涂满了蜂蜜，哪能不招苍蝇。

——〔西班牙〕作家塞万提斯

当一只甲虫在弯曲的树枝上爬行的时候，它不会觉察到这根树枝是弯曲的。

如果蜜蜂消失，人类只能生存四年。

——〔德〕科学家爱因斯坦

在蜂房的建筑上，蜜蜂的本事使许多以建筑为业的人惭愧。

——〔德〕哲学家马克思

蜜蜂是能用器官工具生产的动物。

——〔德〕哲学家恩格斯

如果我们能够和一只蚊呐交谈，我们会认识到他们以同样的尊严在宇宙中飞行。

——〔德〕哲学家尼采

蜜蜂终日繁忙，辛勤地往来在蜂巢和蜜粉源之间，是从不浪费点滴时间的劳动者，是可靠的向导。

——〔俄国〕政治家列宁

昆虫世界是大自然最惊人的现象，对昆虫世界来说，没有什么事情是不可能的，一个深入研究昆虫世界的奥秘的人，他将会为不断的奇妙现象惊叹不已，他知道在这里，任何完全不可能的事情都有可能发生。

——〔荷〕生物学家C.J.波理捷

蜜蜂从花中啜蜜，离开时营营的道谢，浮夸的蝴蝶却相信花是应该向他道谢。你可以从外表的美来评论一朵花或一只蝴蝶，但你不能这样来评论一个人。

——〔印度〕文学家泰戈尔

一只实际存在的苍蝇比一只可能存在的天使更重要。

——〔美〕作家爱默生

蝴蝶是美的，它与生俱来的特质除了美以外别无其他；蝴蝶是富于变化的；蝴蝶是吸引人的，生命虽然短暂但生命力是强大的，是好玩的、无忧无虑的，是善的，但又是没有实用价值的。

——〔美〕化学家艾斯纳《眷恋昆虫：写给爱虫或怕虫的人》

幸福如一只蝴蝶，当你想追寻时，总是抓不到；但当你安静的坐下来时，它也许会飘落到你的身上。

——〔美〕作家纳撒尼尔·霍桑

蝴蝶是用来论述转化的，从陈旧到新生、从丑到美、从低级到高级、从爬行到飞行的转化，而且是完全内在与自我转化的转化。蝴蝶预示着一个已经发生转化或者启蒙的个人的完全的、彻底的形态与身份改变。

——〔美〕汉学家爱莲心

创造草原，只需一株苜蓿，还有一只蜜蜂，再加一个梦，单有一个梦也行，如果找不到蜜蜂。

——〔美〕诗人艾米莉·狄金森

蜜蜂也赋有一种神圣的能力和部分神圣的心灵；因为弥漫整个物质的上帝，遍在于大地、海洋和天空深处。因此，人和牲畜，牧人和野兽，在出生时全部承受了有灵气的生命，一切都投向苍穹，驻留在自己专有的星座上。当其解体时又返回上帝这里，没有死亡，一切都是不朽的。

——〔美〕约翰·托兰德《泛神论要义》

无论从哪个重要且科学的层面上来看，昆虫群体都不仅仅是类似于有机体，它就是一个有机体。（昆虫群体）就像一个细胞或者一个人，它表现为一个一元整体，在空间中保持自己的特性以抗拒解体……既不是一种物事，也不是一个概念，而是一种持续的波涌或进程。

——〔美〕生态学家、昆虫学家威廉·莫顿·惠勒

现代科学对复杂性的研究表明：动物群体的集体行为，尤其是蝗虫、蜜蜂、蚂蚁等昆虫的集体行为，来自于相邻个体间相互作用的一组规则。这一研究还显示：人类社会中许多复杂行为模式也来自于一组相似的个体间的社会互动规则。

——〔美〕兰·费雪《完美的群体》

蜂群思维的神奇在于没有一只蜜蜂在控制它，但是有一只看不见的手，从大量愚钝的成员中涌现出来，控制着整个群体，它的神奇之处还在于量变引起质变。要想从单个群体过渡到群体机制，只要增加虫子数量，让大量虫子聚集到一起，让它们互相交流，当复杂度达到一定程度，集群就会从虫子中涌现出来，虫子的固有习性蕴含了集群的神奇，我们在蜂箱中发现的一切，就隐藏在蜜蜂的个体之中。不过，你尽管用回旋加速器和X光机来检查一只蜜蜂，却永远无法从中找到蜂巢的特性。

——〔美〕凯文·凯利《失控》

蚕吐丝，蜂酿蜜。人不学，不如物。

——《三字经》

萤仅自照，雁不孤行，飞蛾扑火甘就镬，春蚕作茧自缠身。

——《笠翁对韵》

蚕食桑而所吐者丝，非桑也；蜂采花而所酿者蜜，非花也。

——清·袁枚

舞蝶游蜂，忙中之闲，闲中之忙。落花飞絮，景中之情，情中之景。
随缘便是遣缘，似舞蝶与飞花共适；顺事自然无事，若满月偕盆水同圆。
茅檐外，忽闻犬吠鸡鸣，恍似云中世界；竹窗下，唯有蝉吟鹊噪，方知静里乾坤。
兴来醉倒落花前，天地即为衾枕；机息坐忘磐石上，古今尽属蜉蝣。

——明·陈继儒《小窗幽记》

有一分热，发一分光，就像萤火一般，也可以在黑暗里发一点光，不必等候火炬。

——鲁迅

你们记者，要像蜜蜂，到处采访，交流经验，充当媒介，就像蜜蜂采花酿蜜，传播花粉，到处开花结果，自己还酿出蜜来。

——周恩来

悲哀是无数的蜂房，快乐是香甜的蜂蜜。吾爱！那忙着工作的蜂儿就是我和你。

——汪静之《无题》

日头为了给一切生物的热和力，月亮却为了给一切虫类唱歌和休息，用这歌声与银白色安息劳碌的大地。

——沈从文《月下小景》

我是春蚕，吃了桑叶就要吐丝，哪怕放在锅里煮，死了丝还不断，为了给人间添一点温暖。

——巴金

我们要记着，作了茧的蚕，是不会看到茧壳以外的世界的。

——李四光

每一只蝴蝶都是一朵花的灵魂，回来寻找她自己。
人生是一袭华美的袍子，上面爬满了虱子。

——张爱玲

我思考，故我是蝴蝶，万年后小花的轻唤，透过无梦不醒的云雾，来震撼我斑斓的彩翼。

——戴望舒

附录二
作者近年发表的相关论文
（第一作者）

试论昆虫旅游的科普价值 —— 以台湾地区南投县埔里镇桃米社区为例 . 科普研究，2014，（4）:87-90.

昆虫生态旅游的多元价值及其实现路径 —— 以武夷山大安源景区为例 . 武夷学院学报，2014，（1）:23-28.

蝴蝶意象的科学人文化观照 . 自然辩证法研究，2013，6: 118-121.（CSSI 收录）

武夷山大安源森林生态景区观赏昆虫种类初步调查 . 武夷科学，2013，（29）:107-111.（通讯作者）

回归与超越 —— 台湾农业的启示 . 终身教育，2013，3 : 57-60.

昆虫文化的生态休闲意蕴 . 自然辩证法研究，2012，7 : 118-121.（CSSI 收录）

小窗幽记中的昆虫文化 . 华夏文化，2011，（2）:48-51.

刍议昆虫文化与现代科普 . 科普研究，2011，（2）:89-93.

美国职业生涯教育的样板：凯瑟大学 . 职业技术教育，2011，21 : 17-18.

药事管理课程教学的觉与悟 . 高等农业教育，2010，1 : 55-56.

浅析生态哲学与植物保护的互动 . 高等农业教育，2008，1:39-41.

农药管理学教学过程中的德育渗透 . 高等农业教育，2008，5:22-23.

大学统战，从工具理性到人文价值理性 . 福建社会主义学院学报，2007，（4）:2-4.

当代植保的矛盾分析 . 科学技术与辩证法，2005，22（2）:32-34.（CSSI 收录）

可持续植保的生态美学意蕴 . 中国植保导刊，2005，25（11）:12-1.

从可持续植保理念看自然与人文的共通性 . 农业现代化研究，2004，25（1）:8-10.（CSSI 收录）

后　记

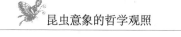

　　本书是在通览大量资料的基础上，结合自身体验与过往研究，加以融会贯通，醇化而成，本着诗性、知性、理性三方兼容，趣味性、哲理性与可读性三者兼备的原则，力求文理兼容，中西贯通，既凸显时代精神又体现昆虫文化的传统意蕴。

　　本书共六章。第一章，主要是纵向源流梳理，阐释经典昆虫意象的起源、发展、流变；第二章，横向展开，从历代经典诗歌中，凝练昆虫意象的内涵，阐释诗意背后的科学；第三章，昆虫价值论，主要从物质与文化、直接与间接两方面论述昆虫的多元价值；第四章，阐释昆虫文化的哲学内涵；而第五章昆虫意象的现代诠释与第六章昆虫意象的多维视角应该是第三、第四章的纵向提升与横向绵延。如果说，本书有什么中心思想，那就是：小小昆虫，大有乾坤；以虫为鉴，可察天地之道。

　　"舞蝶游蜂，忙中之闲，闲中之忙。落花飞絮，景中之情，情中之景。"蝴蝶翻飞，蜜蜂急舞，它们在忙碌中有着闲情，在闲情中又显得十分忙碌。人们不禁要问：蜂蝶是在休闲，还是在忙于生计？我们很难将工作和闲情合二为一，而蜂蝶就可以完满兼顾休闲与生计。在文理之间找到自己的人生定位，做些文理交融的探索是我的兴趣所在，也是我的研究课题，能将兴趣与工作合一而深感庆幸，油然而生的使命感赋予我醇厚的情感动力。

　　中华经典流淌着诗性的智慧与深邃的哲理，既是超越时空的文化指引，也是启迪心智的精神源泉。对我个人而言，徜徉在诗歌的苍茫林海中，与昆虫意象美丽邂逅，感悟自然的哲理，在诗词的意境中，领会中国智慧，的确是一种福分。

　　从立项到研究，从写作到修改，我深切体悟到"让每个印象与一种情感的萌芽在自身里，在暗中，在不能言说中，不知不觉，个人理解所不能达到的地方，以深深的谦虚与忍耐去期待一个新的豁然贯通的时刻"（奥地利诗人里尔克）。而每一个"豁然贯通的时刻"不仅是渐进、积累与量变的过程，还是含英咀华、反思自我、破茧成蝶的过程。

　　搁笔之时，没有如释重负的感觉，只有万千感恩与感慨，涌上心头。福建农林大学是我工作、生活的地方，这里树木苍翠，花香怡人，湖光山色，相映生辉，山边，有蜂喧蝶舞，湖边，有飞鸟翔集……在此，我要感谢美丽的农大校园赐予我丰厚的精神滋养，感谢植物保护学院吴组建院长的支持与鼓励，感谢植物保护学院吴珍泉教授、人文学院郑珠仙教授、福建师范大学文学院尚光一博士的悉心指点，更要感谢给予我支撑与力量的家人，书中的邮票大多是我的先生尉晓宇专门到美国集邮市场收集得到的。

　　天地有大美，蝶梦了无痕，感谢"蝴蝶"带给我的人生感悟，企望通过自己绵薄的努力把这份感动传达给更多的人。

李　芳

2015 年 7 月于福建农林大学校园

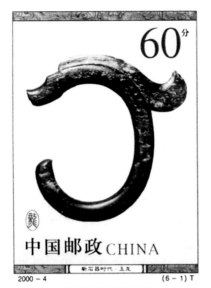

新石器时代的玉龙

英国邮票：梅森大蜜蜂 （*Osmia xanthomelana*）

泰国邮票：中华蜜蜂 （*Apis cerana*）

保加利亚邮票：蚂蚁

日本邮票：*Magicicada magicicada*
(Cicadidae)

中国香港邮票：斑带丽沫蝉

1998年大馬發行的昆蟲郵票

美国邮票：从上到下，从左到右：凤蝶（*papilio oregsnius*）、蛺蝶(*euphydryas phaeton*)、粉蝶、尼美根花粉蝶（*Colias eurydice*）、橙色尖翅粉蝶（*Anthocaris midea*）

Endangered Species

National Stamp
Collecting Month
1996 highlights
these 15 species
to promote aware-
ness of endangered
wildlife. Each
generation must
work to protect the
delicate balance of
nature, so that
future generations
may share a sound
and healthy planet.

Wild life

国家重点保护野生动物（I级）

（一）

中国邮政 CHINA 30分
2000-3 朱鹮 (10-1) T
Nipponia nippon

60分 CHINA 中国邮政
2000-3 金斑喙凤蝶 (10-2) T
Teinopalpus aureus

中国邮政 CHINA 80分
2000-3 大熊猫 (10-3) T
Ailuropoda melanoleuca

中国邮政 CHINA 1元
2000-3 褐马鸡 (10-4) T

1.50元 CHINA 中国邮政
2000-3 中华鲟 (10-5) T

2元 CHINA 中国邮政
2000-3 金丝猴 (10-6) T
Rhinopithecus roxellanae

中国邮政 CHINA 2.60元
2000-3 白鱀豚 (10-7) T

2000-3 亚洲象 (10-9) T
Elephas maximus

2.80元 CHINA 中国邮政
2000-3 丹顶鹤 (10-8) T
Grus japonensis

中国邮政 CHINA 3.70元
2000-3 东北虎 (10-8) T

5.40元 CHINA 中国邮政
2000-3 扬子鳄 (10-10) T
Alligator sinensis

美国邮票：桃色花粉蝶（*Colias eurydice*）

图瓦卢邮票：幻紫斑蛱蝶（*hypolimnas bolina*）

美国邮票：十七年蝉（*Magicicada septendecim*）

台湾窗萤（*Pyrocoelia analis*）

日本邮票：源氏萤火虫（*Luciola cruciata*）

土耳其邮票：家蚕（*Bombyx mori*）

朝鲜人民共和国邮票：
柞蚕（*Antheraea pernyi*）

罗马尼亚邮票：家蚕（*Bombyx mori*）

中国邮票：半黄赤蜻（*Sympetrum croceolum*）　　朝鲜邮票：黄蜻（*Pantala flavescen*）

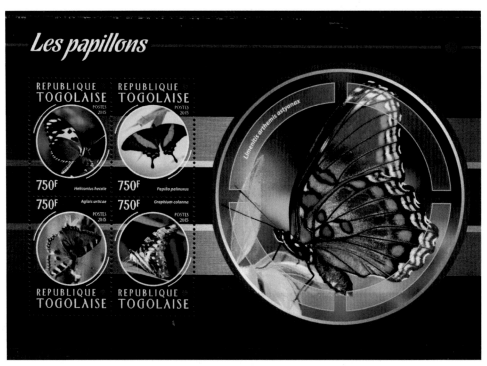

四个小圆从左到右，从上到小依次为：红裙幽袖蝶（*Heliconius hecale*）、小天使翠凤蝶（*Papillo polinurus*）、荨麻蛱蝶（*Aglais urticae*）、青凤蝶（*Graphium colonna*）。右边大圆型：拟斑蛱蝶（*liment arthemis astyanax*）

瑞士邮票：皇蜻蜓（*Anax imperatorr*）

卢旺达邮票：突眼蝇（*Diopsis* sp.）

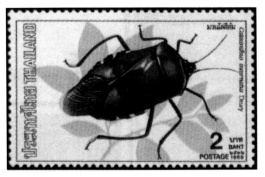

泰国邮票：红显蝽（*Catacanthus iucarnatus*）

立陶宛邮票：红楸甲（*Lucanus* spp.）

土耳其邮票：绿色虎甲（*Cicindela campestris*）

越南邮票：金斑虎甲
（*Cicndela aurulenta*）

多哥共和国邮票：紫天牛
（*Purpuricenu skaehleri*）

巴布亚新几内亚邮票：犀牛甲（*Rhinoceros beetle*）